高职高专"十二五"规划教材

工程制图

第二版

杨丽云　杨　蕊　　主　编
陈永魁　刘双枝　宋福香　副主编

化学工业出版社

·北京·

该书根据"高职高专制图课程教学的基本要求"、采用当前制图最新国家标准,讲述了机械制图、计算机制图和专业制图的内容。

该书第一至第十章(第三章除外)为机械制图部分,包括制图基础、投影基础、轴测图、截切体和相贯体、组合体、机件的表达方法、标准件和常用件、零件图及装配图的内容。该部分重点讲述投影法的基础理论和制图国家标准,零件图和装配图的基本知识及阅读方法,主要培养读者的读图能力、空间想象能力及构型设计。

第三章为 AutoCAD 部分,介绍利用 AutoCAD 2010 中文版软件绘制平面图的基本技能。将该章放在前面讲解,便于在后续各章中用计算机练习各种作图方法。

第十一至第十三章是专业制图部分,包括化工设备图、工艺流程图、设备布置图、管道布置图、展开图和电气专业制图。适用性强,便于各类专业选用。

本书配套《工程制图习题集》(杨丽云,杨蕊主编),并配套电子课件。

本书适用于各类高职高专院校非机械类专业如化工类专业、轻化工、食品工程、生物化工、制药工程、环境工程、管理、电气等相关专业使用,也可供中等职业技术学校机械类专业使用或参考,同时还可作为企业职工培训教材或工程技术人员参考。

图书在版编目(CIP)数据

工程制图/杨丽云,杨蕊主编. —2 版. —北京:化学
工业出版社,2013.4
高职高专"十二五"规划教材
ISBN 978-7-122-16816-0

Ⅰ.①工…　Ⅱ.①杨…②杨…　Ⅲ.①工程制图-高等
职业教育-教材　Ⅳ.①TB23

中国版本图书馆 CIP 数据核字(2013)第 056812 号

责任编辑:韩庆利　　　　　　　　　　　　　　装帧设计:张　辉
责任校对:顾淑云

出版发行:化学工业出版社(北京市东城区青年湖南街 13 号　邮政编码 100011)
印　　刷:北京永鑫印刷有限责任公司
装　　订:三河市万龙印装有限公司
787mm×1092mm　1/16　印张 19½　字数 485 千字　2013 年 8 月北京第 2 版第 1 次印刷

购书咨询:010-64518888(传真:010-64519686)　　售后服务:010-64518899
网　　址:http://www.cip.com.cn
凡购买本书,如有缺损质量问题,本社销售中心负责调换。

定　　价:36.00 元
版权所有　违者必究

第二版前言

本书是根据"高职高专制图课程教学的基本要求"、当前制图最新国家标准、AutoCAD 2010 中文版软件及应用型人才培养的需求修订而成的。

本书适用于各类高职高专院校非机械类专业如化工类专业、轻化工、食品工程、生物化工、制药工程、环境工程、管理、电气等相关专业使用，也可供中等职业技术学校机械类专业使用或参考，同时还可作为企业职工培训教材或工程技术人员参考。

本书具有以下特点。

1. 书中所有有关国家标准的内容均采用最新国家标准。如《机械工程　CAD 制图规则》(GB/T 14665—2012)、《技术制图　通用术语》(GB/T 13361—2012)、《表面结构　轮廓法表面粗糙度参数及其数值》(GB/T 1031—2009)、《极限与配合》(GB/T 1800—2009)等。计算机绘图采用 AutoCAD 2010 中文版软件。

2. 以正投影法为基础，重点培养读者阅读各种工程图样的能力和徒手绘图能力，以及计算机绘图的基本技能和必要的手工绘图能力，内容精练，联系实际。

3. 内容由浅入深、由此及彼地分析立体的投影规律，符合人的认识规律，有利于培养读者科学的思维方法。将 AutoCAD 知识排在前面，有利于读者学过后续各章尺规绘图内容后进行计算机绘图训练；轴测图靠前放置，利于读者利用轴测图理解、想象物体的平面图形。

4. 充分利用对比方法。增加立体图，将平面图形与其对比，有利于读者建立平面图形与空间立体的对应关系，培养其空间想象能力；正确图形与错误图形、结构相似物体的图形对比，有利于读者理解、掌握正确的作图方法和作图技巧。

5. 通过构型设计，培养读者的创新意识，提高其设计新产品的能力。

6. 图形难易适中，能很好表达相关内容，具有较强的应用性和针对性。

7. 按新标准对零件图的技术要求、化工工艺图做了修订，删除了按 HG20559 标准绘制管道仪表流程图的内容。

8. 同步修订了与本教材配套的《工程制图习题集》。

参加编写的有：新乡学院杨丽云（编写绪论、第二章的第一至第三节及附录），新乡学院杨蕊（编写第九章、第二章的第四节），新乡学院陈永魁（编写第一章、第五章），开封大学刘双枝（编写第十章、第十二章），新乡职业技术学院宋福香（编写第八章、第十一章），新乡学院苗超林（编写第七章），新乡学院王力（编写第三章的第一、二、四节），新乡职业技术学院秦永康（编写第三章的第三节），新乡职业技术学院王辉（编写第四章、第十三章），新乡职业技术学院杨光（编写第六章）。

本书有配套电子课件，可赠送给用本书作为授课教材的院校和老师，如有需要，可发邮件到 hqlbook@126.com 索取。

由于我们水平有限，书中难免有缺点和不妥，敬请广大读者提出批评意见和建议。

编　者

目 录

绪 论

一、本课程的性质和特点

本课程是研究用投影法绘制工程图样和解决空间几何问题的一门必修的技术基础课。

图是指用点、线、符号、文字和数字等描绘事物几何特性、形态、位置及大小的一种形式。

图样是指根据投影原理、标准或有关规定，表示工程对象，并有必要的技术说明的图。

人类在近代生产活动中，无论是机器的设计、制造、维修，还是机电、冶金、化工、航空航天、汽车、船舶、桥梁、土木建筑、电气等工程的设计与施工，都必须依赖工程图样才能进行。不同性质的生产部门所使用的工程图样有不同的要求和名称，如机械图样、化工图样、电气图样、建筑图样等。

工程图样是设计、制造、使用和进行技术交流的重要技术文件。它不仅是生产或施工的依据，也是工程技术人员表达设计意图、进行技术交流的工具，图样是一种"工程语言"。

工程图样分为机械工程的装配图、部件图、零件图和其他工程图样（如化工设备图、工艺图、电器仪表图、电路图、建筑图等）。

本课程特点：该课程既有系统的理论，又有很强的实践性。

二、学习目的和任务

学习本课程的目的是培养学生绘制和阅读工程图样的能力及空间想像能力。

本课程的主要任务：

① 熟悉并遵守制图国家标准的有关规定，能正确使用绘图工具和仪器，初步掌握尺规绘图、徒手绘图和计算机绘图的基本方法；

② 掌握正投影的基本原理、作图方法及其应用；了解轴测投影的基本知识，掌握其基本画法；

③ 了解表面展开图的基本作图方法；

④ 能阅读、绘制比较简单的零件图、装配图、工艺流程图、设备图等；

⑤ 能用 CAD 绘制工艺流程图和装备图；

⑥ 培养学生认真负责的工作态度和严谨细致的工作作风。

总之，所绘图样应做到：投影正确，视图选择与配置恰当，尺寸完全，字体工整，图面整洁，符合《机械制图》、《化工制图》等国家标准的要求。

三、学习方法

① 学习时应注意投影理论的系统性和逻辑性，在理解、掌握正投影法概念的基础上，理论联系实践，掌握正确的方法和技能。由浅入深，由简到繁，由物画图，由图想物，逐步提高空间想像能力和构思能力。

② 应加强实践性教学环节，精讲多练。加强尺规绘图、徒手绘图、计算机绘图的全面训练。学生必须及时完成规定的练习和作业，通过反复实践，提高画图与读图

能力。

③ 树立标准化意识，注重学习制图方面的国家标准和行业标准，严格遵守并能熟练应用。

④ 学生应认真、及时、独立地完成作业，多观察、多联想、多动手，有意识地锻炼自己的构型设计、空间思维及创新思维能力。

第一章　制图基础

第一节　制图的基本知识

图样是工程技术界的语言，在指导生产和进行技术交流中发挥着极其重要的作用。为了便于技术交流，国家对图样的画法、尺寸标注等作了统一规定。工程技术人员应严格遵守，认真贯彻国家标准。

一、制图的基本规定

1. 图纸幅面及格式（GB/T 14689—2008）（GB 表示国家标准，T 表示推荐，14689 为标准编号，2008 为制定标准的年代）

（1）图纸幅面　为了合理利用图纸，便于装订、保管，国家标准规定了五种基本图纸幅面，具体的规格尺寸见表 1-1。绘制图样时，优先选用该表中规定的幅面尺寸。沿某一号幅面的长边对折，即为该号幅面的下一号幅面大小。必要时，图纸幅面的尺寸可按基本幅面的短边成整数倍数加长，如图 1-1 所示。

表 1-1　图纸幅面

幅面代号		A0	A1	A2	A3	A4
幅面尺寸 $B \times L$		841×1189	594×841	420×594	297×420	210×297
留边宽度	a	25				
	c	10			5	
	e	20			10	

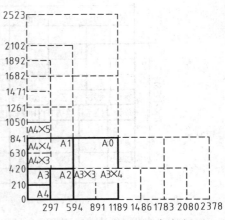

图 1-1　图纸的基本幅面和加长幅面

（2）图框格式　图框中各有关尺寸见表 1-1。幅面线用细实线画出，图框线用粗实线绘制。需要装订的图样，其图框格式如图 1-2 所示。装订时，一般将图纸折叠成 A4 幅面竖装或 A3 幅面横装。

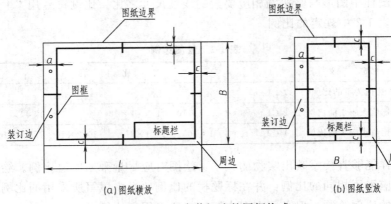

(a) 图纸横放　　　　　　　(b) 图纸竖放

图 1-2　留有装订边的图框格式

不需要装订的图样，其图框格式如图 1-3 所示。

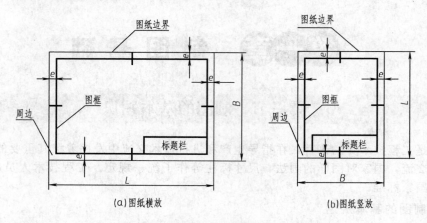

图 1-3　不需要装订的图框格式

（3）标题栏（GB 10609.1—2008）　每张图样必须设置标题栏，以填写图样名称、编号、绘图比例等。其位置一般配置在图样的右下角，如图 1-2 或图 1-3 所示，一般按设计、审核、工艺、标准化、批准等有关规定签署姓名和年月日，标题栏中的文字方向为看图方向。标题栏的格式和尺寸如图 1-4 所示。

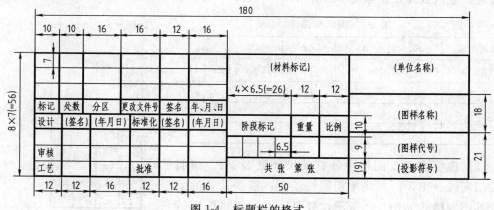

图 1-4　标题栏的格式

2. 比例（GB/T 14690—1993）

比例是指图样中图形与其实物相应要素的线性尺寸之比。比例符号用"："表示。绘图时，优先采用表 1-2 中规定的比例。

表 1-2　绘图比例

比例种类	定　义	比　例　值				
原值比例	比值为 1 的比例	1：1				
放大比例	比值大于 1 的比例	2：1	5：1	$1\times10^n：1$	$2\times10^n：1$	$5\times10^n：1$
缩小比例	比值小于 1 的比例	1：2	1：5　1：10	$1：1\times10^n$	$1：2\times10^n$	$1：5\times10^n$

为了使图样能够直接反映出实物的大小，绘图时应尽量采用原值比例。绘制同一物体的各个视图时，应采用相同的比例，并在标题栏的比例项目中填写所采用的比例；也允许某一视图采用不同的比例绘制，但必须在图中标注出所采用的比例。

图样中标注的尺寸数值必须是物体的实际尺寸，与作图的比例和图样的准确度无关，如图 1-5 所示。

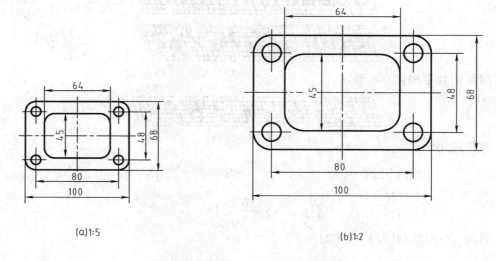

(a)1:5　　　　　　　　　　　　(b)1:2

图 1-5　图形比例与尺寸数字的关系

3. 字体（GB/T 14691—1993）

（1）一般规定　图样中书写的字体必须做到：字体工整，笔画清楚，间隔均匀，排列整齐。

汉字应写成长仿宋体，并应采用国家正式公布推行的简化字。

字体的号数是指字体的高度（单位为毫米），分为 20、14、10、7、5、3.5、2.5、1.8 八种。字体的宽度约为字体高度的三分之二。字体分斜体字和直体字两种，斜体字字头向右倾斜，与水平线约成 75°角。

字母和数字分 A 型和 B 型。A 型字体笔画宽度为字高的 1/1.4，B 型字体的笔画宽度为字高的 1/10。在同一张图样上只允许选用一种型式的字体。

用作指数、分数、极限偏差、注脚等的数字及字母，一般采用小一号的字体。

（2）字体示例

① 长仿宋体汉字

10号　学好工程制图,培养和发展空间想像能力

7号　　长仿宋字体的书写要领：横平竖直,注意起落,结构均匀,填满方格

3.5号　　尺规绘图,徒手绘图和计算机绘图都是工程技术人员必须具备的绘图技能

② 拉丁字母

大写字母斜体（B 型）

小写字母斜体

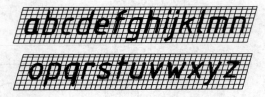

③ 阿拉伯数字斜体（B型）

④ 字体应用示例

$$10\text{Js}5(\pm0.003) \quad M24\text{-}6h \quad R8 \quad \phi20^{+0.010}_{-0.023} \quad \phi25\frac{H6}{m5}$$

$$\frac{II}{1:2} \quad \frac{3}{5} \quad \frac{A}{5:1} \quad \nabla3.50 \quad 10^3 \quad S^{-1} \quad 7^{0+1^\circ}_{-2^\circ}$$

4. 图线（GB/T 4457.4—2002）

表 1-3　图线的名称、型式及应用

代码 No	线　型	名　称	线宽	一　般　应　用
01.1	———————	细实线	$d/2$	过渡线、尺寸线、尺寸界线、指引线和基准线、剖面线、重合断面的轮廓线、短中心线、螺纹牙底线、尺寸线的起止线、表示平面的对角线、零件成形前的弯折线、范围线及分界线、重复要素表示线、锥形结构的基面位置线、叠片结构位置线、辅助线、不连续同一表面连线、成规律分布的相同要素连线、投射线、网格线
	～～～～	波浪线	$d/2$	
		双折线	$d/2$	断裂处边界线、视图与剖视的分界线
01.2	———————	粗实线	d	可见棱边线、可见轮廓线、相贯线、螺纹牙顶线、螺纹长度终止线、齿顶圆（线）、表格图和流程图中的主要表示线、系统结构线（金属结构工程）、模样分型线、剖切符号用线
02.1	- - - - -	细虚线	$d/2$	不可见棱边线、不可见轮廓线
02.2	▬ ▬ ▬ ▬	粗虚线	d	允许表面处理的表示线
04.1	—·—·—·—	细点画线	$d/2$	轴线、中心线、对称线、分度圆（线）、孔系分布的中心线、剖切线
04.2	▬·▬·▬·▬	粗点画线	d	限定范围表示线
05.1	—··—··—	细双点画线	$d/2$	相邻辅助零件的轮廓线、可动零件的极限位置的轮廓线、重心线、成形前轮廓线、剖切面前的结构轮廓线、轨迹线、毛坯图中制成品的轮廓线、特定区域线、延伸公差带表示线、工艺用结构的轮廓线、中断线

（1）**图线的名称、型式及应用**　物体的形状在图样上是用不同的线段画成的，常用的线型有 9 种，各种图线的名称、型式、代号、宽度及应用见表 1-3。图线的应用示例如图 1-6所示。

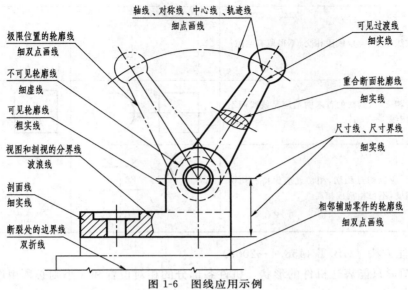

图 1-6　图线应用示例

（2）**图线画法及应注意的问题**

① 同一图样中，同一型式的图线，其宽度应保持一致。粗实线的宽度 b，应按图样大小及复杂程度在 0.5～2mm 之间选择。

② 虚线、点画线、双点画线，各自的线段长度和间隔距离应基本一致。

③ 点画线和双点画线的首末两端应是线段，而不是点。在较小的图形上可用细实线代替点画线。画圆的中心线时，点画线的两端应超出轮廓线 2～5mm；圆心应是线段的交点。图线画法的正误对比如图 1-7 所示。

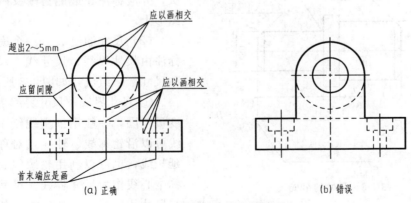

图 1-7　图线画法的正误对比

④ 虚线在实线的延长线上时，实线应画到位，而虚线与实线之间应留出空隙。虚线、点画线与图线相交时，应在线段处相交。图线的交、接、切处的规定画法见表 1-4。

当有两种或更多的图线重合时，通常按图线所表达对象的重要程度优先选择，绘制顺序为：可见轮廓线→不可见轮廓线→尺寸线→各种用途的细实线→轴线和对称中心线→假想线。

表 1-4 图线的交、接、切的规定画法

画 法	图 例	
	正 确	错 误
虚线与虚线或实线相交,应以线段相交,不得留有空隙		
点画线应以线段相交,点画线的首末两端应是线段而不是点,并应超出轮廓线 2～3mm		
图线与图线相切,应以切点相切,相切处应保持相切两线中较宽图线的宽度,不得相割或相离		

5. 尺寸标注方法 (GB/T 4458.4—2003)

图样中的图形只能表达机件的形状,机件各部分的相对位置和大小则必须由图样中所标注的尺寸来确定。

（1）标注尺寸的基本规则

① 机件的真实大小应以图样上所标注的尺寸数值为依据,与图形的大小及绘图的准确度无关。

② 图样中的尺寸以毫米为单位时,不需标注单位的名称或符号（mm）;若采用其他单位,则必须注明相应的单位名称或符号。

③ 图样中所标注的尺寸,为该机件的最后完工尺寸,否则应另加说明。

④ 机件的每一尺寸,一般只标注一次,并应标注在最能清晰反映该结构的图形上。

（2）尺寸的组成 一个完整的尺寸标注由尺寸界线、尺寸线、尺寸线终端和尺寸数字组成,如图 1-8 所示。

① 尺寸界线 尺寸界线表示尺寸的度量范围,一般用细实线绘出。尺寸界线可以沿轮廓线、轴线或对称中心线的延长线,也可以利用轮廓线、轴线或对称中心线作为尺寸界线。尺寸界线一般与尺寸线垂直,必要时才允许倾斜。

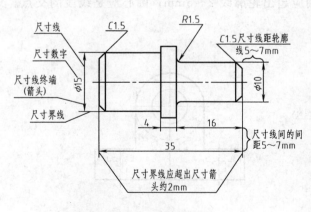

图 1-8 尺寸的组成

② 尺寸线 尺寸线表示所注尺寸的度量方向和长度。尺寸线必须用细实线单独绘出,既不能用其他图线代替,也不能画在其他图线的延长线上;线性尺寸的尺寸线必须与所标注的线段平行。如图 1-9 所示。

尺寸线与轮廓线相距 5～7mm,尺寸界线超出尺寸线 2～3mm,应尽量避免尺寸线与尺寸界线相交,小尺寸在里面,大尺寸在外面。如图 1-10 所示。

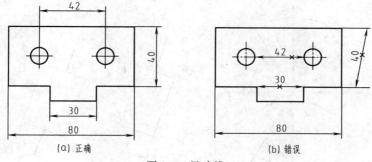

图 1-9　尺寸线

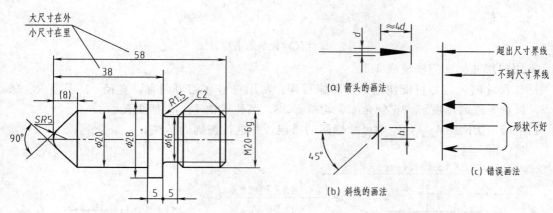

图 1-10　尺寸线的画法及尺寸数字的书写　　　　图 1-11　尺寸线终端的形式

③ 尺寸线终端　尺寸线终端有两种形式，即箭头和斜线，其画法如图 1-11 所示。

当图中没有足够的位置画箭头时，两箭头可配置在尺寸界线之外并指向尺寸界线或用小圆点代替，如图 1-10 所示。箭头适用于各种类型的图样，如化工设备图、机械图样等；斜线适用于尺寸线与尺寸界线相互垂直的情况，如建筑图常用斜线形式标注尺寸。标注圆的直径、圆弧半径和角度的尺寸线时，其终端应该用箭头。

④ 尺寸数字　尺寸数字表示尺寸的大小。尺寸数字一般应注写在尺寸线的上方或中断处，当位置不够时也可引出标注。尺寸数字不可被任何图线穿过，当无法避免时，可将图线在尺寸数字处断开。如图 1-12 所示。

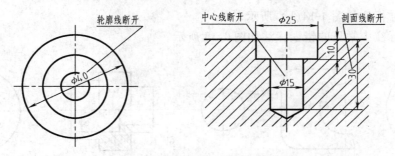

图 1-12　任何图线不能通过尺寸数字

线性尺寸数字应以标题栏为准，水平数字，字头朝上；垂直方向数字，字头朝左；倾斜方向数字，字头保持向上的趋势，按图 1-13(a) 所示的方向书写。尽量避免在图示 30°范围内标注尺寸，无法避免时，按图 1-13(b) 所示的形式标注。

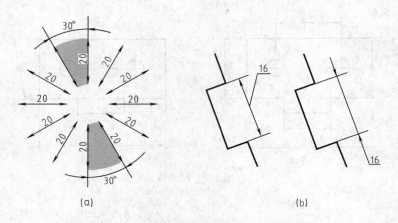

图 1-13　线性尺寸数字的书写方法

常用的尺寸标注方法见表 1-5。

标注尺寸时，应尽可能使用符号和缩写词。常用符号和缩写词有：直径 ϕ、半径 R、球面 S、板状零件的厚度 t、45°倒角 C、均布 EQS、沉孔或锪平⌴、埋头孔∨。

【例 1】　指出图 1-14(a) 中尺寸标注的错误，并进行正确的标注。

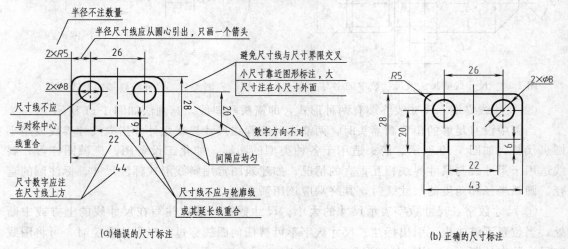

图 1-14　尺寸标注示例

正确的尺寸标注如图 1-14(b) 所示。

直径尺寸标注中常见的错误标注如图 1-15 所示。

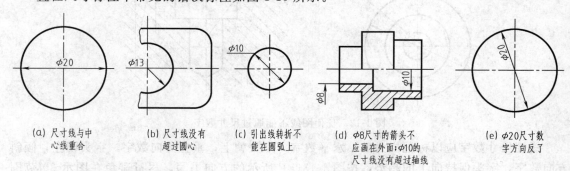

图 1-15　直径尺寸的错误标注

表 1-5 常用尺寸的标注方法

标注内容	图 例	说 明
角度	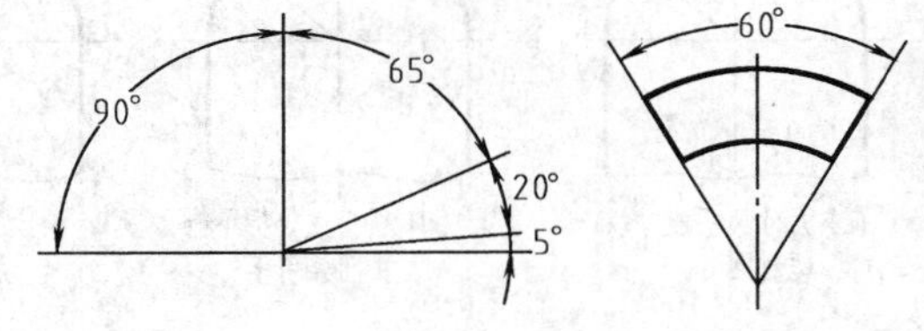	尺寸界限应沿径向画出。尺寸线应画成圆弧,圆心是角的顶点。尺寸数字一律水平书写在尺寸线的中断处,必要时可写在上方或外面,也可引出标注
圆	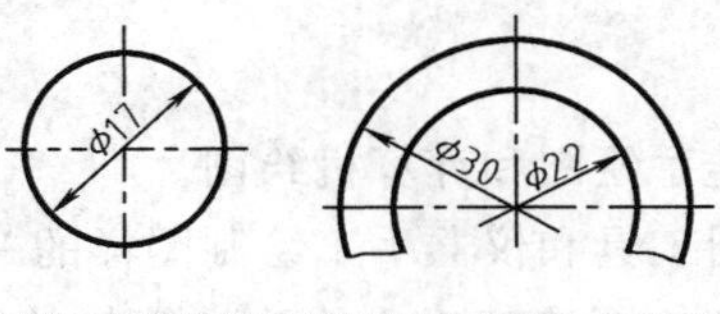	标注圆的直径尺寸时,尺寸线一般按这两个图例绘制
大圆弧	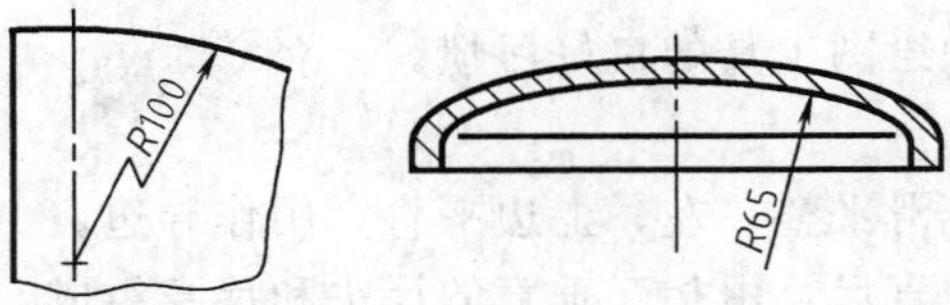	在图纸范围内无法标出圆心位置时或不需标出圆心位置时,可按左图分别标注
小尺寸	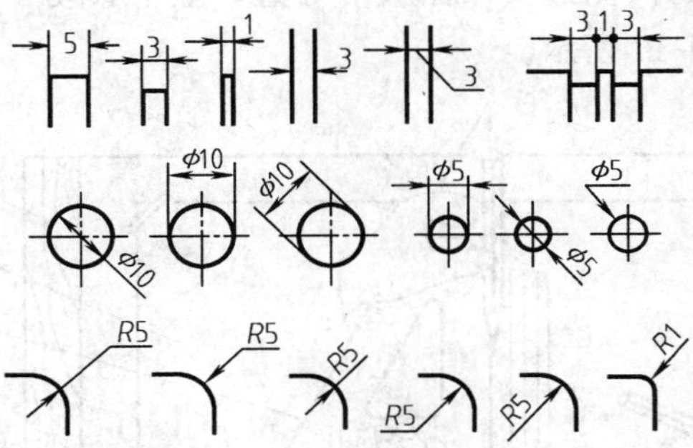	没有足够地方时,箭头可画在外面,或用小圆点代替两个箭头;尺寸数字也可写在外面或引出标注。圆和圆弧的小尺寸,可按这些图例标注
球面	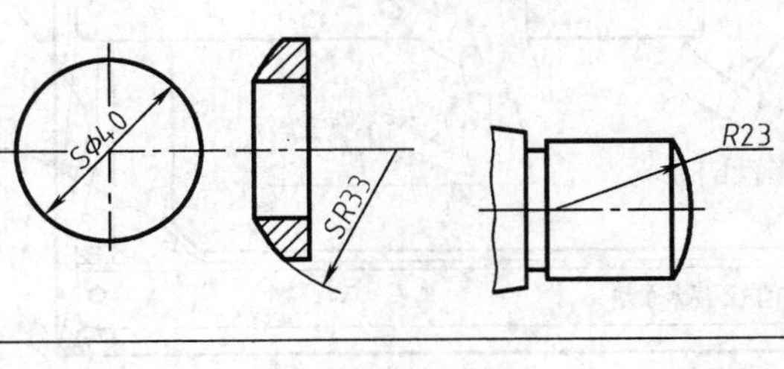	应在 φ 或 R 前加注"S"。不致引起误解时,则可省略"S",如右图中的右端球面就省注了"S"
弧长和弦长	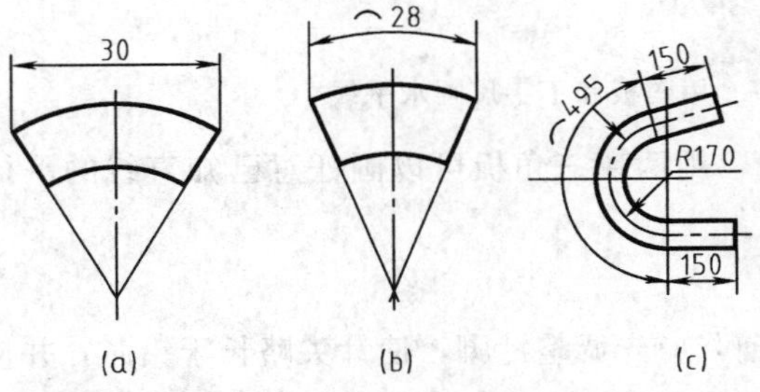	弦长的尺寸界线应平行于弦的垂直平分线[见图(a)];标注弧长的尺寸界线应平行于该弧所对圆心角的角平分线[见图(b)],当弧度较大时,可沿径向引出[见图(c)],尺寸线用圆弧,尺寸数字左方加注符号"⌒"

半径尺寸标注中常见的错误标注如图 1-16 所示。

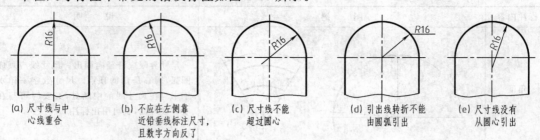

(a) 尺寸线与中　(b) 不应在左侧靠　(c) 尺寸线不能　(d) 引出线转折不能　(e) 尺寸线没有
　心线重合　　　　近铅垂线标注尺寸，　　超过圆心　　　由圆弧引出　　　从圆心引出
　　　　　　　　　且数字方向反了

图 1-16　半径尺寸的错误标注

二、绘图工具及使用

绘制图样的方法有三种：尺规绘图、徒手绘图和计算机绘图。

尺规绘图就是借助三角板、圆规等绘图工具和仪器手工绘制图样的一种方法。正确地使用绘图工具，既能保证绘图质量，又能提高绘图速度，也能为计算机绘图奠定基础。因此，对于初学者应注意养成正确使用和维护绘图工具的良好习惯。

1. 图板、丁字尺和三角板

图板主要用来固定图纸，其表面光滑平整，左、上边平直，用作导边。

丁字尺是配合图板画水平线的一种直尺，由相互垂直的尺头和尺身组成，尺身上刻有刻度。使用时，左手扶住尺头，将尺头的内侧边紧贴图板的导边，上下移动丁字尺，自左向右，可画出不同位置的水平线。如图 1-17 所示。

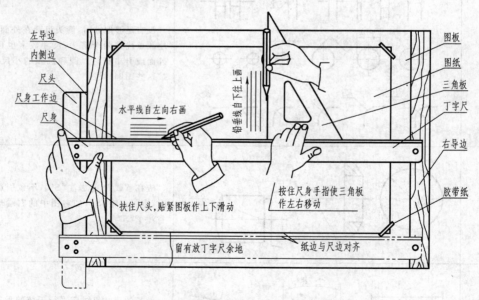

图 1-17　用图板和丁字尺画水平线

三角板与丁字尺配合可画垂直线，用两块三角板可以画任意已知直线的平行线和垂直线及 15°倍角的斜线。如图 1-18 所示。

2. 圆规与分规

圆规是用来画圆或圆弧的。画圆前，应先调整针脚，使针尖略长于铅芯，并使钢针与纸面基本垂直，向前进方向稍微倾斜。分规是用来量取线段和等分线段的。用法如图 1-19 所示。

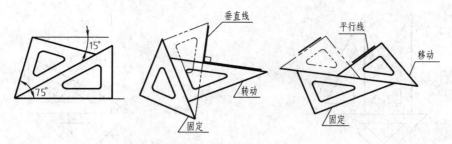

图 1-18　三角板配合使用

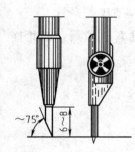
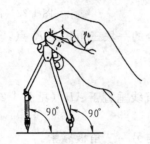
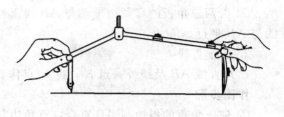

图 1-19　圆规的使用

3. 铅笔

绘图铅笔铅芯的软硬程度用 B 或 H 符号表示。B 前的数字越大则铅质越软，画出的图线越黑越亮；H 前的数字越大则铅质越硬，画出的图线越浅越淡。绘图时，一般用 2B、B 铅笔画粗实线，用 HB 铅笔写字、画虚线，H、2H 铅笔画细线、打底稿。画圆的铅芯应比画直线的铅芯软一型号，才能保证图线浓淡一致。铅笔常削成圆锥形或矩形，圆锥形用于写字和打底稿，矩形用于画粗实线，铅笔的削法如图 1-20 所示。

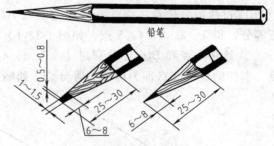

图 1-20　铅笔及其削法

4. 其他工具

绘图时除了使用以上工具外，还要使用橡皮、小刀、擦图片、胶带纸、硫酸纸等。画非圆曲线时，还要用到曲线板。描图时，用针管笔。

第二节　几何作图

物体的轮廓形状多种多样，但它们基本上都是由直线、圆、圆弧和其他平面曲线组成的平面几何图形。掌握平面几何图形的作图方法，是保证绘图质量，提高绘图速度所必需的。

一、基本作图方法

1. 作平行线

已知直线 AB 及线外一点 K，过 K 点作直线 AB 的平行线。（见图 1-21）

作图步骤

① 使三角板的一直角边与 AB 重合，另一直角边与另一三角板靠紧。

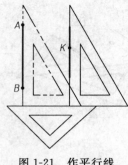

图 1-21 作平行线

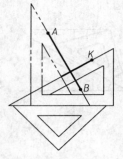

图 1-22 作垂直线

② 沿两三角板的靠紧边推动与 AB 线重合的一块三角板至 K 点，过 K 作直线，则此直线与 AB 平行。

2. 作垂直线

已知直线 AB 及线外一点 K，过 K 点作直线垂直于 AB（见图 1-22）。

作图步骤

① 使三角板的斜边与 AB 重合，直角边与另一三角板靠紧。

② 将与 AB 重合的三角板翻转 $90°$，使斜边过点 K，过 K 点作直线，此直线必与 AB 相垂直。

3. 直线段的等分

将已知直线 AB 分为五等分 [见图 1-23(a)]。

作图步骤

① 过线段的任意一端点 A 作任意直线 AC，用分规（或圆规）在其上以适当长度截取五等分，得 1、2、3、4、5 点，如图 1-23(b) 所示。

② 连接 5 点和 B 点，分别过 1、2、3、4 作 $5B$ 的平行线，与 AB 交于 $1'$、$2'$、$3'$、$4'$ 点，求作的这些交点即为所求的等分点。如图 1-23(c) 所示。

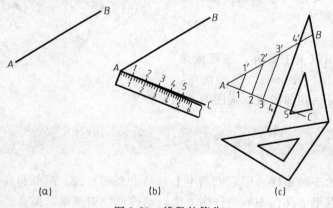

(a)　　　　　　　　　(b)　　　　　　　　　(c)

图 1-23 线段的等分

4. 等分圆周和作正多边形

（1）三、六等分圆周

① 用三角板、丁字尺等分圆周，如图 1-24 所示。

a. 过圆直径的两个端点 1、4，用三角板作 $60°$ 斜线，交圆周于 2、5 点和 3、6 点；

b. 用丁字尺连接 2、3 点和 5、6 点，即得圆内接正六边形。

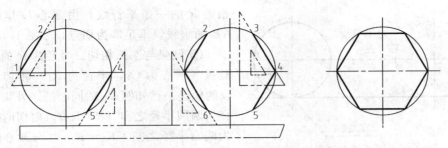

图 1-24　用三角板和丁字尺配合六等分圆周

② 用圆规等分圆周，如图 1-25 所示。

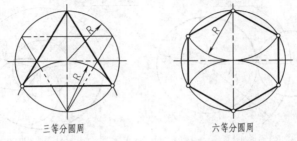

三等分圆周　　　　　　六等分圆周

图 1-25　用圆规三、六等分圆周

（2）五等分圆周

作图步骤

① 求半径的中点。以 A 点为圆心，OA 为半径画弧，得点 M、N，连接 MN，交 OA 于 E 点，如图 1-26（a）所示。

② 求五边形的边长。以点 E 为圆心、EB 的长为半径画弧，与 OC 相交于 F 点，弦长 BF 即为五边形的边长，如图 1-26（b）所示。

③ 画正五边形。以 B 为起点，以弦长 BF 为边长，在圆周上依次截取，得点 1、2、3、4，依次连接各点即得圆内接正五边形，如图 1-26（c）所示。

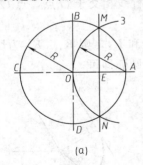
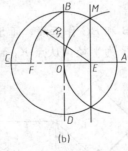
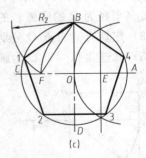

（a）　　　　　　　　（b）　　　　　　　　（c）

图 1-26　五等分圆周

5. 圆弧连接

圆弧连接是指用一已知半径的圆弧光滑连接相邻两线段（直线或圆弧）；已知半径的圆弧称为连接弧。要使线段"光滑"连接，就必须使线段与线段在连接处相切，切点称为连接点。因此，圆弧连接的关键是求连接弧的圆心和切点。

（1）作图原理

① 圆弧与直线相切。半径为 R 的圆与已知直线 AB 相切时，其圆心的轨迹是与直线 AB

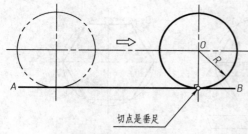

图 1-27　圆弧与直线相切

相距 R 的一条平行线；由圆心 O 作已知直线 AB 的垂线，垂足即为切点，如图 1-27 所示。

② 圆弧与圆弧相切。半径为 R 的圆与已知圆弧（圆心为 O_1，半径为 R_1）相切，其圆心 O 的轨迹是已知圆 O_1 的同心圆。外切时，其半径为两圆半径之和（$R+R_1$）；内切时，其半径为两圆半径之差 $|R_1-R|$。两圆心的连线或其延长线与已知圆弧的交点为切点 K。如图 1-28 所示。

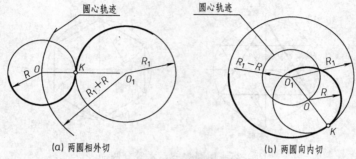

图 1-28　圆与圆相切

（2）作图步骤

① 求连接弧的圆心。

② 确定切点位置。

③ 画连接圆弧。

【例 2】　用半径为 R 的圆弧，连接已知直线 AB 和 BC，如图 1-29 所示。

作图步骤

（1）求圆心　在直线 AB 上任取一点 M，过 M 作 AB 的垂线，在垂线上量取 $MN=R$，过 N 作 AB 的平行线；同理作与 BC 相距为 R 的平行线；两平行线相交于 O 点，点 O 即为连接弧（半径为 R 的圆弧）的圆心。

（2）定切点　自点 O 分别向 AB 和 BC 作垂线，垂足为 K_1 和 K_2，则 K_1、K_2 为切点。

（3）画连接弧　以 O 为圆心、R 为半径，从点 K_1 到 K_2 画圆弧即可。

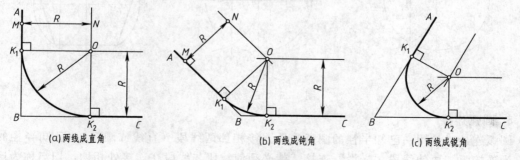

图 1-29　用圆弧连接两直线

【例 3】　用半径为 R 的圆弧，连接已知直线 AB 和圆弧（半径为 R_1）。已知半径为 R 的圆弧与半径为 R_1 的圆弧相外切，如图 1-30 所示。

作图步骤

（1）**求圆心**　作与已知直线 AB 相距为 R 的平行线，再以已知圆弧（半径为 R_1）的圆心 O_1 为圆心、$R+R_1$ 为半径画弧，此弧与所作平行线相交于 O 点，点 O 即为连接弧（半径为 R 的圆弧）的圆心。

（2）**定切点**　从点 O 向 AB 作垂线，得垂足 K_1；作两圆心连线 O_1O，与已知圆弧（半径为 R_1）相交于点 K_2，则 K_1、K_2 即为切点。

（3）**画连接弧**　以 O 为圆心、R 为半径，自点 K_1 至 K_2 画圆弧，完成作图。

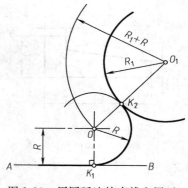

图 1-30　用圆弧连接直线和圆弧

【**例 4**】　用圆心为 O、半径为 R 的圆弧，连接两已知圆弧（半径为 R_1、R_2）。其中连接圆弧与圆 O_1 内切、与圆 O_2 外切，如图 1-31(c) 所示。

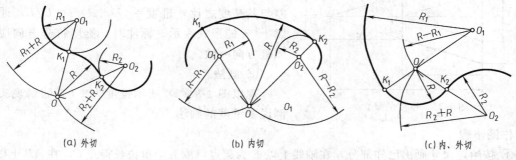

（a）外切　　　　　　　　（b）内切　　　　　　　　（c）内、外切

图 1-31　用圆弧连接两圆弧

作图步骤

（1）**求圆心**　分别以 O_1、O_2 为圆心，R_2+R（外切）、$|R-R_1|$（内切）为半径作圆弧，两圆弧相交于点 O，O 点即为连接弧（半径 R）的圆心。

（2）**定切点**　连接 O_1O，其延长线与已知圆弧（半径 R_1）相交于点 K_1；连接 O_2O 与已知圆弧（半径 R_2）交于点 K_2，K_1、K_2 即为切点。

（3）**画连接弧**　以 O 为圆心，R 为半径，自点 K_1 至 K_2 画圆弧，即完成作图。

6. 斜度和锥度

（1）斜度（GB/T 4069—2001）

一直线对另一直线或一平面对另一平面的倾斜程度，称为斜度。标注时写成 $1:n$ 的形式，并在数字前加注符号"∠"。斜度符号要与斜度方向一致。

【**例 5**】　作出图 1-32(a) 所示斜度为 $1:5$ 的楔形块。

作图步骤

① 作长度为 50mm 的水平线 AB，过 B 点作 AB 的垂线，且量取 BC 等于 20mm。以 B 点为起点，在水平线 AB 上取五等分得 D，在竖直线 BC 上取一等分得 E，连接 D、E 得 $1:5$ 斜度线。

② 按给定尺寸确定 F、G，过 F 作 DE 的平行线与过 G 点的竖直线交于点 M，描深完成作图。

（2）锥度（GB/T 15754—1995）

① 概念。

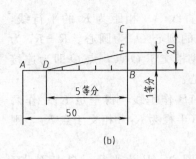
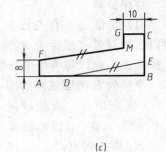

图 1-32　楔形块斜度的画法及标注

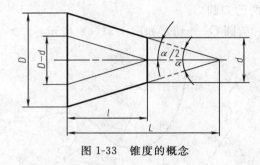

图 1-33　锥度的概念

如图 1-33 所示，正圆锥的底圆直径与高度之比，称为锥度。圆台的锥度是指两底圆的直径之差与其高度之比，锥度 $=(D-d)/l=D/L$。通常以 $1:n$ 的形式表示。标注时，锥度符号方向应与圆锥方向一致。

② 画法。

现以图 1-34(a) 所示锥度为 1∶5 的塞规头为例说明锥度的画法。

作图步骤

① 按给定尺寸画出已知部分，在轴线上以 F 为起点，取五个单位长得点 C，在 AB 上以 F 为起点分别向上、下量取半个单位长得点 E、D，连接 CD、CE，则 DCE 的锥度为 1∶5，如图 1-34(b) 所示。

② 在轴线上量取 FK 等于 18mm 得点 K，过 K 作轴线的垂线；再过 A、B 分别作 CD、CE 的平行线与垂线相交于 N、M，描图即可，如图 1-34(c) 所示。

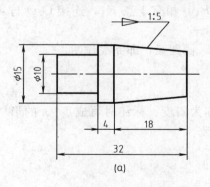
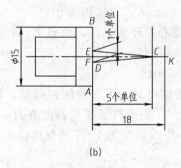
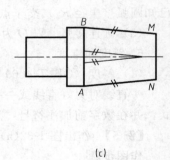

图 1-34　锥度的画法

7. 椭圆的画法

椭圆是常见的非圆曲线，其画法有四心法和同心圆法。工程中常用四心法作椭圆。

已知椭圆的长轴 AB 和短轴 CD，用四心法画椭圆（如图 1-35）。

作图步骤

① 连接 AC，取 $CF=CE=OA-OC$，如图 1-35(a) 所示。

② 作 AF 的中垂线，分别交长、短轴于点 3 和 1，并取点 3、1 的对称点 4、2，连 14、

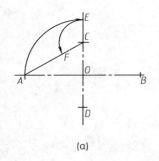
(a)

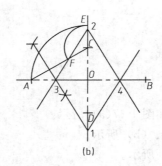
(b)

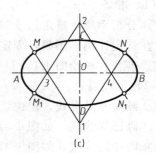
(c)

图 1-35 四心法画椭圆

23、24 并延长，如图 1-35（b）所示。

③ 分别以点 1、2 为圆心，1C（或 2D）的长为半径画弧；再分别以 3、4 为圆心，3A（或 4B）的长为半径画弧，以点 M、N、M₁、N₁ 为切点，描深即可，如图 1-35（c）所示。

二、平面图形的线段分析与作图步骤

平面图形是由各种线段（直线、曲线）连接而成的。画平面图形时，首先要分析尺寸和线段之间的关系，了解各种线段的形状、大小、位置，然后才能顺利作图。

1. 尺寸分析

平面图形中的尺寸，按其作用可分为定形尺寸和定位尺寸两类。

（1）定形尺寸 确定平面图形上几何元素形状大小的尺寸称为定形尺寸。如圆的直径、圆弧半径、线段长度、角度大小等。图 1-36 中的 $\phi20$、$R50$、100、20、40、5 都是定形尺寸。

（2）定位尺寸 确定几何元素间相对位置的尺寸称为定位尺寸。如图 1-36 中的 60、20、30 是定位尺寸。

标注定位尺寸时，必须有个起点，标注尺寸的起点称为尺寸基准。在平面图形中，有水平方向和竖直方向两个尺寸基准。一般以图形的对称线、大直径圆的中心线、较长的底线或边线作为尺寸基准，如图 1-36 所示。

2. 线段分析

平面图形中的线段，根据其定位尺寸是否完整，可分为以下三类。

（1）已知线段 尺寸完整（有定形、定位尺寸），能直接画出的线段为已知线段。如图 1-36 中的 $\phi20$、$\phi36$、100、20 等尺寸所对应的图线。

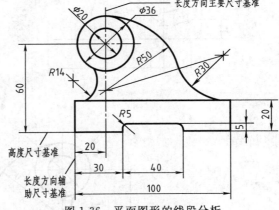

图 1-36 平面图形的线段分析

（2）中间线段 给出了定形尺寸和一个定位尺寸的线段称为中间线段，如图 1-36 中尺寸为 $R50$ 的线段。

（3）连接线段 只有定形尺寸，没有定位尺寸的线段，如图 1-36 中尺寸为 $R5$、$R14$、$R30$ 的线段均为连接线段。

3. 平面图形的作图步骤

（1）准备工作

① 分析图形，选定尺寸基准。

② 选定比例、图幅，固定图纸。

③ 准备各种绘图工具。

（2）画底稿

① 画尺寸基准线、定位线，如图 1-37(a) 所示。

② 画已知线段，如图 1-37(a)、(b) 所示。

③ 画中间线段，如图 1-37(c) 所示。

④ 画连接线段，如图 1-37(d) 所示。

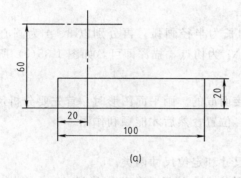

(a)

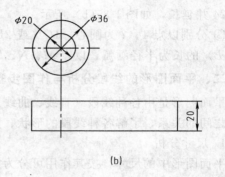

(b)

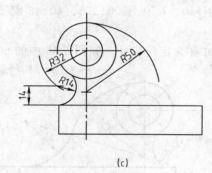

(c)

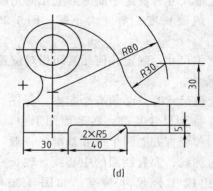

(d)

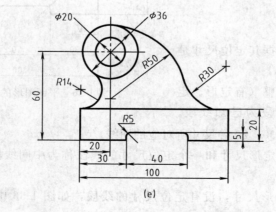

(e)

图 1-37　平面图形的绘图步骤

画底稿时，图线要轻淡、准确，布图要合理、匀称。

（3）按线型要求描深底稿　全面检查底稿，修正错误，擦去不必要的图线，然后按线型描深。描深原则如下。

① 先粗后细。先描深全部粗实线，再加深细虚线、细点画线及细实线等。

② 先曲后直。先画圆或圆弧，后画直线。

③ 先水平后垂斜。先自上而下描深水平线，再自左向右画出竖直线，最后画倾斜的直线。

（4）标注尺寸、填写标题栏　所画的平面图形如图 1-37（e）所示。

三、平面图形的尺寸标注

标注平面图形的尺寸时，首先对图形的结构进行分析，选择尺寸基准，然后标注出平面图形的全部定形尺寸和必要的定位尺寸，尺寸标注不重复、不遗漏。常见平面图形的尺寸标注如图 1-38 所示。

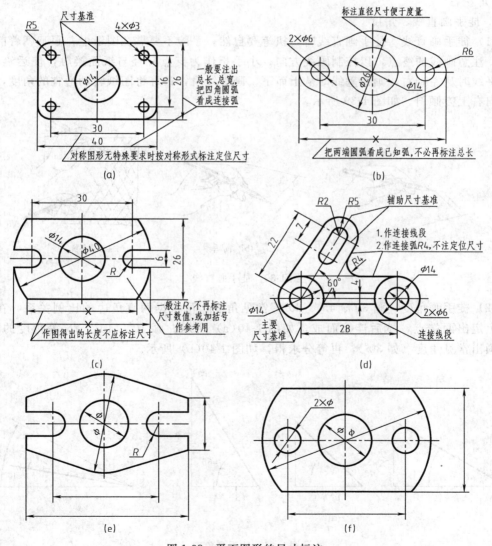

图 1-38　平面图形的尺寸标注

第三节 徒手绘图

以目测估计图形与实物的比例，按一定画法要求，不用尺规，只用铅笔绘制的图形称为草图。这种绘图方法称为徒手绘图。徒手绘图是工程技术人员必须掌握的一项基本技能，主要用于现场测绘（修配或仿造产品）、技术交流、创意构思设计。

草图并非潦草的图，它同样要求图形正确、线型明确、比例匀称、图面整洁、字体工整。

初练徒手绘图时，应在方格纸上进行，尽量让图形中的直线与方格线重合，以便保证所画直线的平直，控制图形的大小比例。

1. 握笔姿势

手握笔的位置要比用仪器绘图时稍高一些，手指距笔尖约 4cm，手腕悬空，笔杆与纸面成 50°角左右。

2. 徒手画直线、角度

（1）徒手画直线   徒手画直线时，执笔要自然，手腕不要靠在图纸上，眼睛朝着前进的方向，注意画线的终点，以控制画线方向；小手指作为支点轻轻与纸面接触，使运笔平稳。画水平线时从左到右，画铅垂线时从上而下；画斜线时，最好将图纸转动适宜的角度，一般是稍向右上方倾斜。如图 1-39 所示。

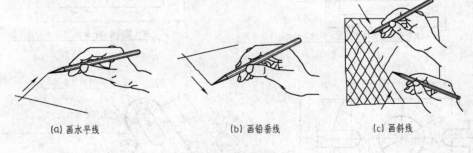

(a) 画水平线   (b) 画铅垂线   (c) 画斜线

图 1-39 徒手画直线

（2）徒手画角度   画 30°、45°、60° 等常见角度，可根据两直角边的比例关系，在两直角边上定出两端点，然后连接而成，如图 1-40(a) 所示。画 10°、15°、75° 等角度的斜线，可先画出常见角度（如 30°），再等分求得，如图 1-40(b) 所示。

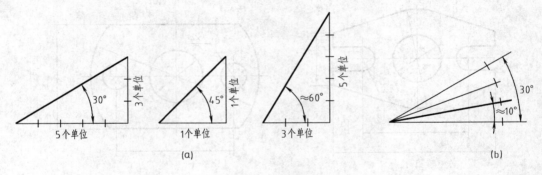

图 1-40 徒手画角度

3. 徒手画圆和圆角

（1）圆的画法　画小圆时，先定圆心，画出相互垂直的两条中心线，再按半径目测在中心线上定出四个点，然后过四点分两半画出，如图 1-41(a) 所示。画较大的圆时，可增加两条斜线，在斜线上根据半径目测定出四个点，然后分段画出，如图 1-41(b) 所示。画更大的圆时用两支铅笔，其中一支铅笔的笔尖指在圆心位置，两铅笔笔尖的距离等于圆的半径，握笔的手不动，另一只手缓慢转动纸张，如图 1-41(c) 所示。

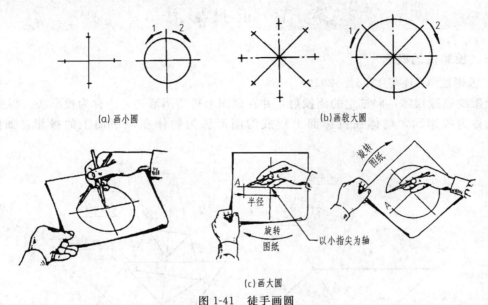

(a)画小圆　　　　　　　　　　　(b)画较大圆

(c)画大圆

图 1-41　徒手画圆

（2）圆角的画法　画圆角时，先将两直线画成相交，然后目测画角平分线，在角平分线上定出圆心位置，使它与角两边的距离等于圆角半径的大小。过圆心向两边引垂线定出圆弧的起点和终点，并在角平分线上也定出一圆周点，徒手画圆弧将三点连接起来，如图 1-42 所示。

4. 徒手画椭圆

画椭圆时，先根据长短轴确定四个端点，过四个端点分别作长短轴的平行线，构成一矩形，最后作出与矩形相切的椭圆，如图 1-43 所示。

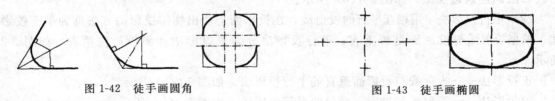

图 1-42　徒手画圆角　　　　　　　　　　　图 1-43　徒手画椭圆

第二章 投影基础

第一节 正投影法

一、投影法的概念

1. 投影法（GB/T 13361—2012）

投影线通过物体，向选定的面投射，并在该面上得到图形的方法称为投影法。得到投影的平面称为投影面，物体在投影面上形成的图形称为物体在该平面上的投影。如图 2-1 所示。

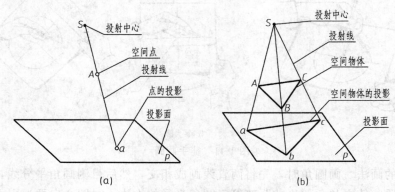

图 2-1 投影法的概念

2. 投影法的分类

投影法分为两类，即中心投影法和平行投影法。

（1）中心投影法 投射线从一点发出，在投影面上作出物体投影的方法，称为中心投影法。投射线的交点称为投射中心。利用中心投影法得到的投影称为中心投影。工程上常用中心投影法画建筑透视图。如图 2-1(b) 所示。

（2）平行投影法 用相互平行的投射线，在投影面上作出物体投影的方法称为平行投影法。根据投射线与投影面是否垂直，平行投影法分为正投影法和斜投影法两种，如图 2-2 所示。

正投影法——投射线与投影面垂直的平行投影法，如图 2-2(a) 所示。

斜投影法——投射线与投影面倾斜的平行投影法，如图 2-2(b) 所示。

根据正投影法得到的图形称为正投影。正投影法能准确表达物体的结构形状，度量性好。因此，在工程上得到广泛应用。正投影法是本课程学习的主要内容，除有说明外，所讲述的投影均指正投影。

二、正投影法的投影特性

1. 真实性

当平面或线段平行投影面时，平面的投影反映真实形状，线段的投影反映实长，如图

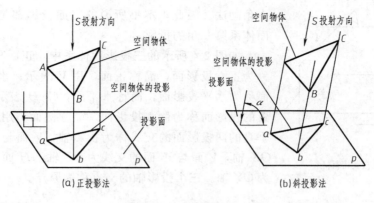

(a)正投影法   (b)斜投影法

图 2-2 平行投影法

2-3(a)所示。

2. 积聚性

当平面、曲面或直线垂直投影面时，面的投影积聚成线，直线的投影积聚成一点，如图 2-3(b)所示。

3. 类似性

当平面或直线、曲线倾斜于投影面时，平面的投影为面积缩小的类似形；直线或曲线的投影仍为直线或曲线，但长度缩短，如图 2-3(c)所示。

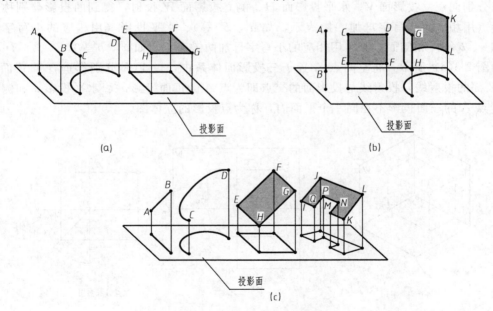

(a)   (b)

(c)

图 2-3 正投影法的投影特性

三、三投影面体系

由三个相互垂直的平面构成的空间称为三投影面体系。三个相互垂直的平面将空间分为八个区域，依次称为第Ⅰ分角、第Ⅱ分角等八个分角，其中位于左前上的区域称为第Ⅰ分角，位于左后下的区域称为第Ⅲ分角，如图 2-4 所示。将物体置于第Ⅰ分角内，使其处于观察者与投影面之间而得到正投影的方法称为第一角画法；将物体置于第Ⅲ分角内，使投影面处于观察者与物体之间而得到正投影的方法称为第三角画法。中国标准规定工程图样采用第

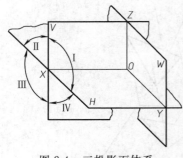

图 2-4 三投影面体系

一角画法。因此，本书所说的三面投影都是物体在三投影面体系第一角的投影。

如图 2-4 所示的三投影面体系中，正面竖直放置的平面称为正立投影面，简称正面，用 V 表示；水平放置的投影面称为水平投影面，简称水平面，用 H 表示；竖直侧立放置的投影面称为侧立投影面，简称侧面，用 W 表示。相互垂直的两投影面的交线称为投影轴，V 面与 H 面的交线为 OX 轴，V 面与 W 面的交线为 OZ 轴，H 面与 W 面的交线为 OY 轴。三个投影轴的交点称为原点。

第二节 点、直线、平面的投影

点、线、面是构成立体的最基本的几何元素。要准确地绘制物体的投影，必须首先掌握这些几何元素的投影规律。

一、点的投影

1. 点的投影规律

（1）点投影的形成 国标规定：空间点用大写字母如 A、B、C 等表示，用正投影法将空间点分别向正立投影面 V、水平投影面 H、侧立投影面 W 投射，得到的投影分别称为正面投影（用相应的小写字母加一撇表示，如 a'、b' 等）、水平投影（用相应的小写字母表示，如 a、b 等）和侧面投影（用相应的小写字母加两撇表示，如 a''、b'' 等）。

如图 2-5(a) 所示，将空间点 A 置于三投影面体系中，过点 A 分别作垂直于 V 面、H 面和 W 面的投射线，投射线与投影面的交点即为点 A 的正面投影 a'、水平投影 a 和侧面投影 a''。点 A 的三面投影不在同一个平面内，称为点投影的立体图。

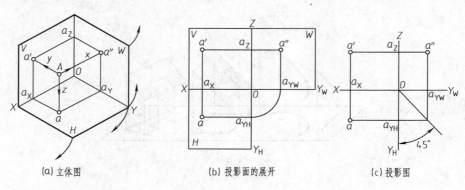

(a) 立体图   (b) 投影面的展开   (c) 投影图

图 2-5 点的投影

（2）点的投影图 为了在一个平面内表达点的三面投影，需要将立体图展开。三投影面体系展开的方法是：

正投影面不动，将水平投影面 H 绕 OX 轴向下旋转 90°，侧立投影面 W 绕 OZ 轴向右后旋转 90°，与正立投影面处于同一平面内，如图 2-5(b) 所示。

平面是可以无限延伸的，为此，可将展开后的投影面的边框去掉。去掉投影面边框的展开图称为投影图，如图 2-5(c) 所示。

点的投影由立体图展为平面图的过程中，各线段的长度都保持不变。若把三投影面体系看成是空间直角坐标系，即把投影面作为坐标面，投影轴作为坐标轴，三个轴的交点 O 就是坐标原点，则点的空间位置就可用坐标 $(x，y，z)$ 表示。

（3）点的投影规律　由投影图可知点的三面投影的投影规律。

① 点的两面投影连线垂直于相应的投影轴。即

$$aa' \perp OX，a'a'' \perp OZ，aa_{YH} \perp OY_H，a''a_{YW} \perp OY_W$$

② 点的投影到投影轴的距离，等于该点到相应投影面的距离，也等于该点的坐标。即

$$a'a_X = a''a_Y = Aa = oa_Z = z \text{ 表示点 } A \text{ 到 } H \text{ 面的距离；}$$
$$aa_X = a''a_Z = Aa' = oa_Y = y \text{ 表示点 } A \text{ 到 } V \text{ 面的距离；}$$
$$a'a_Z = aa_Y = Aa'' = oa_X = x \text{ 表示点 } A \text{ 到 } W \text{ 面的距离。}$$

【例1】　如图 2-6（a）所示，已知点的两面投影，求作其第三面投影，并说明各点对投影面的空间位置。

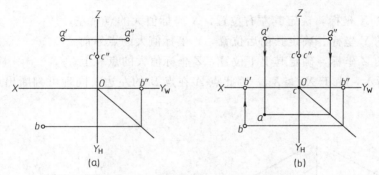

图 2-6　由点的两面投影求第三面投影

作图步骤

① 过 a'' 作 OY_W 轴的垂线并延长与 $45°$ 斜线相交，过交点作 OY_H 轴的垂线并延长；过 a' 作 OX 轴的垂线并延长，两垂线的交点即为 a 点。

② 过 b 作 OX 轴的垂线，垂足为 b' 点。

③ 坐标原点为 C 点的水平投影 c。作图结果如图 2-6（b）所示。

④ 根据点的坐标判断点对投影面的相对位置。

点 A 的三个坐标值均不等于 0，故点 A 为一般位置点；点 B 有一个坐标值为 0（$Z_B = 0$），故点 B 为 H 面上的点；点 C 有两个坐标植为 0（$X_C = Y_C = 0$），故点 C 为 OZ 轴上的点。

【例2】　已知点 A 的坐标（10，15，20），求点 A 的三面投影，并判定点 A 到 V、H、W 面的距离。

作图步骤

① 画投影轴，在 OX 轴上从 O 点向左量取 10mm 得 a_X 点，过 a_X 作 OX 轴的垂线，在该垂线上以 a_X 为起点，分别向上量取 20mm、向下量取 15mm 得点 A 的正面投影 a'、水平投影 a。

② 过 a 作 OY_H 轴的垂线，与 $45°$ 斜线相交；过交点作 OY_W 轴的垂线，该垂线与过 a' 所作的 OZ 轴的垂线相交，交点即为点 A 的侧面投影 a''。作图过程及结果如图 2-7 所示。

③ 根据点到投影面的距离等于空间点的坐标，可知，点 A 到 V 面的距离等于 15mm，

点 A 到 H 面的距离等于 20mm，点 A 到 W 面的距离等于 10mm。

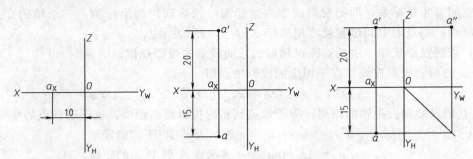

图 2-7　由点的坐标作点的三面投影

2. 两点的相对位置

空间两点的相对位置是指空间两个点的上下、左右、前后位置关系，可以根据两点的坐标大小来确定。

比较两点的 X 坐标，确定其左右位置，X 坐标值大的点靠左；

比较两点的 Y 坐标，确定其前后位置，Y 坐标值大的点靠前；

比较两点的 Z 坐标，确定其上下位置，Z 坐标值大的点靠上。

如图 2-8 所示，由于 $X_A > X_B$，因此点 A 在点 B 的左边，同理可判断出点 A 在点 B 的前方、下方。

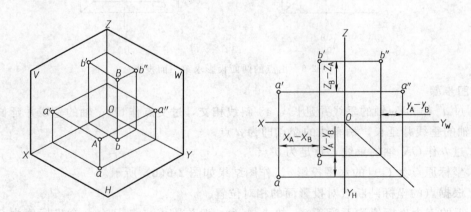

图 2-8　两点的相对位置

3. 重影点

若空间两点的两个坐标值相同，一个坐标值不相同，则这两点在相应投影面上的投影重合，这两点称为该投影面的重影点。重影点的可见性，要根据其不相等坐标的大小来判定，不相等的坐标值大的点可见。即

正面 V 的重影点，其 Y 坐标值不等，Y 坐标大的点靠前，其正面投影可见；

水平面 H 的重影点，其 Z 坐标值不等，Z 坐标大的点靠上，其水平投影可见；

侧面 W 的重影点，其 X 坐标值不等，X 坐标大的点靠左，其侧面投影可见。

如图 2-9 所示，点 A 与点 B 的 Z 坐标不相等，且 $Z_A > Z_B$，点 A 在上方，故点 A 与点 B 是对水平投影面的重影点，且点 A 的水平投影可见。

【**例3**】　已知空间点 A 到 V 面的距离为 20、到 H 面的距离为 25、到 W 面的距离为 15；

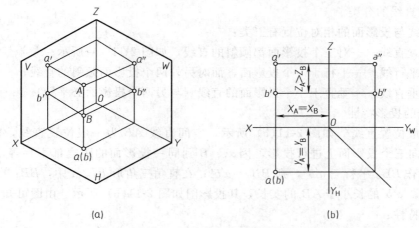

(a)　　　　　　　　　　(b)

图 2-9　重影点及可见性

点 B 在点 A 的右方 5mm、后方 15mm、下方 10mm 处，点 C 在点 A 的正左方 7mm 处，求作 A、B、C 三点的三面投影。

作图步骤

① 画投影轴，根据点 A 到投影面的距离，作出其三面投影 a、a'、a''。

② 在 OX 轴上，由 a_X 向右量取 5 得一点，过该点作 X 轴的垂线；在 OY_H 轴上，由 a_{YH} 向上量取 15 得一点，过该点作 OY_H 轴的垂线，与 X 轴的垂线相交，交点为点 B 的水平投影 b。

③ 与 OY_H 轴垂直的线与 45°斜线相交，过交点作 OY_W 轴的垂线；在 OZ 轴上，由 a_Z 向下量取 10 得一点，过该点作 Z 轴的垂线，与 X 轴垂线的交点为 B 的正面投影 b'，与 OY_W 轴的垂线相交，交点为 B 的侧面投影 b''。

④ 点 C 在点 A 的正左方，所以 C 点的侧面投影 c'' 与 a'' 重合，在 OX 轴上，过 a_X 向左量取 7 得一点，过该点作 X 轴的垂线，该垂线与 $a''a'$ 延长线的交点为点 C 的正面投影 c'；过 a

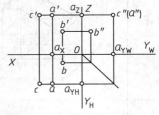

图 2-10　点的投影作图

点作 OY_H 轴的垂线，与 X 轴垂线的交点为点 C 的水平投影 c。作图结果如图 2-10 所示。

二、直线的投影

空间两点可以确定一直线，因此，已知空间两点的三面投影只要连接这两点在同一个投影面上的投影（称为同面投影），即可得空间直线的三面投影。如图 2-11 所示。

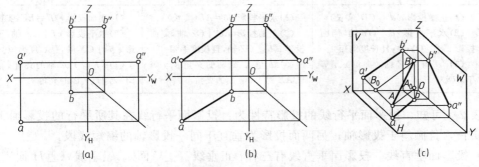

(a)　　　　　　　　　　(b)　　　　　　　　　　(c)

图 2-11　直线的投影

1. 空间直线的分类

空间直线与投影面的相对位置有三类：

一般位置直线——对三个投影面都倾斜的直线，如图 2-11(c) 所示；

投影面平行线——平行于一个投影面，而对另外两个投影面倾斜的直线；

投影面垂直线——垂直于一个投影面的直线（与另两个投影面必平行）。

2. 直线的投影特性

（1）一般位置直线 如图 2-11(c) 所示，空间直线 AB 为一般位置直线，根据正投影法，将 AB 向三个投影面上进行投影，因 A、B 到同一投影面的距离都不相等，在 $Bb'a'A$ 平面内过 B 作 BB_0 平行于 $a'b'$，则 $BB_0 = a'b'$；在直角三角形 BB_0A 中，BB_0 的长小于 AB 的长，即投影 $a'b'$ 的长小于 AB 的实长，其投影图如图 2-11(b) 所示。由图可知，一般位置直线的投影特性：

一般位置直线的三面投影都倾斜于投影轴，其投影长度均小于实长。

（2）投影面平行线 投影面平行线有三种：水平线（∥H 面）、正平线（∥V 面）、侧平线（∥W 面）。投影面平行线的投影特性见表 2-1。

表 2-1 投影面平行线的投影特性

名称	正平线	水平线	侧平线
立体图	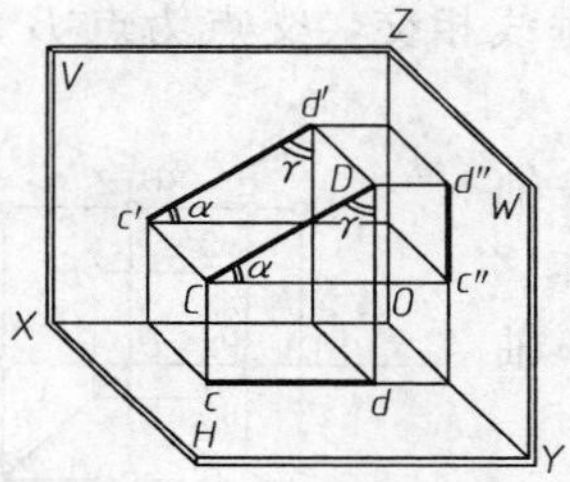	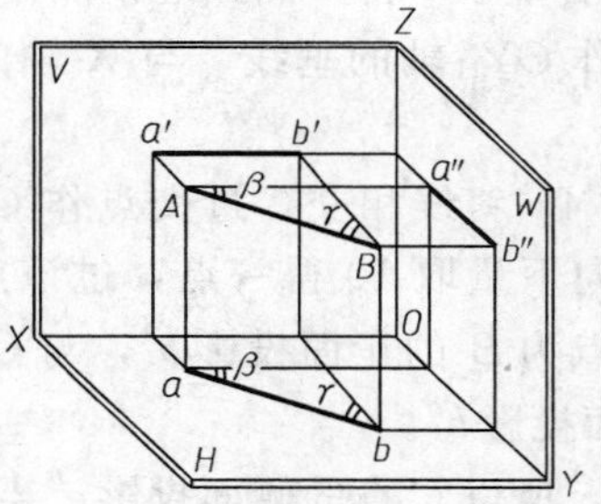	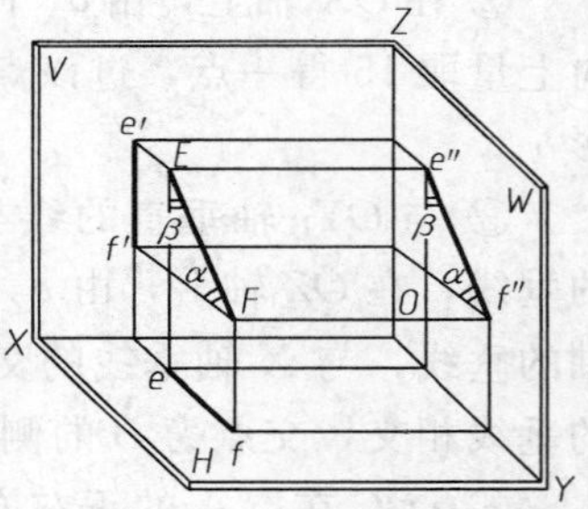
投影图	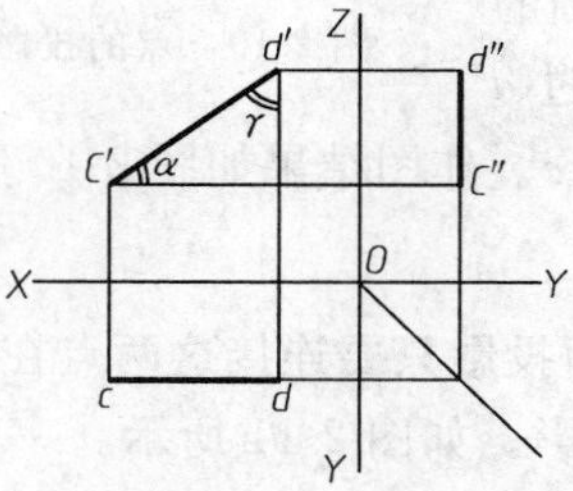	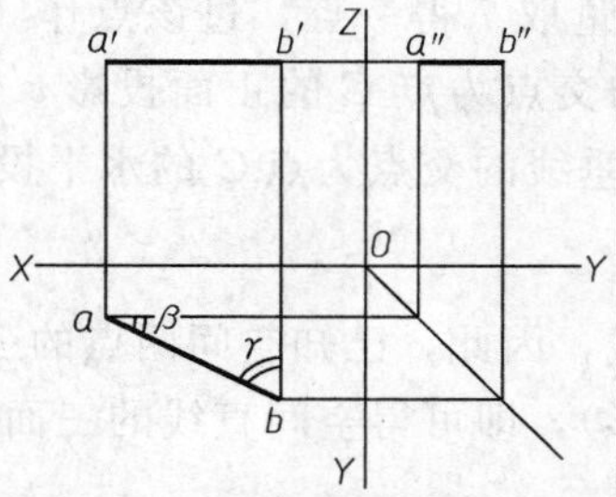	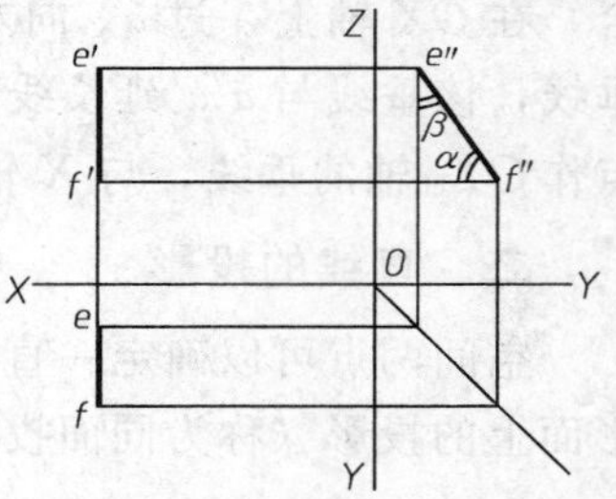
投影特性	(1)正面投影 $c'd' = CD$（实长） (2)水平投影 $cd \perp OY$ 轴，侧面投影 $c''d'' \perp OY$ 轴，且长度缩短 (3)$c'd'$ 与 X、Z 轴的夹角 α、γ 等于 CD 对 H、W 面的夹角	(1)水平投影 $ab = AB$（实长） (2)正面投影 $a'b' \perp OZ$ 轴，侧面投影 $a''b'' \perp OZ$ 轴，且长度缩短 (3)ab 与 X、Y 轴的夹角 β、γ 等于 AB 对 V、W 面的夹角	(1)侧面投影 $e''f'' = EF$（实长） (2)水平投影 $ef \perp OX$ 轴，正面投影 $e'f' \perp OX$ 轴，且长度缩短 (3)$e''f''$ 与 Y、Z 轴的夹角 α、β 等于 EF 对 H、V 面的夹角

从表 2-1 可知，投影面平行线的投影特性为：投影面平行线在其所平行的投影面上的投影反映实长，且倾斜于投影轴；另两面投影为垂直于同一投影轴的缩短线段。

（3）投影面垂直线 投影面垂直线有三种：正垂线（⊥V 面）、铅垂线（⊥H 面）、侧垂线（⊥W 面）。它们的投影特性见表 2-2。

表 2-2　投影面垂直线的投影特性

名称	铅垂线	正垂线	侧垂线
轴测图	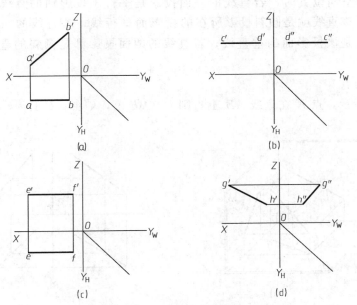		
投影图			
投影特性	(1)水平投影 $a(b)$ 积聚为一点 (2)$a'b'=a''b''=AB$(实长),且正面投影 $a'b'$ // OZ 轴,侧面投影 $a''b''$ // OZ 轴	(1)正面投影 $c'(d')$ 积聚为一点 (2)$cd=c''d''=CD$(实长),且水平投影 cd // OY 轴,侧面投影 $c''d''$ // OY 轴	(1)侧面投影 $e''(f'')$ 积聚为一点 (2)$e'f'=ef=EF$(实长),且正面投影 $e'f'$ // OX 轴,水平投影 ef // OX 轴

从表 2-2 可知,投影面垂直线的投影特性为:投影面垂直线在其所垂直的投影面上的投影积聚为一点;另两面投影为平行于同一投影轴的直线,且反映实长。

【例 4】　如图 2-12 所示,已知各直线的两面投影,判断直线对投影面的位置,并作出直线的第三面投影。

图 2-12　判断直线对投影面的位置

解 图(a)中 AB 的两面投影分别与投影轴平行和倾斜，因此，AB 只能是投影面的平行线，因其正面投影倾斜于投影轴，故 AB 为正平线。

图(b)中 CD 的正面投影和侧面投影都与 Z 轴垂直，表明直线上各点到 H 面的距离相等，故 CD 为水平线。

图(c)中 EF 的正面投影和水平投影都与 X 轴平行，故 EF 为侧垂线。

图(d)中 GH 的两面投影都与投影轴倾斜，表明直线上各点的三个坐标都不等，故 GH 为一般位置直线。各线的第三面投影如图 2-13 所示。

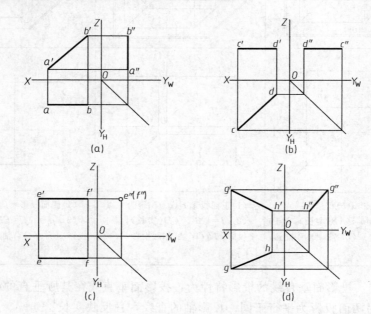

图 2-13 各线的第三面投影

判定直线的空间位置时，若直线的一面投影是平行于投影轴的直线，另一面投影是倾斜的直线，则该直线就是倾斜投影所在的投影面平行线；若直线的一面投影积聚为一点，则该直线就是该投影面的垂直线；若直线的两面投影都是倾斜的直线，则该直线是一般位置直线。

3. 直线上的点

如图 2-14 所示，点 K 在直线 AB 上，则 k 在 ab 上，k′在 a′b′上，k″在 a″b″上；反之，

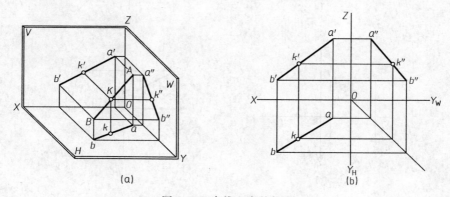

图 2-14 直线上点的投影

若一点的三面投影中，有一面投影不在直线的同面投影上，则该点一定不在该直线上。故直线上点的投影特性如下。

① 若点在直线上，则点的投影一定在直线的同面投影上。反之亦然。

② 若点在直线上，则点的投影分割直线段同面投影之比等于点分割直线段之比。反之亦然。即：$ak : kb = a'k' : k'b' = a''k'' : k''b'' = AK : KB$。

【例5】 如图 2-15(a) 所示，已知侧平线 AB 及点 M 的正面投影和水平投影，判断点 M 是否在直线 AB 上。

解 判断方法有两种。

① 用点分线段成定比的方法判断。

由于 $am : mb \neq a'm' : m'b'$，因此，点 M 不在直线 AB 上。如图 2-15(b) 所示。

② 求出它们的第三面投影。

如图 2-15(c) 所示，由于 m'' 不在 $a''b''$ 上，因此，点 M 不在直线 AB 上。

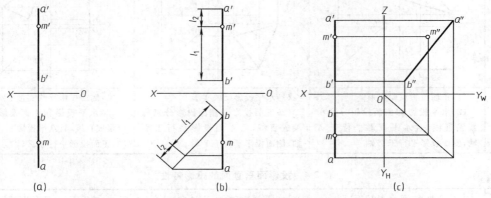

图 2-15 判断点是否在直线上

三、平面的投影

平面是由若干直线和点组成的封闭线框，因此，利用点、直线的投影规律，就可以得到平面的投影。

1. 平面的分类

在三投影面体系中，平面相对于投影面的位置有三种：

一般位置平面——是指对三个投影面都倾斜的平面；

投影面平行面——是指平行于一个投影面，与另两个投影面垂直的平面；

投影面垂直面——是指垂直于一个投影面而倾斜于另外两个投影面的平面。

2. 平面的投影特性

（1）投影面平行面 根据所平行的投影面不同，投影面平行面可以分为三种：水平面（平行于 H 面的平面）、正平面（平行于 V 面的平面）、侧平面（平行于 W 面的平面）。各种投影面平行面的投影情况见表 2-3。由表 2-3 可知，投影面平行面的投影特性为：

投影面平行面在其所平行的投影面上的投影反映实形，另两面投影各积聚为一直线，且平行于相应的投影轴。简称为两线一框，线平行于投影轴，框反映平面的实形。

（2）投影面垂直面 根据所垂直的投影面不同，投影面垂直面可分为三种：正垂面（垂直于 V 面的平面）、铅垂面（垂直于 H 面的平面）、侧垂面（垂直于 W 面的平面）。各种投影面垂直面的投影情况见表 2-4。由表 2-4 可知，投影面垂直面的投影特性为：

表 2-3 投影面平行面的投影特性

名称	正平面(∥V)	水平面(∥H)	侧平面(∥W)
轴测图	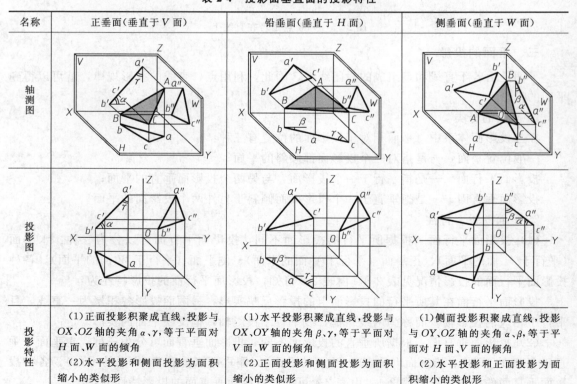		
投影图			
投影特性	(1)正面投影反映实形 (2)水平投影和侧面投影分别积聚成直线,且水平投影平行于 X 轴,侧面投影平行于 Z 轴	(1)水平投影反映实形 (2)正面投影和侧面投影分别积聚成直线,且正面投影平行于 X 轴,侧面投影平行于 Y 轴	(1)侧面投影反映实形 (2)水平投影和正面投影分别积聚成直线,且水平投影平行于 Y 轴,正面投影平行于 Z 轴

表 2-4 投影面垂直面的投影特性

名称	正垂面(垂直于 V 面)	铅垂面(垂直于 H 面)	侧垂面(垂直于 W 面)
轴测图			
投影图			
投影特性	(1)正面投影积聚成直线,投影与 OX、OZ 轴的夹角 α、γ,等于平面对 H 面、W 面的倾角 (2)水平投影和侧面投影为面积缩小的类似形	(1)水平投影积聚成直线,投影与 OX、OY 轴的夹角 β、γ,等于平面对 V 面、W 面的倾角 (2)正面投影和侧面投影为面积缩小的类似形	(1)侧面投影积聚成直线,投影与 OY、OZ 轴的夹角 α、β,等于平面对 H 面、V 面的倾角 (2)水平投影和正面投影为面积缩小的类似形

投影面的垂直面在其所垂直的投影面上的投影积聚为斜倾于投影轴的直线，该线与投影轴的夹角，等于平面与相应投影面的倾角；另两面投影为类似形，且面积小于实形。简称为一线两框，线倾斜于投影轴，且反映平面与投影面的夹角，框不反映平面的实形。

（3）一般位置平面　如图 2-16 所示，△ABC 与三个投影面都倾斜，即三角形的三个顶点到三个投影面的距离都不相等，任意两点的同面投影都不重合。故在三个投影面上的投影都是三角形，且不反映△ABC 的实形。由此可得一般位置平面的投影特性为：一般位置平面的三面投影均为面积缩小的类似形。

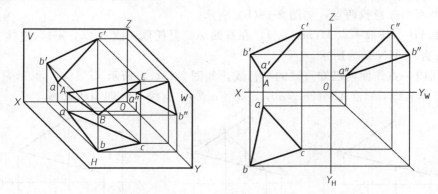

图 2-16　一般位置平面的投影

【**例 6**】　根据图 2-17 所示平面的两面投影，判定平面的空间位置，并填空。

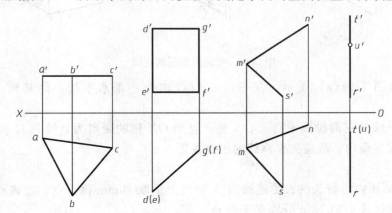

图 2-17　判定平面的空间位置

ABC 是____面　　　DEFG 是____面　　　MNS 是____面　　　RTU 是____面

解　因 ABC 面的正面投影与 X 轴平行，表明面上各点到 H 面的距离相等，故 ABC 为水平面。DEFG 面的水平投影积聚为一直线，且与投影轴倾斜，故 EDFG 为铅垂面。

MNS 面的正面投影和水平投影都没有积聚性，可能是一般位置平面或者是侧垂面，具体需要作出侧面投影才能确定。作出其侧面投影，该投影没有积聚性，故面 MNS 为一般位置平面。RTU 面的正面投影与水平投影积聚为直线，且平行于相应的投影轴，故 RTU 为侧平面。

判定平面的空间位置时，若平面有一面投影积聚为一条平行于投影轴的直线，则该平面就平行于非积聚投影所在的投影面；若平面有一面投影积聚为倾斜于投影轴的线，则该平面必然垂直于积聚投影所在的投影面；若平面的三面投影都是线框，则为一般位置平面。

3. 平面内的点和直线

（1）平面内的直线　具备下列条件之一的直线必定在给定的平面内：

① 直线通过平面内的两个点；

② 直线通过平面内的一点且平行于平面内的另一直线。

【例 7】　如图 2-18（a）所示，已知平面 ABC，在平面内任意作一条直线。

解　作图方法有两种。

① 在平面内任意找两点，如图 2-18（b）所示。

在直线 AB 上任取一点 $M(m，m')$，在直线 AC 上任取一点 $N(n，n')$，连接 M，N 的同面投影，直线 MN 即为所求。

② 过面内一点作面内已知直线的平行线，如图 2-18（c）所示。

过点 C 作直线 $CM /\!/ AB$（$cm /\!/ ab$，$c'm' /\!/ a'b'$），直线 CM 即为所求。

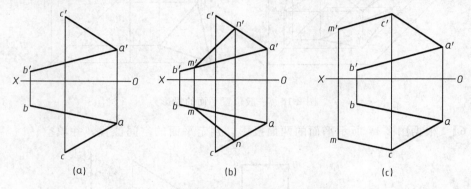

图 2-18　平面内作任意直线

【例 8】　如图 2-19（a）所示，在平面 $\triangle ABC$ 内作一条水平线，使其到 H 面的距离为 10mm。

分析　水平线的正面投影平行于 OX 轴，且到 OX 轴的距离为直线到 H 面的距离；同时该水平线应在平面内。故应先作直线的正面投影。

作图步骤

① 在正投影面内沿较长的投影连线由 X 轴向上量取 10mm 得一点，过该点作 OX 轴的平行线与平面的边线 $a'b'$、$a'c'$ 分别交于点 m'、n'。

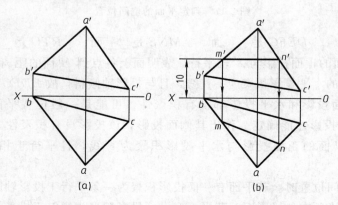

图 2-19　在平面内作水平线

② 根据点的投影规律，分别过 m'、n' 作铅垂线交 ab、ac 于 m、n。连接 $m'n'$、mn。

③ 描深线 MN 的两面投影。如图 2-19(b) 所示。

(2) 平面内取点　点在平面内的条件：点在平面内，则点必在该平面的一条直线上。因此，点的投影必位于平面内某直线的同面投影上。故在平面内取点应先在平面内取直线。

【例 9】　如图 2-20(a) 所示，已知点 K 位于 △ABC 面内，求点 K 的水平投影。

解　在平面内过点 K 任意作辅助直线，点 K 的投影必在该直线的同面投影上。

作图步骤〔如图 2-20(b) 所示〕

① 连接 $b'k'$，并延长交 $a'c'$ 于 d'；过 d' 作铅垂线交 ac 于 d，连接 bd；

② 过 k' 作铅垂线与 bd 相交，交点 k 即为点 K 的水平投影。

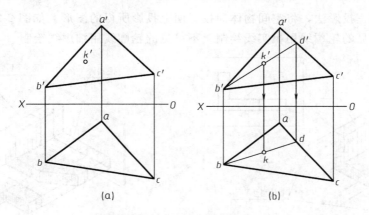

图 2-20　平面内取点（一）

【例 10】　如图 2-21(a) 所示，已知 △ABC 的两面投影，在 △ABC 内取一点 M，使其到 H 面的距离为 9mm，到 V 面的距离为 10mm。

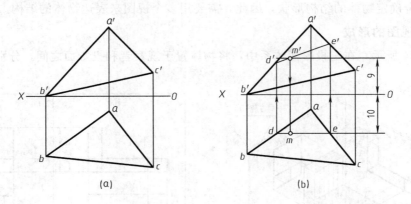

图 2-21　平面内取点（二）

分析　平面内正平线上的各点到 V 面的距离相等，水平线上的各点到 H 面的距离相等，因此，在 △ABC 面内作一条到 V 面的距离为 10mm 的正平线，再作一条到 H 面的距离为 9mm 的水平线，两线的交点即为满足条件的点 M。

作图步骤

① 在 △ABC 面内作正平线 DE。正平线的水平投影 de 平行于 OX 轴。

在水平投影面内沿投影连线由 OX 轴向前量取 10mm 得一点，过该点作 OX 轴的平行线

分别交 ab、ac 于 d、e，过 d、e 作铅垂线分别交 $a'b'$、$a'c'$ 于 d'、e'，连接 de，$d'e'$ 即可。

② 求 M 点的投影。

在正面投影上，沿投影线由 X 轴向上量取 9mm 得一点，过该点作 OX 轴的平行线（该线上的各点到 H 面的距离为 9mm）；该线与 $d'e'$ 相交，交点 m' 即为点 M 的正面投影。由 m' 作铅垂线与 de 的交点 m 即为点 M 的水平投影。

第三节　物体的三视图

一、视图的概念

视图是指用正投影法，将空间物体向投影面上投影所得的图形。如图 2-22 所示。规定：绘制视图时，可见的轮廓线用粗实线绘制，不可见的轮廓线用细虚线绘制。

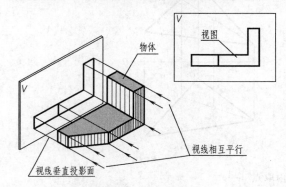

图 2-22　视图的概念

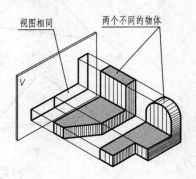

图 2-23　一个视图不能确定物体的形状

如图 2-23 所示，两个物体的结构形状不同，但其在 V 面上的视图却相同。这说明一个视图不能完全确定物体的结构形状，因此，需要用多个视图来表达物体的结构。

二、三视图的形成

如图 2-24 所示，在三投影面体系中，将物体置于观察者和投影面之间，分别向三个投影

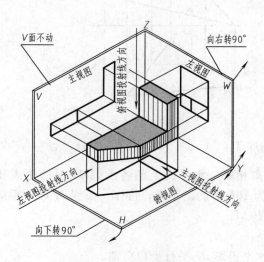

图 2-24　三视图的形成

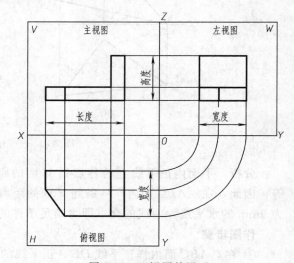

图 2-25　三视图的展开

面投影得到三个视图。由前向后投射在正面上所得的图形称为主视图（即正面投影）；由上向下投射在水平面上所得的图形称为俯视图（即水平投影）；由左向右投射在侧面上所得的图形称为左视图（即侧面投影）。

为了将三个视图画在同一张图纸上，必须将投影面展开。展开方法与三面投影的展开方法相同，即正投影面保持不动，水平投影面绕 X 轴向下旋转 $90°$，侧立投影面绕 Z 轴向右旋转 $90°$。图 2-25 所示为三视图的展开图。

三、三视图的投影规律

1. 三视图之间的位置关系

由三视图的展开方法可知，三视图之间的相对位置是固定的。以主视图为基准，俯视图在主视图的正下方，左视图在主视图的正右方。这样配置三视图不需要标注视图名称。

根据两点间的相对位置关系，物体上最高点与最低点的 Z 坐标差表示物体的高，在三投影面体系中，任意上下平移物体，物体上最高点和最低点的 Z 坐标变化，但这两点的坐标差不变，即物体的高不变，故物体的大小与视图到投影轴的距离无关，因此，在三视图中可不画投影轴，如图 2-26 所示为物体的三视图。

注意：三视图中虽然不画投影轴，但是任意一点的三面投影符合点的投影规律。因投影

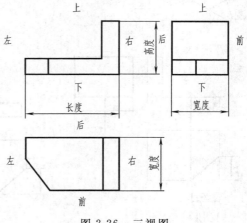

图 2-26 三视图

轴 OX、OY_W 为水平线，OZ、OY_H 为铅垂线，所以，同一点的主视图和俯视图的连线为铅垂线，主视图与左视图的连线为水平线。

2. 方位关系

物体有前后，左右，上下六个方位，每个视图只能反映物体的四个方位。如图 2-26 所示：

主视图反映物体的上下和左右位置关系；

俯视图反映物体的前后和左右位置关系；

左视图反映物体的前后和上下位置关系。

要特别注意：俯视图和左视图中靠近主视图的一边表示物体的后面，远离主视图的一边表示物体的前面。

3. 三视图的投影规律（即三视图间的度量关系）

空间物体的大小用长、宽、高三个方向的尺寸来度量，物体上最左点和最右点的 X 坐标差为物体的长，物体上最前点和最后点的 Y 坐标差为物体的宽，最高点和最低点的 Z 坐标差为物体的高。

由以上分析可知，表示物体同一方向上的视图，其尺寸应相等。主视图反映物体的长和高，俯视图反映物体的长和宽，左视图反映物体的宽和高，因此，可得三视图的投影规律：

主视图与俯视图的长度相等，主视图与左视图的高度相等，俯视图与左视图的宽度相等，且前后对应。即：主、俯视图长对正，主、左视图高平齐，俯、左视图宽相等，且前后

对应。这一规律既适用于物体的整体投影，也适用于物体的任一局部投影，它是画图和读图的依据，必须熟练掌握，灵活运用。

【**例 11**】 根据图 2-27(a) 所示物体的轴侧图，按 1∶1 的比例量取尺寸，绘制其三视图。

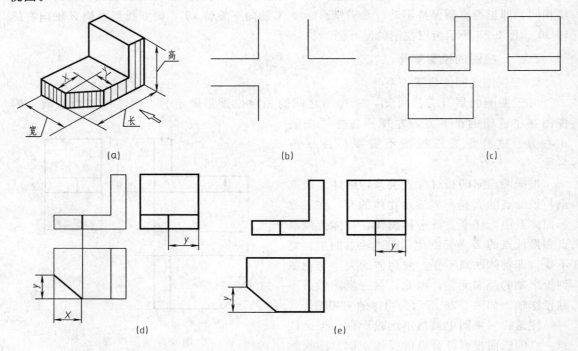

图 2-27 画物体的三视图

分析 图中所示物体是底板左前方切角的直角弯板。为了很好地表达物体的结构形状，应使物体的主要表面尽量与投影面平行，选择适当的主视图投影方向（一般要求主视图最能反映物体的形状特征）。画三视图时，应先从反映物体形状特征的视图入手，按三视图的投影规律作其他视图。

作图步骤

① 选择主视图的投影方向，分别以下底面、后侧面、右侧面为高度、宽度、长度方向的尺寸基准，画三视图的定位线［见图 2-27(b)］。

② 量取弯板的长和高，画出反映其特征轮廓的主视图，按主、俯视图长对正，主、左视图高平齐的投影关系，量取弯板的宽度画俯视图和左视图［见图 2-27(c)］。

③ 在俯视图上画出底板左前方切去的一角，再按长对正的关系在主视图上画出切角的投影。按俯、左视图宽相等，前后对应的关系画切角的左视图［见图 2-27(d)］。

④ 检查无误后，擦去多余图线，描深即可［见图 2-27(e)］。

【**例 12**】 根据图 2-28(a) 所示的立体图，按 1∶1 的比例画出其三视图。

分析 由立体图的形状可知，该立体是在一个四棱柱的上方中间挖切了一个"V"形槽。"V"形槽是该立体的特征，所以应反映在主视图中。故主视图的投影方向应使"V"形槽在主视图中反映实形。该图形左右对称，左右对称的中心线为长度方向的尺寸基准，比较大的下底面、后侧面为高度方向、宽度方向的尺寸基准。

作图步骤

① 画基准线（左右对称的中心线、下底面和后侧面的投影线）［见图 2-28(b)］。

② 按尺寸画四棱柱的三视图［见图 2-28(c)］。

③ 按"V"形槽的尺寸画出其正面投影，再按三视图的投影规律作其俯视图和左视图［见图 2-28(d)］。

④ 检查、校核，擦去多余的投影线和作图线，修补图形［见图 2-28(e)］。

⑤ 按照图线的规格加深和加粗图线，完成作图［见图 2-28(f)］。

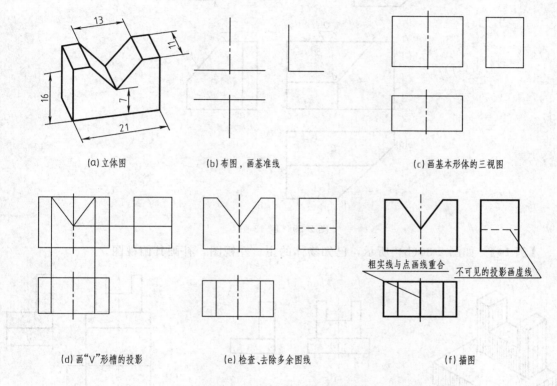

图 2-28 由立体图画三视图

【**例 13**】 如图 2-29(a) 所示，用相应的字母符号将立体图中指定的平面 P、Q、R 和直线 AB、CD、DE 在三视图的相应位置上标注其投影，并回答问题。

直线 AB 是____线，____投影反映实长；BC 是____线，____投影反映实长；CD 是____线；DE 是____线，____投影反映实长。

平面 P 是____面，Q 面是____面，R 面是____面。

解 直线 AB 是<u>铅垂线</u>，<u>正面</u>、<u>侧面</u>投影反映实长；BC 是<u>水平线</u>，<u>水平</u>投影反映实长；CD 是<u>一般位置直线</u>；DE 是<u>侧垂线</u>，<u>正面</u>、<u>水平</u>投影反映实长。

平面 P 是<u>铅垂面</u>，Q 面是<u>水平面</u>，R 面是<u>侧垂面</u>。各线、面投影的标注如图 2-29(b) 所示。注意平面投影的标注方法。

四、根据物体的两个视图画第三视图

对于比较简单的形体，已知其两个视图，按照三视图的投影规律，可以画出第三个视图。

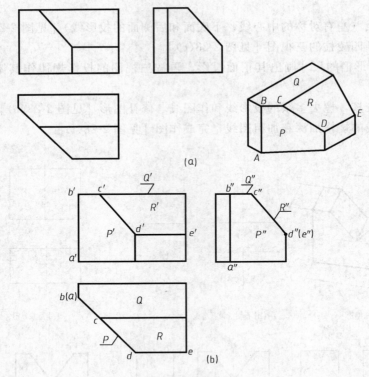

(a)

(b)

图 2-29 例 13 图

【例 14】 如图 2-30(b) 所示，已知物体的主、左视图，补画其俯视图。

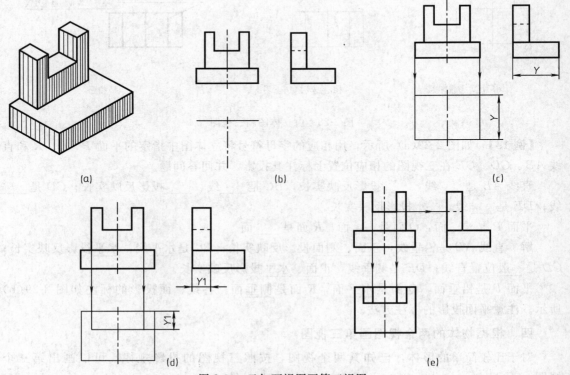

(a)   (b)   (c)

(d)   (e)

图 2-30 已知两视图画第三视图

作图步骤

① 确定俯视图的位置。画左右对称中心线，过对称中心线上一点作水平线［见图 2-30 (b)］。

② 画底板的俯视图。根据主、俯视图长对正，由主视图作铅垂线；根据俯、左视图宽相等，在俯视图中量取 Y 得一点，过该点作水平线［见图 2-30(c)］。

③ 画竖板的俯视图。在左视图上量取 Y_1，在俯视图上由后向前量取 Y_1，作水平线；由主视图作铅垂线，保证主、俯视图长相等［见图 2-30(d)］。

④ 画竖板上的凹槽，检查，描深即可［见图 2-30(e)］。

第四节　基本几何体的三视图

立体按其复杂程度，可分为基本体和组合体。形状简单的基本几何体称为基本体，由基本体组合成的形体称为组合体。

基本体又分为平面立体和曲面立体两类。表面全部是平面的立体称为平面立体，如棱柱、棱锥等；表面由平面和曲面或全部由曲面组成的立体称为曲面立体，其中表面由平面和回转面或全部由回转面组成的立体称为回转体，如圆柱、圆锥、圆球等。下面讨论常见基本体三视图的画法及其表面上取点。

一、平面立体及其表面上取点

1. 棱柱

常见的棱柱为直棱柱，它的顶面和底面是两个全等且互相平行的多边形，各侧面为矩形，侧棱垂直于底面。顶面和底面为正多边形的直棱柱称为正棱柱。

（1）正棱柱的三视图　图 2-31(a) 表示一个底面水平放置的正五棱柱的三面投影。它的顶面和底面为水平面，其水平面投影均反映实形（正五边形）且重合，其正面投影和侧面投影积聚为垂直于 Z 轴的直线；五个矩形侧面中，后侧面是正平面，其他侧面为铅垂面，五条侧棱均为铅垂线，侧面的水平投影积聚为五边形的边线，侧棱的水平投影积聚为五边形的五个顶点，侧棱的正面投影和侧面投影为反映实长的直线，且平行于 Z 轴。

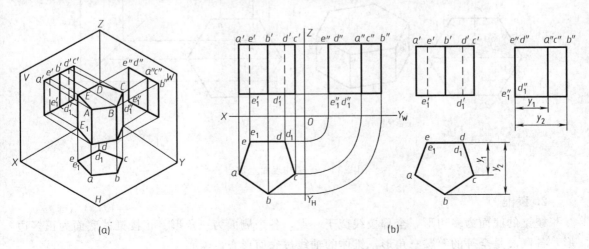

(a)　　　　　　　　(b)

图 2-31　正棱柱的三视图

分析结构，确定尺寸基准。该图形左右对称、上下一致、前后不对称，故以左右对称面为长度方向的尺寸基准，以下底面为高度方向的尺寸基准，以后侧面为宽度方向的尺寸基准。

作图步骤

① 画尺寸基准线，确定各视图的位置。作对称中心线、下底面积聚为直线的主视图和左视图。

② 画反映顶面和底面实形的特征视图即俯视图的正五边形，按照正棱柱的高（即棱线的长）画顶面的另两视图。

③ 根据三视图的投影规律作出各棱线的投影，并判断可见性，即得正五棱柱的三视图，如图 2-31(b) 所示。

（2）棱柱表面上的点

① 立体表面上取点的方法。立体表面上取点就是已知立体表面上点的一个投影，求它的另两个投影。其原理和方法与平面上取点相同。表面取点的方法有两种：一是利用表面投影的积聚性作图，二是利用辅助线作图。

② 立体表面上点的投影的可见性。若点所在表面的投影可见，则点的同面投影也可见；反之为不可见，对于不可见点的投影，在相应的符号上加小括号表示。

如图 2-32(a) 所示，已知正六棱柱表面上一点 M 的正面投影 m'，求它的 H 面投影 m 和 W 面投影 m''。

由于点 M 的正面投影 m' 可见，因此 M 点位于左前侧面上，而左前侧面是铅垂面，故点 M 的水平面投影必落在该平面的有积聚性的水平投影上。然后，根据 m' 和 m 即可求出 M 的侧面投影 m''。由于点 M 在棱柱的左前侧面上，该平面的正面、侧面投影可见，故 m'、m'' 可见。点 N、P、K 的作图与点 M 类似，如图 2-32(b) 所示。

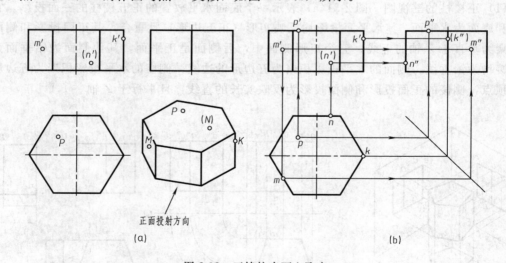

图 2-32 正棱柱表面上取点

2. 棱锥

棱锥的底面为多边形，全部棱线交于一点，各个侧面为三角形。正棱锥的底面为正多边形，各侧面是全等的等腰三角形，锥体的轴线过底面形心。

（1）正棱锥三视图

分析　如图 2-33（a）表示正三棱锥的投影。它由底面△ABC 和三个棱面△SAB、△SBC 和△SAC 所组成。底面为水平面，其水平面投影反映实形，正面和侧面投影积聚成直线。棱面△SAC 为侧垂面，侧面投影积聚成直线，水平投影和正面投影都是类似形。棱面△SAB 和△SBC 为一般位置平面，其三面投影均为类似形。底面边线 AB、BC 为水平线，水平投影反映实长，AC 为侧垂线，侧面投影积聚为一点。

作图步骤

① 画尺寸基准线，确定各视图的位置。作下底面的对称中心线、轴线、下底面的主视图和左视图（积聚为直线）［见图 2-33（b）］。

② 画出底面△ABC 的各面投影。先画反映底面实形的特征视图即俯视图的正三角形，再画另两面投影［见图 2-33（c）］。

③ 按照正棱锥的高，确定锥顶 S 的各面投影，连接棱锥各顶点的同面投影，即得正三棱锥的三视图［见图 2-33（d）］。

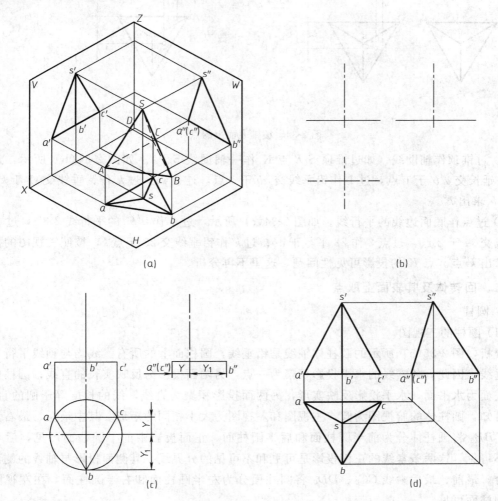

图 2-33　正三棱锥的三视图

（2）棱锥表面上取点　正三棱锥的表面有特殊位置平面，也有一般位置平面。特殊位置平面上点的投影，可利用该平面投影的积聚性直接作图；一般位置平面上点的投影，可利用作辅助线的方法求得。辅助线的作法有两种：一是过锥顶作辅助线，二是作底面边线的平行线。

如图 2-34(a) 所示，已知棱面△*SAB* 上点 *K* 的正面投影 *k*′，试求点 *K* 的其他两面投影。棱面△*SAB* 是一般位置平面，需用作辅助线的方法作图。

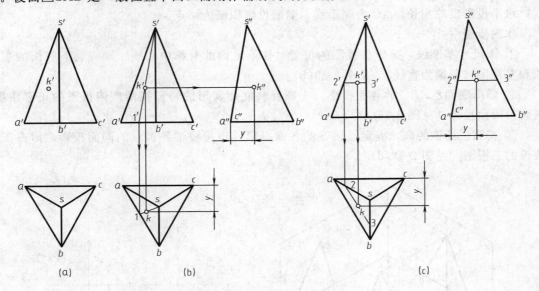

图 2-34　棱锥表面上的点

① 过锥顶作辅助线（如过锥顶 *S* 及点 *K* 作一辅助线 *S*Ⅰ）。如图 2-34(b) 所示，连接 *s*′*k*′并延长交 *a*′*b*′于 1′点，过 1′作铅垂线交 *ab* 于 1 点，连接 *s*1；过 *k*′作铅垂线交 *s*1 于 *k* 点，由 *k*、*k*′求出 *k*″。

② 过点作底面边线的平行线。如图 2-34(c) 所示，过 *k*′作 *a*′*b*′的平行线 2′3′，过 2′作铅垂线交 *sa* 于 2 点，过点 2 作 23 平行于 *ab*；过 *k*′作铅垂线交 23 于点 *k*，按照三视图的投影规律求出 *k*″点。点 *K* 的投影可见性问题，这里不再分析。

二、回转体及其表面上取点

1. 圆柱

（1）圆柱的三视图

分析　图 2-35(a) 所示的圆柱体轴线是铅垂线，圆柱面上的所有素线均与轴线平行，都是铅垂线，因此，各素线的水平投影积聚为一点，另两面投影为反映实长的直线；圆柱的顶面、底面为水平面，水平投影反映实形，另两面投影积聚为直线，线的长度等于圆的直径。由此可知，圆柱体的俯视图为圆，主视图和左视图为大小相同的矩形。其中最左、最右素线 AA_0、BB_0 将圆柱体分为前半圆柱面和后半圆柱面，正面投影中前半圆柱面可见，后半圆柱面不可见，这两条素线的正面投影是可见和不可见的分界线，其侧面投影与轴线的侧面投影重合。最前、最后素线 CC_0、DD_0 将圆柱面分为左半圆柱面和右半圆柱面，在左视图中左半圆柱面可见。

画圆柱的三视图时，一般先画投影具有积聚性的圆，再根据投影规律和圆柱的高度完成其他两视图。圆柱的三视图如图 2-35(b) 所示。

注意：作图时，必须用细点画线画出回转体的轴线和圆的对称中心线。

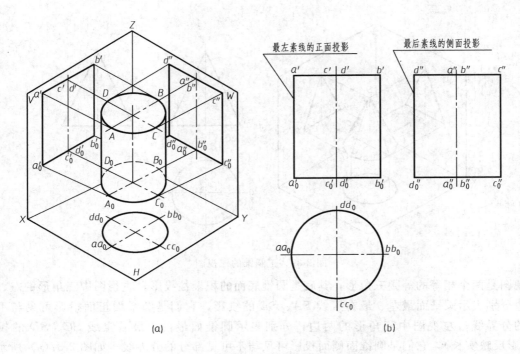

(a)   (b)

图 2-35 正圆柱的三视图

（2）圆柱表面上的点　如图 2-36 所示，已知圆柱面上点 M、N 的正面投影 m'、n'，求其另两面投影。

分析　根据给定的 m'（可见）的位置，可判定点 M 在前半圆柱面的下半部分；因圆柱面的侧面投影有积聚性，故 m'' 必在前半圆周的下部，且 m'' 可见；根据 m' 和 m'' 求得 m。

同理可求得点 N、E、F 的另两面投影。如图 2-36（b）所示。

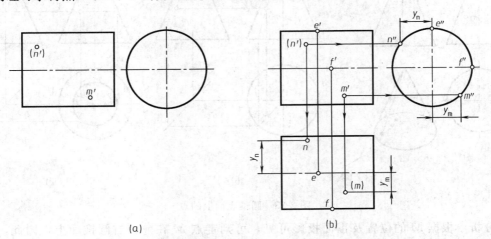

(a)   (b)

图 2-36 圆柱表面上的点

2. 圆锥

（1）圆锥的三视图

分析　圆锥面可看作由一条母线 SA 围绕和它相交的轴线旋转一周而成，如图 2-37（a）所示，圆锥的底面是水平面，俯视图的圆反映底面的实形，同时也表示圆锥面的投影。主、

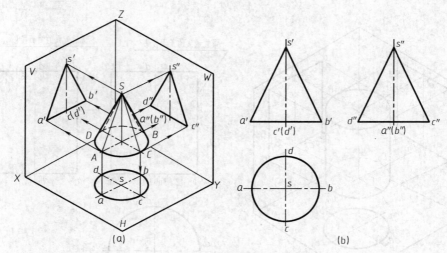

图 2-37　正圆锥的三视图

左视图是两个相等的等腰三角形，其底是圆锥底面的积聚性投影，主视图中三角形的左、右两边分别表示圆锥面最左、最右素线 SA、SB 的投影，它们是圆锥面正面投影可见与不可见的分界线；左视图中三角形的两边，分别表示圆锥面最前、最后素线 SC、SD 的投影（投影反映实长），它们是圆锥面侧面投影可见与不可见部分的分界线。如图 2-37(a) 所示。

画圆锥的三视图时，先画出圆锥底面的各个投影，再画出圆锥顶点的投影，然后分别画出特殊位置素线 SA、SB、SC、SD 的投影，即完成圆锥的三视图，如图 2-37(b) 所示。

（2）圆锥表面上的点　如图 2-38 所示，已知圆锥表面上点 M 的正投影 m'，求 m 和 m''。

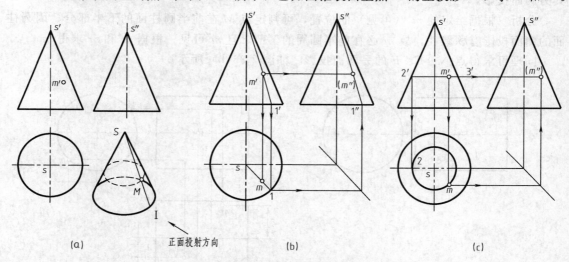

图 2-38　圆锥表面上的点

分析　根据 M 的位置及正面投影可见，可判定点 M 在前、右圆锥面上，因此，点 M 的侧面投影不可见。

作图方法

① 辅助素线法　如图 2-38(a) 所示，过锥顶 S 和点 M 作一辅助素线 SⅠ，先求出 SⅠ 三面投影，再根据点在直线上的投影特性作图。

作图过程　如图 2-38(b) 所示，在正面投影中连接 $s'm'$ 并延长，与底面的正面投影相

交于点 $1'$，求得 $s1$ 和 $s''1''$；再由 m' 作铅垂线、水平线分别与 $s1$、$s''1''$ 相交于 m、m'' 即可。

② 辅助圆法　如图 2-38(a) 所示，过点 M 在圆锥面上作垂直于圆锥轴线的辅助圆，该圆为水平圆，其正面投影积聚为一直线，水平投影反映实形。

作图过程　如图 2-38(c) 所示，过 m' 作底面投影的平行线 $2'3'$，过 $2'$ 作铅垂线交最左素线于 2 点，以 s 为圆心、$s2$ 的长为半径画圆，即得水平圆的水平投影；由 m' 作铅垂线，与辅助圆的交点为 m。再根据 m' 和 m 求出 m''，由于点 M 在右半圆锥面上，故其侧面投影不可见。

3. 圆球

（1）圆球的三视图

分析　如图 2-39(a) 所示，圆球面可看作一个圆（母线），围绕它的直径旋转一周而成。球体是中心对称体，其三视图为直径相等的三个圆，如图 2-39(b) 所示。但是，各个投影圆的意义不同，正面投影的圆是平行于正面的前、后两半球分界线 A 的投影，它是圆球面正面投影可见与不可见的分界线；水平投影的圆是平行于水平面的上、下两半球分界线 B 的投影，它是圆球面水平投影可见与不可见的分界线；侧面投影的圆是平行于侧面的左、右两半球分界线 C 的投影，它是圆球面侧面投影可见与不可见的分界线。分界线圆 A、B、C 的其他两面投影都与圆的相应中心线重合。

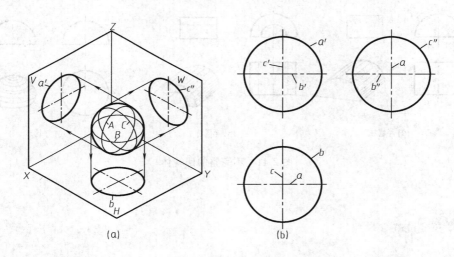

图 2-39　圆球的三视图

（2）圆球表面上的点　如图 2-40(a) 所示，已知圆球面上的点 K 的水平投影面投影 k，求其他两面投影。

分析　由于点 K 的水平投影可见，因此，点 K 在前半球的左上部分，故点 K 的三面投影均可见。因球体的三面投影都没有积聚性，所以常用辅助圆法求取表面上的点，即过点 K 在球面上作平行于正面的辅助圆（也可作平行于侧面的圆），因为点在辅助圆上，故点的投影必在辅助圆的同面投影上。

作图步骤

① 作辅助圆。在水平投影中过 k 作水平线 ef（ef 为正平圆在水平投影面上的有积聚性投影），其正面投影为直径等于 ef 的圆，根据三视图的投影规律作出圆的三面投影 ［见图 2-40(b)］。

② 由 k 作铅垂线与辅助圆正面投影的交点为 k'（因 k 可见，故应取上面的交点），再由 k、k' 求得 k''［见图 2-40(c)］。

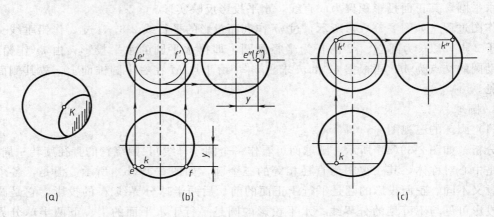

(a)　　(b)　　(c)

图 2-40　圆球表面上的点

4. 不完整的回转体

不完整的回转体如图 2-41 所示。

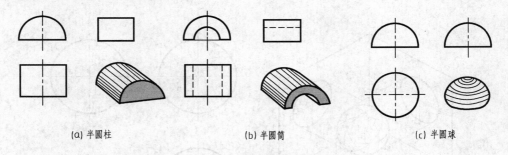

(a) 半圆柱　　(b) 半圆筒　　(c) 半圆球

图 2-41　不完整的回转体

第三章 AutoCAD 基础知识

第一节 工作界面和基本操作

一、AutoCAD 的启动

双击操作系统桌面上的 AutoCAD 图标，或由开始→程序→AutoDesk→AutoCAD 2010-Simplified Chinese→AutoCAD2010 都可以启动 AutoCAD。进入绘图窗口，显示图 3-1 所示的工作界面。

图 3-1 "二维草图与注释"工作空间的绘图工作界面

系统为用户提供了"二维草图与注释"、"AutoCAD 经典"和"三维建模"三种工作空间。用户可以通过单击如图 3-1 所示的按钮，在弹出如图 3-2 所示的菜单中切换工作空间。

图 3-2 为传统的"AutoCAD 经典"工作空间的界面的效果，如果用户想进行三维图形的绘制，可以切换到"三维建模"工作空间，它的界面上提供了大量的与三维建模相关的界面项，与三维无关的界面项将被省去，方便了用户的操作。

二、工作界面

工作界面主要包括标题栏、菜单栏、工具栏、

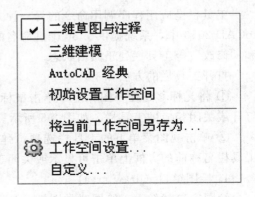

图 3-2 工作空间切换菜单

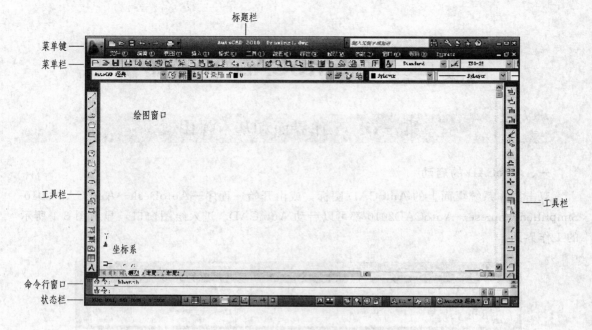

图 3-3　AutoCAD 2010 工作界面组成

绘图窗口、命令行窗口、状态栏等，如图 3-3 所示。

1. 标题栏（title bar）

标题栏显示当前运行软件的名称及绘图文件的名称。双击左上角的图标可关闭 Auto-CAD，按住鼠标左键可以移动窗口位置。右上角是窗口"最小化"、"最大化"和"关闭"按钮。

2. 菜单栏（menu bar）

菜单栏位于标题栏下面，包含有文件、编辑、视图、插入、格式等 11 个主菜单项。单击主菜单项，便可打开其下拉菜单。若菜单项后面跟有"…"，表示选中该菜单时会弹出一个对话框；若菜单项后面跟有"▶"，则表明该菜单项有若干子菜单。如图 3-4 所示。

3. 工具栏（tool bar）

工具栏是应用程序调用命令的另一种方式，它由许多图标形式的命令按钮组成。在 AutoCAD 2010 中，系统提供了 30 个已命名的工具栏。默认情况下，"标准"、"属性"、"绘图"和"修改"等工具栏处于激活状态。

打开工具栏的方法如下。

① 将光标移到任一图标上，单击鼠标右键，弹出工具栏列表，单击其中的选项，可以打开或关闭相应的工具栏。如图 3-5 所示。

② 单击视图菜单下的工具栏选项，弹出工具对话框，从中打开或关闭任何工具栏。在工具栏名称前的方框上单击可显示或关闭工具栏。

4. 绘图窗口（draw area）

绘图窗口就像手工绘图时的图纸，是用来显示、编辑图形的区域。绘图区的右边和下边分别有两个滚动条可使视窗上下或左右移动，便于观察图形。

	图层(L)...
	图层状态管理器(A)...
	图层工具(O) ▶
	颜色(C)...
	线型(N)...
	线宽(W)...
	比例缩放列表(E)...
	文字样式(S)...
	标注样式(D)...
	表格样式(B)...
	多重引线样式(I)
	打印样式(Y)...
	点样式(P)...
	多线样式(M)...
	单位(U)...
	厚度(T)
	图形界限(I)
	重命名(R)...

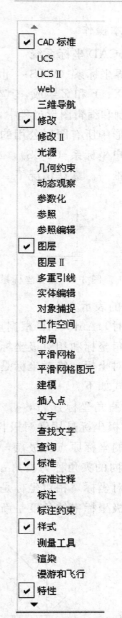

✔ CAD 标准
　 UCS
　 UCS Ⅱ
　 Web
　 三维导航
✔ 修改
　 修改 Ⅱ
　 光源
　 几何约束
　 动态观察
　 参数化
　 参照
　 参照编辑
✔ 图层
　 图层 Ⅱ
　 多重引线
　 实体编辑
　 对象捕捉
　 工作空间
　 布局
　 平滑网格
　 平滑网格图元
　 建模
　 插入点
　 文字
　 查找文字
　 查询
✔ 标准
　 标准注释
　 标注
　 标注约束
✔ 样式
　 测量工具
　 渲染
　 漫游和飞行
✔ 特性

图 3-4 "格式"下拉菜单　　　　　　　图 3-5 工具栏快捷菜单

绘图区的左下部有模型和布局选项卡,对图形进行编辑修改时,应处于模型空间。在绘图窗口中显示当前使用的坐标系类型及坐标的方向。

5. 状态栏 (status bar)

状态栏左侧动态显示当前光标在作图区中的坐标值,右侧有捕捉、栅格、正交、极轴、对象捕捉、对象追踪、线宽、模型空间的转换开关按钮,如图 3-3 所示。

6. 命令行窗口

命令行窗口是接收用户输入命令,并显示提示信息的区域,如图 3-3 所示。默认设置下,命令行窗口显示最后三次所执行的命令和提示信息。用户可以用改变 Windows 窗口大小的方法来更新设置。

三、基本操作

1. AutoCAD 坐标系统

（1）世界坐标系（WCS） 世界坐标系是 AutoCAD 的默认坐标系，由三个相互垂直并相交的坐标轴 X、Y 和 Z 组成，其坐标系原点在绘图区左下角，X 轴向右，Y 轴向上，Z 轴指向用户。在绘制和编辑图形过程中，WCS 的坐标原点和坐标轴方向都不会改变，如图 3-6 所示。它是图形中所有图层公用的坐标系，且唯一。

（2）用户坐标系（UCS） AutoCAD 提供了可变的用户坐标系，由用户根据需要自己建立，它不唯一。默认情况下，UCS 与 WCS 重合，如图 3-7 所示。

图 3-6 世界坐标系　　　　　　　　　图 3-7 用户坐标系

2. 坐标的表示方法

在绘图时，AutoCAD 根据点的坐标确定其位置。常用坐标为绝对直角坐标、绝对极坐标、相对直角坐标和相对极坐标。

（1）绝对坐标 绝对坐标是指定点相对于当前坐标系原点的坐标，如图 3-8 所示。

输入形式如下。

① 绝对直角坐标："x，y，z"。

② 绝对极坐标是用绝对极长和极角来表示空间点。格式："极长 ρ＜极角 α"。极坐标是以直角坐标的坐标原点为极点，空间点相对于极点的距离为极长 ρ，空间点和极点间的连线与 X 轴正方向的夹角称为极角 α（规定：由 X 轴正方向沿逆时针测量的角度为正值）。

（2）相对坐标 相对坐标是指定点相对于前一点的坐标，需要在坐标值前加符号"@"。其中，相对极坐标中的角度是新点和上一点连线与 X 轴的夹角，如图 3-9 所示。

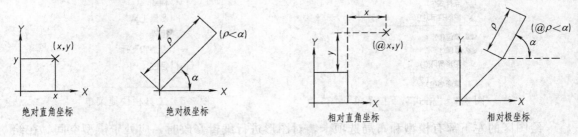

图 3-8 绝对坐标　　　　　　　　　图 3-9 相对坐标

输入形式如下。

① 相对直角坐标："@x，y，z"。

② 相对极坐标是用相对极长和极角来表示空间点。格式："@极长 ρ＜极角 α"。

例如：指定点 A 的绝对坐标为（30，10），前一点 B 的绝对坐标为（20，15），则 A 点相对于 B 点的坐标为（X_A-X_B），（Y_A-Y_B），在操作时输入@10，－5 即可由点 B 定出点 A。

3. AutoCAD 命令和参数的输入法

AutoCAD2010 中输入命令的设备有键盘、鼠标、及数字化仪等。常用的输入法有键盘直接输入和鼠标拾取。

（1）键盘输入命令和参数（也称为命令行输入）

1）键盘输入命令

① 在命令行输入命令。如：Units 回车。

② 输入透明命令。透明命令是指在其他命令执行时可以输入的命令，输入透明命令需在命令前键入单引号"′"，如 Pan、Zoom、Color 等。

如：命令：Line 回车

指定第一点：′zoom（对窗口进行缩放命令）。

③ 命令的重复和取消。

在命令执行完毕后，如果想重复执行该命令，可直接按下回车键或空格键。

在命令执行时，可以用 Esc 键取消执行。

2）键盘输入参数　精确绘制图形时常用键盘输入点的坐标。

例如，如图 3-10 所示，画一条直线。

操作步骤如下。

① 命令：Line 回车

② 指定第一点：20，30

③ 指定下一点或 ［放弃（U）］：100，200

④ 指定下一点或 ［放弃（U）］：按回车键结束命令。

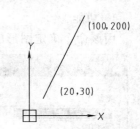

图 3-10　键盘输入画直线

（2）鼠标输入法

1）鼠标输入参数　画示意图时常用鼠标输入，即移动鼠标，把十字光标移到所需的位置，按下鼠标左键，即表示拾取了该点，于是该点的坐标值（X，Y）即被输入。

2）鼠标输入命令

① 下拉菜单输入　用鼠标选中下拉菜单选项，单击鼠标左键即可。

② 工具栏输入　用鼠标选中工具栏中的图标按钮，单击左键即可。

③ 鼠标右键输入　在不同的区域单击鼠标右键，弹出相应的菜单，从中选择要执行的命令即可。

文件中的命令如新建文件、打开文件、保存文件、另存文件等都可以用以上方法操作。

四、本书约定

为了便于阅读，在有关 AutoCAD 绘图的叙述中约定如下。

① 以"↙"代表回车键

② 为了醒目，便于叙述，连续操作之间用"→"隔开。如选中某菜单，打开其中某个命令即可写为菜单→命令。

第二节　绘图环境的设置

要用 AutoCAD 顺利、准确地绘图，需要首先设置基本的绘图环境，如设置绘图范围、绘图单位、图层、线型、线宽等。

一、设置绘图界限

1. 功能

该命令用于设置绘图的区域大小（即确定"图纸"的幅面大小），避免用户绘制的图形超出范围。一般图形界限为420，297。也可设置新的图形界限。

2. 设置图幅的方法

（1）下拉菜单 打开格式菜单→图形界限（Drawing Limits），单击左键。

（2）命令行 输入 Limits ↙

命令行提示：指定左下角或［开（ON）/关（OFF）]：

表明该提示有三个选项，此时可以输入图纸左下角坐标，或者开，或者关。其中开（ON）是打开图形范围检查功能，如超出图形范围，给出提示；关（OFF）是关闭图形范围检查功能，所绘制的图形可以超出设置范围。

二、设置图形单位

1. 功能

用该命令确定图形的长度、角度单位及其精度，0°的位置和方向。

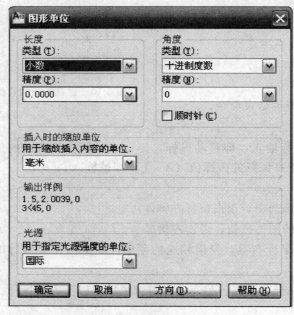

图 3-11 "图形单位"对话框

2. 图形单位的设置方法

（1）下拉菜单 格式→单位

（2）命令行 Units 或 Ddunits（可透明使用）↙

打开"图形单位"对话框，如图 3-11 所示。其中选项如下。

长度：系统默认长度类型为小数，绘图时选小数，精度设为 0。单位选毫米。

角度：系统默认十进制角度，如 90°、180°。默认的正方向为逆时针方向。选中顺时针复选框，角度正方向为顺时针方向，不选则为逆时针方向。

插入时的缩放单位：设置设计中心块插入时使用的图形单位。

方向按钮：用于设置角度的起始位置和方向。

光源：用于指定光源强度的单位。

三、设置图层

图层是把图形中不同类型对象进行按类分组管理的有效工具。AutoCAD 使用图层来管理和控制复杂的图形，即把具有相同特性的图形实体绘制在同一图层中，各个图层组合起来，形成一个完整的图形。

1. 功能

用于设置图层的属性、状态等。

2. 图层设置方法

（1）工具栏 打开"图层"工具栏，单击图标 ⬛

（2）下拉菜单 格式→图层（Layer）

（3）命令行　输入 Layer ↙

以上三种方法均可打开"图层特性管理器"对话框，如图 3-12 所示。在该对话框中有新特性过滤器、新组过滤器、图层状态管理器、新建图层、删除图层和置为当前按钮。按钮下方为图层列表框，通过该对话框，可以完成图层的设置和管理。

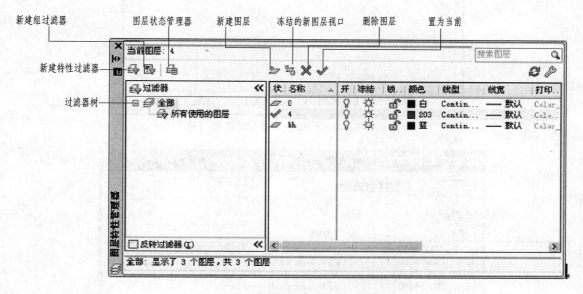

图 3-12　"图层特性管理器"对话框

3. 图层特性管理器使用

（1）"新建图层"按钮　单击该按钮创建一个新图层。新图层的特性将继承 0 层或已选择的某一图层的特性。用户不能删除或重命名 0 图层。

① 设置图层名。如粗实线，细点画线等。

② 设置图层颜色。在颜色图标上单击，弹出"颜色"对话框→选择一种颜色→单击确定按钮。CAD 制图中，图线的颜色按表 3-1 提供的颜色显示，且相同类型的图线采用同样的颜色。

表 3-1　**图线颜色**（摘自 GB/T 14665—2012）

图线类型	粗实线	细实线	波浪线	双折线	细虚线	粗虚线	细点画线	粗点画线	细双点画线
屏幕上的颜色	白色	绿色			黄色	白色	红色	棕色	粉红色

③ 线型设置。在对话框中单击该图层的线型名，弹出图 3-13 所示的"线型管理器"对话框→点取"加载"按钮，弹出图 3-14 所示的"加载或重载线型"对话框→按住 Ctrl 键选择多个不连续的线型，或按住 Shift 键选择连续的线型，单击"确定"按钮→在"线型管理器"对话框中选择需要的线型，单击"确定"按钮即可。

④ 线宽。设置当前图层的线宽。单击线宽值，打开"线宽"对话框，可根据提示为该图层设置新的线宽。根据图形的复杂程度、设定各线型的宽度，线宽规定见表 3-2。

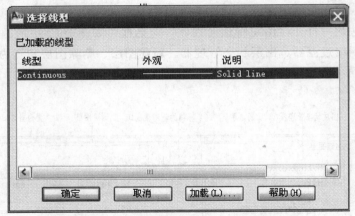

图 3-13 "线型管理器"对话框

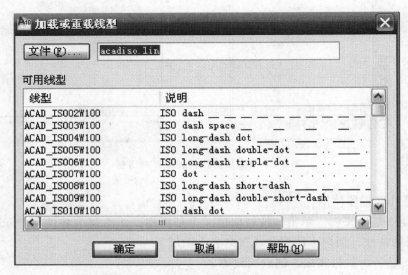

图 3-14 "加载或重载线型"对话框

表 3-2 线宽规定（摘自 GB/T 14665—2012）

	分组					一般用途
组别	1	2	3	4	5	
线宽/mm	2.0	1.4	1.0	0.7	0.5	粗实线、粗点画线、粗虚线
	1.0	0.7	0.5	0.35	0.25	细实线、波浪线、双折线、细虚线、细点画线、细双点画线

⑤ 设置线型比例因子。该操作用于改变虚线、点画线中短线和空格的相对比例。线型比例的默认值为 1。一般线型比例应和绘图比例相协调。若绘图比例为 1∶10，则线型比例应设为 10。线型比例因子分为全局比例因子和当前比例因子，全局比例因子对所有对象都起作用，直到重新设置新的比例系数；当前比例因子用于设置个别对象线型的比例系数，达到特定的效果，该设置对后续对象起作用，直到重新设置新的比例系数。

设置方法：

命令行　输入 Ltscale↙（全局比例因子）

命令行　输入 Celtscale ↙（当前比例因子）

（2）"删除图层"按钮　单击该按钮，删除选中的图层。

（3）"置为当前"按钮　从"图层"列表框中选择一个图层，把它置为当前图层。或打开"线型管理器"对话框→选图层→单击"当前"按钮。

注意：绘图和编辑等操作都是在当前层上进行的。不能冻结当前层，也不能将冻结的图层设置为当前图层。

（4）图层状态管理器　在"图层特性管理器"对话框中，单击"图层状态管理器"按钮，打开"图层状态管理器"对话框，如图 3-15 所示。

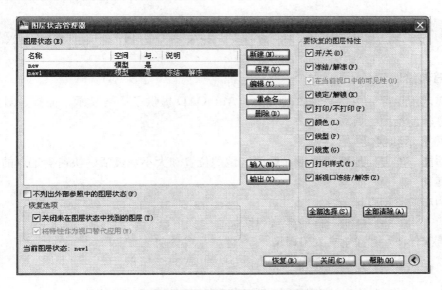

图 3-15　"图层状态管理器"对话框

（5）使用"图层过滤器特性"对话框过滤图层　在实际应用中，可以使用"图层过滤器"，通过设置过滤条件，筛选出满足条件的图层。操作方法是，"图层特性管理器"→"新特性过滤器"，打开"图层过滤器特性"对话框，如图 3-16 所示。

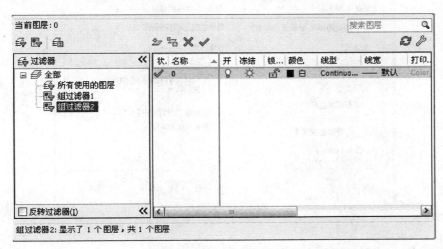

图 3-16　使用"图层"对话框创建"组过滤器"

在图层过滤器定义中，可以定义图层名、颜色、线型、线宽和打印样式，图层是否正被使用，打开还是关闭图层，在当前视口或所有视口中冻结图层还是解冻图层等图层特性。

（6）使用"新组过滤器"过滤图层　在 AutoCAD2010 中，可以使用"新组过滤器"过滤图层。

方法是"图层"→"新组过滤器"按钮，在"图层"对话框左侧过滤器树列表中添加一个"组过滤器 1"（默认，可改变名称）。在过滤器树中单击"所有使用的图层"结点或其他过滤器，显示对应的图层信息，然后将需要分组过滤的所有图层拖动到创建的"组过滤器 1"上即可。如图 3-16 所示，创建了组过滤器 2。

第三节　图形的绘制和编辑

一、辅助绘图工具

为了实现用鼠标完成精确绘图的目的，AutoCAD 提供了栅格显示、捕捉、对象捕捉及自动追踪等辅助绘图工具。

1. 栅格显示和捕捉

（1）功能　能方便地观察图形在绘图区域的位置和大小，灵活、快速确定点的位置，提高绘图速度。

（2）调用命令的方法

① 菜单：工具→草图设置→"栅格和捕捉"选项卡。

② 快捷键：F7 键打开或关闭栅格，F9 键打开或关闭捕捉。

执行以上操作，打开"栅格和捕捉"命令。如图 3-17 所示。

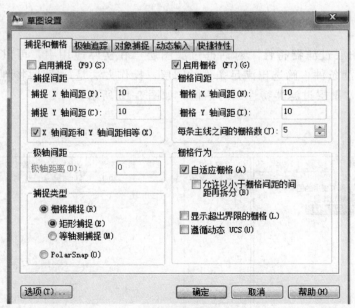

图 3-17　捕捉和栅格设置

（3）各选项说明

①"启用栅格"复选框：选中该复选框，在绘图区内显示栅格。

设置"栅格 X 轴间距"、"栅格 Y 轴间距"文本框中的数值调整 X 轴方向、Y 轴方向的栅格间距。

②"启用捕捉"复选框：选中该复选框，打开捕捉方式。

"捕捉 X 轴间距"、"捕捉 Y 轴间距"文本框用于设置 X 轴、Y 轴栅格捕捉间距。"角度"文本框用于按指定角度旋转捕捉栅格。"X 基点"、"Y 基点"文本框用于设置栅格的 X、Y 基准坐标点。

③"捕捉类型和样式"选项组。

选中"栅格捕捉"单选按钮，将捕捉样式设置为栅格捕捉"矩形捕捉"，将捕捉样式设置为标准矩形捕捉模式，光标将捕捉一个矩形栅格。

选中"等轴测捕捉"单选按钮，将捕捉样式设置为等轴测捕捉模式，光标将捕捉到一个等轴测栅格。

单选"极轴捕捉"按钮，捕捉样式设置为极轴捕捉。光标将沿极轴角度或对象捕捉追踪角度进行捕捉，这些角度是相对最后绘制对象的捕捉点计算的，并且在"极轴距离"文本框中可设置极轴捕捉间距。

2. 对象捕捉

（1）功能　使用对象捕捉方法，可以迅速准确地捕捉到图形上的特殊点（如：端点、交点、中点、圆心和切点等），从而简化设计，提高绘图精度和绘图速度。

（2）调用命令的方法

① 命令：Osnap ↙。

② 菜单：工具→草图设置→"对象捕捉"选项卡，如图 3-18 所示。

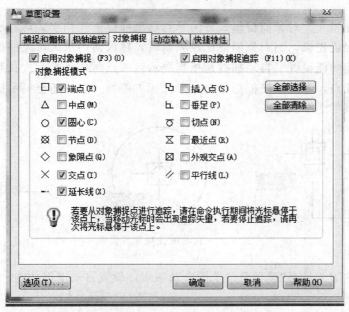

图 3-18　对象捕捉设置

③ 图标："对象捕捉"工具栏。

（3）捕捉模式各选项说明

端点（End）：捕捉到线段、圆或圆弧等对象的最近端点。

中点（Mid）：捕捉线段或圆弧等对象的中点。

结点（Nod）：捕捉结点对象，如捕捉点、等分点或等距点。

象限点（Qua）：捕捉圆或圆弧等对象的象限点（即圆或圆弧上的四分点 0°、90°、180°、270°位置）。

最近点（Nea）：捕捉离拾取点最近的线段、圆或圆弧等对象上的点。

外观交点（App）：捕捉对象虚交点，即在视图平面上相交的点，可能不存在。

平行（Par）：捕捉与参照对象平行的线上符合指定条件的点。

通过"对象捕捉"工具栏也可以设置对象捕捉功能，如图 3-19 所示，该工具栏新增的对象捕捉功能如下。

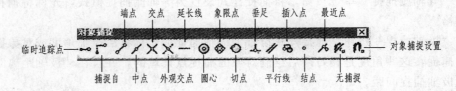

图 3-19　对象捕捉工具栏

临时追踪点：创建对象捕捉所使用的临时点，如捕捉与指定点水平或垂直等方向的点。

捕捉自：捕捉与临时参照点偏移一定距离的点。

无捕捉：关闭对象捕捉模式，不使用捕捉方式。

对象捕捉设置：设置自动捕捉模式。打开"草图设置"对话框，进一步设置对象捕捉模式。

（4）对象捕捉模式　对象捕捉模式分为单点对象捕捉模式和永久对象捕捉模式。单点捕捉具有较高的捕捉优先级。当对象捕捉比较频繁时，建议使用永久对象捕捉模式。

（5）自动捕捉功能设置　自动捕捉是指当提示输入点时，将光标放在对象上，系统自动捕捉对象上的特征点，并显示靶框标记。如果光标多停留一会，还会提示捕捉点的信息。自动捕捉功能的效果如图 3-20 所示。

图 3-20　自动捕捉功能效果图

通过菜单栏中的工具→"选项"→"草图"选项卡，设置自动捕捉功能。

3. 自动追踪

（1）功能　按指定角度绘制对象，或者绘制与其他对象有特定关系的对象。自动追踪分为对象捕捉追踪和极轴追踪两种追踪方式。

（2）调用命令的方法

① 菜单：工具→草图设置→"对象捕捉"选项卡或"极轴追踪"选项卡。

② 状态栏："对象追踪"按钮或"极轴"按钮。

（3）使用自动追踪应注意的问题

① 设置对象捕捉追踪方式或极轴追踪角度，其效果如图 3-21 所示。

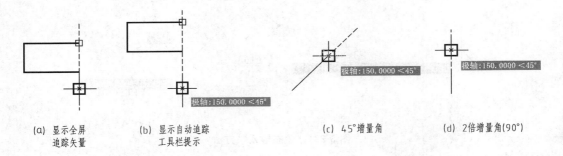

（a）显示全屏　　　　　（b）显示自动追踪　　　　　　（c）45°增量角　　　　（d）2倍增量角(90°)
　　追踪矢量　　　　　　　　工具栏提示

图 3-21　自动追踪效果

② 在使用对象追踪功能时，必须打开对象捕捉。

③ 极轴追踪模式不能与正交模式同时使用，但可与对象捕捉追踪同时使用。

4. 动态输入

（1）功能　动态输入是 AutoCAD 2010 新增加的一种辅助绘图工具。使用该功能可以在指针位置输入数据，从而极大地方便绘图。

（2）调用命令的方法

① 菜单：工具→草图设置→"动态输入"选项卡。

② 状态栏："Dyn"按钮。

动态输入功能设置如图 3-22 所示。

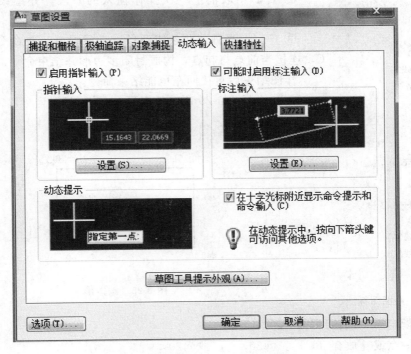

图 3-22　动态输入设置

（3）动态输入方式　动态输入有两种方式：指针输入用于输入坐标值；标注输入用于输入距离和角度。如图 3-23 所示。

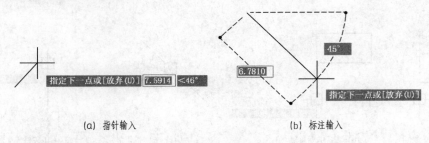

图 3-23　"动态输入"方法

二、绘图命令

有关绘图命令的图标如图 3-24 所示。

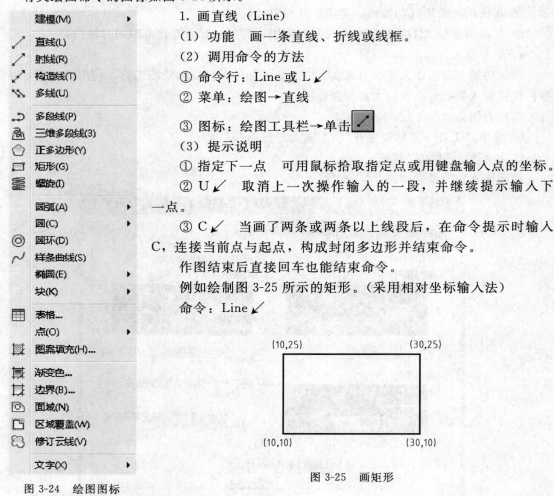

图 3-24　绘图图标

1. 画直线（Line）

（1）功能　画一条直线、折线或线框。

（2）调用命令的方法

① 命令行：Line 或 L↙

② 菜单：绘图→直线

③ 图标：绘图工具栏→单击

（3）提示说明

① 指定下一点　可用鼠标拾取指定点或用键盘输入点的坐标。

② U↙　取消上一次操作输入的一段，并继续提示输入下一点。

③ C↙　当画了两条或两条以上线段后，在命令提示时输入 C，连接当前点与起点，构成封闭多边形并结束命令。

作图结束后直接回车也能结束命令。

例如绘制图 3-25 所示的矩形。（采用相对坐标输入法）

命令：Line↙

图 3-25　画矩形

提示：指定第一点：10，10↙

指定下一点或［放弃（U）］：@20，0↙或@20<0

指定下一点或［放弃（U）］：@0，15↙或@15<90↙

指定下一点或［放弃（U）］：@-20，0 ↙ 或@20<180 ↙

指定下一点或［闭合（C）/放弃（U）］：C ↙

2. 绘制多线（Mline）

（1）功能　常用于绘制电子线路图，墙体结构等。多线是由 1～16 条平行线组成的组合对象，这些平行线可具有不同的颜色和线型，平行线的数目及间距可以自由调整。默认的多线样式为双线。

（2）调用命令的方法

① 命令行：Mline ↙

② 菜单：绘图→多线

（3）提示说明

执行"多线"命令，命令行提示：

当前设置：对正＝上，比例＝20.00，样式＝STANDARD

指定起点或［对正（J）/比例（S）/样式（ST）］：（输入多线的起点或输入选项 J，S，ST）

指定下一点：（输入多线的下一点）

指定下一点或［放弃（U）］：（输入下一点或取消前一线段）

指定下一点或［闭合（C）/放弃（U）］：（输入下一点，放弃或闭合多线对象）

各参数说明如下。

① 对正（J）：指定多线的对齐格式。多线共有三种对齐格式，如图 3-26 所示。

上（T）：顶端对齐，即顶线随光标移动。

无（Z）：中心对齐，即多线中心随光标移动。

下（B）：底端对齐，即底线随光标移动。

② 比例（S）：指定多线缩放系数，默认值为 20.00

输入参数 S 后，命令行提示：

输入多线比例<20.00>：（输入缩放比例）

③ 样式（ST）：指定多线样式。

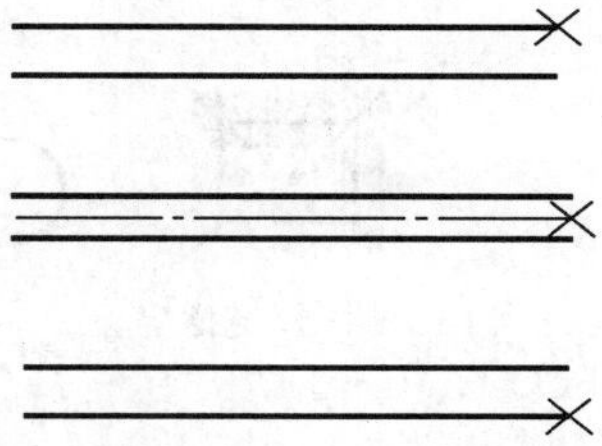

图 3-26　多线的对齐格式

输入参数 ST 后，命令行提示：

输入多线样式名或［?］：（可输入已定义的多线样式名或输入? 列出已加载的多线样式）

（4）"多线样式"对话框

执行"格式"→"多线样式"，打开"多线样式"对话框，可创建和修改多线样式。单击"新建"按钮打开"创建新的多线样式"对话框，如图 3-27 所示。通过设置多线样式的封口、填充、显示连接及元素特性等，创建新的多线样式。多线特性如图 3-28 所示。

3. 绘制射线（Ray）

（1）功能　绘制一端固定，另一端无限延伸的直线。通常用于绘制辅助线。

（2）调用命令的方法

① 命令行：Ray ↙

② 菜单：绘图→射线

（3）提示说明　执行命令后，命令行提示：

指定起点：（输入起点）

指定通过点：（输入通过点的坐标，以两点画出一条射线）

图 3-27 "新建多线样式"对话框

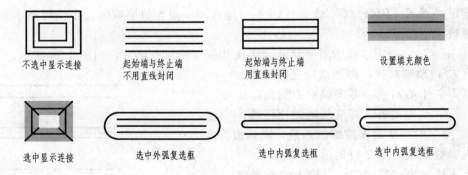

图 3-28 多线样式

指定通过点：（输入另一通过点的坐标，再画出一条射线✓确认）

4. 画多段线（Pline）

(1) 功能 画由直线或圆弧组成的逐段相连的整体线段，线段的宽度可以改变。

(2) 调用命令的方法

① 命令行：Pline✓

② 菜单：绘图→多段线

③ 图标：绘图工具栏→单击

(3) 提示说明

命令：Pline✓

提示：指定起点：（输入起点）

当前线宽为 0.0000

指定下一点或 ［圆弧（A）/闭合（C）/半宽（H）/长度（L）/放弃（U）/宽度（W）］：
（输入一点或选择一个选项）

① 指定下一点：连续给定下一点，可绘制一条由多线段组成的多段线，直至结束命令。

② 圆弧（A）：由绘制直线改为绘制圆弧，并给出绘制圆弧的提示。

③ 闭合（C）：绘制到起点一条直的闭合多段线，并退出 Pline 命令。

④ 半宽（H）：改变当前多段线的起始半宽和终止半宽。实际线宽为半宽值的二倍。

⑤ 长度（L）：确定输入下一段直线段的长度或圆弧段的切线。若前一段是圆弧，则根据圆弧段的切线方向绘制直线段。

⑥ 放弃（U）：取消所绘制的前一段多段线。

⑦ 宽度（W）：确定多段线的起始宽度和终止宽度。

图 3-29　画多段线

【例 1】　绘制图 3-29 所示的多段线。

调出多段线命令，提示指定起点：给定起点

当前线宽为 0.0（显示系统当前线宽值）

指定下一个点或［圆弧（A）/半宽（H）/长度（L）/放弃（U）/宽度（W）］：给定直线段的终点

指定下一点或［圆弧（A）/闭合（C）/半宽（H）/长度（L）/放弃（U）/宽度（W）］：A↙（进入画圆弧模式）

指定圆弧的端点或［角度（A）/圆心（CE）/闭合（CL）/方向（D）/半宽（H）/直线（L）/半径（R）/第二个点（S）/放弃（U）/宽度（W）］：确定圆弧终点（输入数值或用鼠标拾取）

指定圆弧的端点或［角度（A）/圆心（CE）/闭合（CL）/方向（D）/半宽（H）/直线（L）/半径（R）/第二个点（S）/放弃（U）/宽度（W）］：L↙（进入画直线段模式）

指定下一点或［圆弧（A）/闭合（C）/半宽（H）/长度（L）/放弃（U）/宽度（W）］：给定直线段的终点

指定下一点或［圆弧（A）/闭合（C）/半宽（H）/长度（L）/放弃（U）/宽度（W）］：W↙（进入改变线宽模式）

指定起点宽度 <0.0>：0.5↙（输入线段起点的线宽）

指定端点宽度 <0.5>：0↙（输入线段终点的线宽）

指定下一点或［圆弧（A）/闭合（C）/半宽（H）/长度（L）/放弃（U）/宽度（W）］：L↙（进入长度模式）

指定下一点或［圆弧（A）/闭合（C）/半宽（H）/长度（L）/放弃（U）/宽度（W）］：4↙（确定直线段的终点）

指定下一点或［圆弧（A）/闭合（C）/半宽（H）/长度（L）/放弃（U）/宽度（W）］：↙（结束命令）即可画出图 3-29 所示的图形。

多段线起点和终点的宽度值相等，绘制的多段线宽度不变。若起点与终点的宽度值不相等，则绘制出变宽度的多段线，可用此方法画箭头，如图 3-29 所示。

5. 画样条曲线（Spline）

（1）功能　用来绘制一条具有不规则变化曲率半径的多段光滑曲线，如机械图样中的波浪线等。样条曲线是一种通过或接近一组指定点的拟合曲线。

拟合点是指由用户输入，样条曲线经过或接近的若干个关键点。

控制点是指由系统根据给定的拟合数据点生成，决定样条曲线弯曲形状的若干个关键点。其中，拟合点决定样条曲线的基本形状，而控制点决定样条曲线的弯曲程度。样条曲线示例如图 3-30 所示。

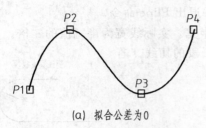 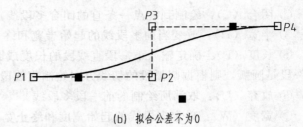

(a) 拟合公差为0　　　　　　　　(b) 拟合公差不为0

图 3-30　样条曲线示例

■ 控制点；□ 拟合点

（2）调用命令的方法

① 命令行：Spline ↙

② 下拉菜单：绘图→样条曲线

③ 图标：绘图工具栏→单击 ～ 按钮

（3）提示说明

调出绘制样条曲线命令。

提示：指定第一个点或［对象（O）］：（输入一点）

指定下一点：（输入一点）

……

指定下一点或［闭合（C）/拟合公差（F）］（起点切向）：

指定起点切向：（定义起始点切线方向）

指定端点切向：（定义终止点切线方向）

① 对象（O）：将拟合的多段线转换成样条曲线。

输入参数 O 后，命令行提示：

选择要转换为样条曲线的对象：（选择要拟合的多段线）

② 拟合公差（F）：设置样条曲线的拟合公差。拟合公差是指实际样条曲线与输入的数据点之间所允许偏移距离的最大值，控制样条曲线对数据点的接近程度。拟合公差默认值为0，样条曲线严格经过数据点。

输入参数 F 后，命令行提示：

指定拟合公差＜0.0000＞：（输入拟合公差值）

③ 闭合（C）：绘制封闭的样条曲线。

输入参数 C 后，命令行提示：

指定切向：（指定封闭点的切线方向，可输入角度值，或用鼠标拾取点）

④ 回车键：指定样条曲线起点和终点的切线方向，

按下 Enter 键后，命令行提示：

指定起点切向：（指定起点切线方向）

指定端点切向：（指定终点切线方向）

6. 画圆（Circle）

（1）功能　用圆心与半径、圆心与直径、三点、两点等方式画圆。

（2）调用命令的方法

① 命令行：Circle 或 C ↙

② 菜单：绘图→圆→子菜单选项

③ 图标：绘图工具栏→单击 ⟨图标⟩

（3）提示说明

提示：指定圆的圆心或［三点（3P）/两点（2P）、相切、相切、半径（T）］：

说明：

① 圆心、半径（R）：给定圆心和半径画圆，如图 3-31(a) 所示。

② 圆心、直径（D）：给定圆心和直径画圆，如图 3-31(b) 所示。

③ 两点（2P）：给定圆上两点（直径的两个端点）确定一个圆，如图 3-31(c) 所示。

④ 三点（3P）：给定圆上三点确定一个圆，如图 3-31(d) 所示。

⑤ 相切、相切、半径（T）：绘制一个与两个已知对象（如直线、圆等）相切的圆，如图 3-31(e) 所示绘制一个半径为 R，与圆和直线相切的圆。

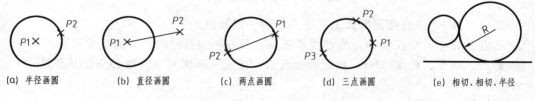

| (a) 半径画圆 | (b) 直径画圆 | (c) 两点画圆 | (d) 三点画圆 | (e) 相切、相切、半径 |

图 3-31　画圆

【例 2】　已知两圆的半径为 $R_1=10$、$R_2=8$，作 $R=15$ 的圆与两已知圆相切，如图 3-32 所示。

操作过程

调用画圆命令。命令行：circle ↙

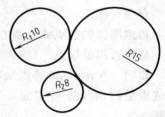

提示：指定圆的圆心或［三点（3P）/两点（2P）、相切、相切、半径（T）］：T ↙

指定第一个与圆相切的对象：用光标拾取 $R_1=10$ 的圆

指定第二个与圆相切的对象：用光标拾取 $R_2=8$ 的圆

指定圆的半径＜当前值＞：15 ↙

图 3-32　相切、相切、半径画圆

7. 画圆弧（Arc）

（1）功能　画圆弧

（2）调用命令的方法

① 命令行：Arc ↙

② 菜单：绘图→圆弧→子菜单选项

③ 图标：绘图工具栏→单击 ⟨图标⟩

（3）提示说明

调出画弧命令后显示下列提示。

提示：指定圆弧起点或圆心

AutoCAD 绘图下拉式菜单有 11 种画圆弧的方式，用户可根据情况选择，如图 3-33 所示。

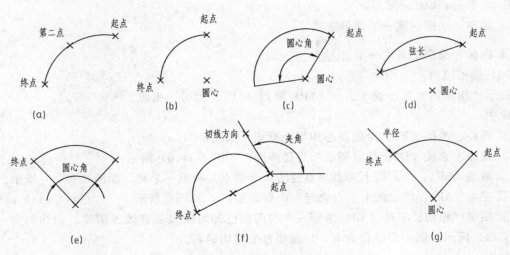

图 3-33　各种圆弧的绘制

① 三点（3P）：通过指定圆弧上的三点绘制一段圆弧。

② 起点、圆心、端点（S）：给定圆弧起点、圆心和端点逆时针方向生成圆弧。

③ 起点、端点、角度（N）：给定圆弧起点、端点和圆弧对应的圆心角绘制圆弧。

……

（4）连续绘制圆弧

① 所谓连续绘制圆弧，是指在刚刚绘制的直线或圆弧的基础上，再接着绘制圆弧。

② 执行菜单命令：绘图→圆弧→继续

命令行提示：

指定圆弧的起点或［圆心（C）］：↙

指定圆弧的端点：（输入终点）

说明：AutoCAD 将以最后一次绘制的线段或圆弧的终点为新圆弧的起点，以线段或圆弧终点处的切线方向作为新圆弧在起点处的切线方向，并且再指定一点，即可绘制一段圆弧。

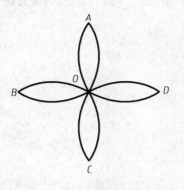

图 3-34　四瓣花图案

【例 3】　绘制如图 3-34 所示的四瓣花图案。

操作步骤

① 绘制圆弧 *OA* 的右半部分。

执行命令：Arc↙

指定圆弧的起点或［圆心（C）］：（输入 *O* 点坐标）20,

30↙

指定圆弧的第二个点或［圆心（C）/端点（E）］：E↙

指定圆弧的端点：（输入 *A* 点坐标）@50<90↙

指定圆弧的圆心或［角度（A）/方向（D）/半径（R）］：R↙

指定圆弧的半径：（输入半径值）50↙

② 绘制圆弧 *OA* 的左半部分。

首先打开对象捕捉功能，再执行 Arc 命令，命令行提示：

指定圆弧的起点或［圆心（C）］：（捕捉 *A* 点）

指定圆弧的第二个点或〔圆心（C）/ 端点（E）〕：E ↙

指定圆弧的端点：（捕捉 O 点）

指定圆弧的圆心或〔角度（A）/方向（D）/半径（R）〕：R ↙

指定圆弧的半径：（输入半径值）50 ↙

③ 用上述方法绘制其他花瓣。

在绘制 OB 的上半弧、OC 的左半弧及 OD 的下半弧时，角度分别设置为 180°、270°、360°。

8. 画正多边形（Polygon）

（1）功能　绘制边数为 3～1024 之间的整数正多边形。

（2）调用命令的方法

① 命令行：Polygon ↙

② 下拉菜单：绘图→正多边形

③ 图标：绘图工具栏→单击 ⬠ 按钮

（3）提示说明

命令：Polygon ↙

提示：输入边的数目（4）：（输入所要绘制正多边形的边数）↙

指定正多边形的中心点或〔边（E）〕：（输入中心点）↙

输入选项〔内接于圆（I）/ 外切于圆（C）〕（I）：

① 系统默认 I 选项"内接于圆"的方式绘制正多边形，如图 3-35 所示的小正多边形。

② C 选项："外切于圆"的方式绘制正多边形，如图 3-35 所示的大正多边形。

③ 边（E）："边长"的方式绘制正多边形。AutoCAD 按输入的两点为第一条边绘制出一个正多边形，如图 3-36 所示。

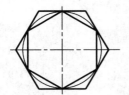

图 3-35　"内接"、"外切"正方形

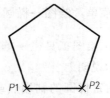

图 3-36　以"边长"画正方形

9. 画矩形（Rectang）

（1）功能　绘制矩形。

（2）调用命令的方法

① 命令行：Rectang ↙

② 下拉菜单：绘图→矩形

③ 图标：绘图工具栏→单击 ▭ 按钮

（3）提示说明

调出画矩形命令后，提示：指定第一个角点或〔倒角（C）/ 标高（E）/ 圆角（F）/ 厚度（T）/ 宽度（W）〕：（输入第一个角点或选择一个选项）

① 指定第一个角点：由两对角点定义矩形。输入第一个角点，接下来提示：

指定另一个角点：（输入第二个角点）如图 3-37（a）所示。

② 倒角（C）：绘制带倒角的矩形，倒角的两条边长度值可以相同也可以不同，如图 3-37（b）、（c）所示。

③ 圆角（F）：绘制带圆角的矩形。如图 3-37（d）所示为圆角半径为 3 的矩形。

④ 宽度（W）：设置矩形边的线宽。如图 3-37（e）、（f）表示线宽为 1mm 的矩形。

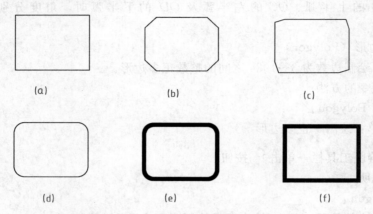

图 3-37　矩形的圆角、倒角和线宽

⑤ 厚度（T）和标高（E）：厚度和标高是一个空间的概念，三维绘图中分别用来设置立方体的基面位置和高度。

10. 画椭圆（Ellipse）

（1）功能　绘制椭圆或椭圆弧。

（2）调用命令的方法

① 命令行：Ellipse ↙

② 下拉菜单：绘图→椭圆→子菜单选项

③ 图标：绘图工具栏→单击 按钮

（3）提示说明

提示：指定椭圆的轴端点或［圆弧（A）/ 中心点（C）］：

AutoCAD 绘图下拉式菜单提供了几种绘制椭圆的方法，用户根据条件选择相应的绘制方式。

① 指定椭圆的轴端点　以一个轴的两端点和另一个轴半轴长的方式来绘制椭圆，如图 3-38（a）所示。

② 中心点（C）　先确定椭圆的中心点、一个轴的端点，再输入另一半轴长度来绘制椭圆，如图 3-38（b）所示。

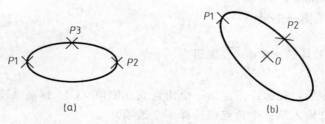

图 3-38　绘制椭圆的方式

11. 画椭圆弧（Ellipse）

（1）功能　绘制椭圆弧。

（2）调用命令的方法

① 命令行：Ellipse ↙

② 下拉菜单：绘图→椭圆→圆弧

③ 图标：绘图工具栏→单击 ⌒ 按钮

绘制椭圆弧的操作与绘制椭圆相同，先确定椭圆的形状，再按起始角、终止角和参数画图。

12. 图案填充（Bhatch）

（1）功能　使用特定图案填充图形中的指定区域。广泛应用于机械图、建筑图和地质构造图等各类图样中，以表示特定的意义。出现在填充区域内的封闭边界，称为孤岛。文字对象也看做是孤岛。默认情况下 AutoCAD 自动检测孤岛，对孤岛不填充，如图 3-39 所示。

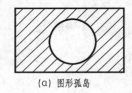
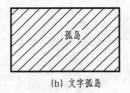

（a）图形孤岛　　　　　　　　　　（b）文字孤岛

图 3-39　孤岛样式图

（2）调用命令的方法

① 命令：Bhatch 或 BH ↙

② 菜单：绘图→图案填充

③ 图标："绘图"工具栏→"图案填充…"按钮

（3）提示说明

执行命令后，打开"图案填充和渐变色"对话框，如图 3-40 所示。各选项说明如下。

1）"图案填充"选项卡

① 填充方式。AutoCAD 提供以下三种填充方式。

普通方式：是默认填充方式。在这种方式下，对于孤岛内的孤岛采用隔层填充的方法。对图 3-41（a）采用普通方式填充，其结果如图 3-41（b）所示。

外部方式：只对最外层进行填充。对图 3-41（a）采用外部方式填充，其结果如图 3-41（c）所示。

忽略方式：忽略边界内的所有孤岛，全部填充。对图 3-41（a）采用忽略方式填充，其结果如图 3-41（d）所示。

② "类型"下拉列表框：用于选择图案类型，分为三种。

预定义：使用系统预定义的图案进行填充。

用户定义：利用当前线型定义一种新的简单图案。图案是由一组平行线或相互垂直的两组平行线组成的。

自定义：用户自己定义的图案，保存在扩展名为 PAT 的文件中。

③ "图案"下拉列表框：列出所有预定义的图案。选择一种填充图案，将显示在当前的下拉列表框中。若单击其后的按钮，打开"填充图案选项板"对话框，可选择一种填充

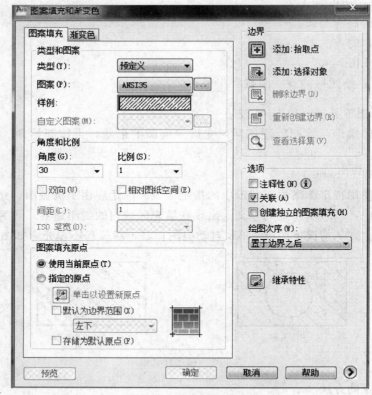

图 3-40　图案填充选项卡

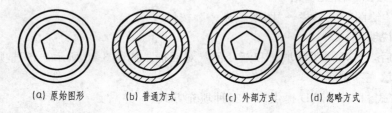

(a) 原始图形　　(b) 普通方式　　(c) 外部方式　　(d) 忽略方式

图 3-41　图案填充样式

图案。

④"样例"框：显示当前选中图案的预览图。单击此框，打开"填充图案选项板"对话框，在该对话框中，可更改所选择的图案。

⑤"角度和比例"选项组：用于设置图案填充角度和比例等参数。

"角度"下拉列表框：用于设置填充图案（剖面线）的旋转角度，默认角度为零。以ANS131 图案为例，默认角度 0°时，其剖面线与 X 轴夹角是 45°。

"比例"下拉列表框：用于设置填充图案线条的比例值，即线条间的距离。

"双向"复选框：选中该复选框，用相互垂直的两条平行线填充图形。否则，填充样式为一组平行线。注意，只有使用"用户定义"的图案填充类型时，该选项才可用。

"相对图纸空间"复选框：选中该复选框，将按图纸空间的比例缩放填充图案。

⑥"边界"选项组。

"拾取点"按钮：以拾取点的方式来指定填充区域的边界。如果不能形成封闭的填充边界，会显示"未找到有效的图案填充边界"出错信息。

"选择对象"按钮：用选择对象的方式来定义填充区域的边界。

"删除边界"按钮：删除填充边界中的孤岛。这些孤岛是在确定填充边界时系统自动计算或用户指定的。

"关联"复选框：选中复选框，表示边界修改，图案随之更新。

2）使用渐变色填充图形

① 执行"渐变色"命令的方法如下。

命令：Bhatch 或 BH ✓

菜单：绘图→渐变色

图标："绘图"工具栏→"渐变色…"按钮。

执行命令后，打开"图案填充和渐变色"对话框，可以使用渐变色填充图形，如图3-42所示。

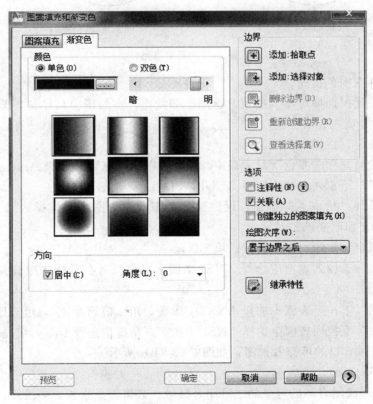

图 3-42　渐变色选项卡

② 各选项说明如下，

"单色"单选按钮：使用单色填充，颜色从较深色调到较浅色调平滑过渡。

"双色"单选按钮：使用双色填充，指定在两种颜色之间平滑过渡的双色渐变填充。

"居中"复选框：指定渐变配置。如果没有选中该复选框，渐变填充向左上方变化，创建光源在对象左边的图案。

"角度"下拉列表框：相对当前 UCS，指定渐变填充的角度，与选定图案填充的角度无关。

"预览"按钮：显示设置的渐变色效果，共列出 9 种颜色效果。

【例 4】 将图 3-43(a) 所示的图形进行图案填充。

① 绘制如图 3-43(a) 所示的原始图形。

② 执行"绘图"→"图案填充"命令，打开"图案填充和渐变色"对话框，选择"渐变色"选项卡。

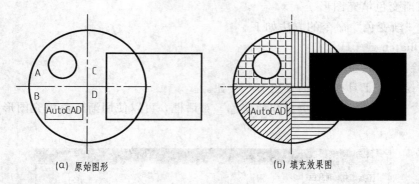

(a) 原始图形   (b) 填充效果图

图 3-43　图案填充

③ 选择一种渐变色模式。

④ 单击"添加：选择对象"按钮，返回绘图状态，在绘图窗口中选择矩形对象，按回车键，返回"图案填充和渐变色"对话框。

⑤ 单击"确定"按钮，填充结束。

⑥ 在"图案填充和渐变色"对话框中，选择"图案填充"选项卡。

⑦ 在"图案"下拉列表框中选择 ANGLE 图案。

⑧ 单击"添加：拾取点"按钮，返回绘图状态，在绘图窗口选择区域 A，按回车键，返回到"图案填充和渐变色"对话框。

⑨ 单击"确定"按钮，以普通方式填充区域 A。

⑩ 在"图案"下拉列表框中选择 ANS131 图案，在孤岛显示样式中选择外部方式，以外部方式填充区域 B。

⑪ 在"图案"下拉列表框中选择 ANS131 图案，角度值选择 45°，填充区域 C。

⑫ 在"图案"下拉列表框中选择 ANS131 图案，角度值选择 135°，填充区域 D。

区域 A、B、C、D 的填充效果图，如图 3-43 (b) 所示。

13. 面域（Region）

面域是使用形成闭合环的对象的二维闭合区域。环可以是直线、多段线、圆弧、椭圆和样条曲线组合。尽管 AutoCAD 中有许多命令可以生成封闭形状（如圆、多边形等）。但面域和它们有本质的区别。

（1）线框模型和实体模型　圆、矩形、正多边形都是封闭图形，利用 Pline、Spline 及 Line 的"闭合（C）"选项也可生成封闭面域，但是所有这些都只包含边的信息而没有面，因此，它们又被称为线框模型。面域是 2D 实体模型，它不但含边的信息，还有边界内的信息，如孔、槽等。AutoCAD 可以利用这些信息计算工程属性，如面积，质心和惯性矩等。用户还可以对面域进行各种布尔操作。

（2）创建面域（Region）

1）功能　面域可用于填充和着色、使用 MASSPROP 分析特性（例如计算面积）、提示设计信息。使用已有的 2D 封闭对象，如封闭直线、多段线、圆、样条曲线来创建 2D 实体模型。

2）调用命令的方法

① 命令行：Region ↙

② 下拉菜单：绘图→面域

③ 图标：绘图工具栏 🔲 →按钮

3）提示说明

调用命令后，提示：选择对象：（选择一个封闭对象）

AutoCAD 提示用户选择想转换为面域的对象，如选取有效，则 region 命令将该有效选取转换为面域。但选取面域时要注意以下问题。

① 自相交或端点不连接的对象不能转换为面域。

② 缺省情况下 AutoCAD 进行面域转换时，region 命令将用面域对象取代原来的对象并删除原对象。但是如果想保留原对象，则可通过设置系统变量 delobj 为零来达到这一目的。

用户也可以用 boundary 命令生成面域。

（3）面域操作　可以通过多个环或端点相连形成环的闭式曲线来创建面域，但不能通过非闭合对象内部相交构成的闭合区域创建面域。也可使用 boundary（边界）创建面域。还可以通过结合，减去或查找面域的交点创建组合面域。面域的布尔操作有三种，即并、差、交，如图 3-44 所示。

1）并　指将两个或多个面域合并为一个单独面域，而且与合并前面域的位置没有关系。执行面域合并的命令是 union 或下拉菜单"修改→实体编辑→并集"，如图 3-44（a）所示。

2）差　面域求差是指从一个面域中减去另一面域。执行面域相减的命令是 subtract 或下拉菜单"修改→实体编辑→差集"，如图 3-44（b）所示。

3）交　面域交操作是指从两个或两个以上面域中抽取其重叠部分的操作。

命令是 interssect 或下拉菜单"修改→实体编辑→交集"，如图 3-44（c）所示。

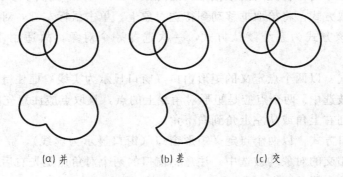

(a) 并　　　　(b) 差　　　　(c) 交

图 3-44　面域的布尔操作

【例 5】　如图 3-45（a）所示，已知有两个相交圆图形，使用边界定义面域。

① 在"绘图"下拉式菜单中选择"边界"，或在命令行输入命令"boundary"显示"边界创建"对话框。

② 在"边界创建"对话框的"对象类型"中选择"面域"。

③ 在图形中选取一点 $P1$，该段线变成虚线，如图 3-45(b) 所示。

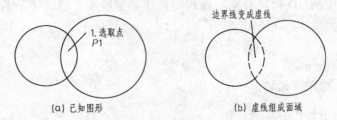

(a) 已知图形　　　　　　　　(b) 虚线组成面域

图 3-45　边界定义面域

④ 按回车键，完成定义边界面域，即虚线内的部分。

【例 6】　通过查找交点定义面域

① 作两个面域，如图 3-46(a) 所示。

② 在"修改"下拉式菜单中选择"实体编辑"→"交集"，或在命令行输入命令"intersect"。

③ 选择一个相交的面域，选取圆，选择的顺序不计。

④ 选择另一个相交的面域，选取矩形，按回车键，完成交集面域，如图 3-46(b) 所示。

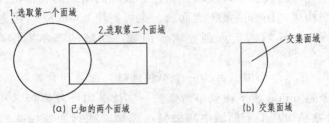

(a) 已知的两个面域　　　　　　(b) 交集面域

图 3-46　查找交点创建面域

三、选择对象

当使用编辑命令时，首先要选取被编辑的对象，AutoCAD 提供了多种选择对象方式。

(1) 直接拾取方式　将拾取框移动到待选对象上，单击鼠标左键，对象变为虚线，表示对象已被选中。该方式为系统默认方式，一次选择一个对象，故适用于选择少量或分散对象。

(2) 窗口方式　以两个点定义的矩形窗口（窗口显示为实线）框住待选对象，完全落在该窗口内的对象被选中。两个点应是矩形对角线上的点，且取点应注意先左后右的顺序（即从矩形的左下角到右上角或从左上角到右下角）。

(3) 交叉窗口方式　以两个点定义矩形窗口（窗口显示为虚线），完全落入窗口内的对象及与窗口边界相交的对象均被选中。注意：窗口的两个对角点是先右后左（即从矩形的右上角到左下角或从右下角到左上角）。

(4) 最后对象方式　（命令提示）选择对象：L↙（键盘输入），系统将自动选中最后绘制的对象。

(5) 栏选方式　选择对象：F↙（键盘输入），画折线经过待选对象区域，则与该折线相交的所有对象均被选中。

（6）全选方式　选择对象：ALL↙（键盘输入），系统将选中除冻结层以外该图形文件内的所有对象。

（7）剔除对象　选择对象：R↙（键盘输入），并用选择对象的方法依次拾取需要剔除的误选对象。该方法用于剔除误选对象或众多选择对象中带入的少数非选对象。

（8）添加方式　（命令提示）删除对象：A↙，命令提示变为"选择对象："，可继续进行对象选择。

图 3-47　修改工具栏

四、编辑命令

1. 工具栏中的编辑命令

编辑命令显示于修改菜单和修改工具栏中。修改工具栏如图 3-47 所示，其编辑命令的应用见表 3-3。

表 3-3　编辑命令的应用

命令	调用方法	功　能	说　　　明	图　例
删除	图标:单击 ![] 菜单:修改→删除 键盘输入:erase↙	删除完整的所选对象	提示:选择对象:选中要删除的对象 选择对象:连续选择要删除的对象 选择对象:↙(结束命令)	
恢复	键盘输入:oops↙	恢复最近一次删除的对象	执行恢复操作后,不影响该删除命令之后的所有操作	
偏移	图标:单击 ![] 菜单:修改→偏移 键盘输入:offset↙	生成相对于选定对象平行且等距的图形	提示:指定偏移距离或[通过(T)] 1. 指定偏移距离画偏移线 指定偏移距离或[通过(T)]<通过>:30↙ (偏移距离) 　选择要偏移的对象或<退出>:选择要偏移的对象 　指定点以确定偏移所在一侧:用鼠标拾取点,确定生成对象的位置 　选择要偏移的对象或<退出>:↙(结束命令) 2. 过指定点画偏移线(称为 T 方式) 指定偏移距离或[通过(T)]<10.0>:T↙ 　选择要偏移的对象或<退出>:选择要偏移的对象 　指定通过点:确定新对象要通过的点 　选择要偏移的对象或<退出>:↙	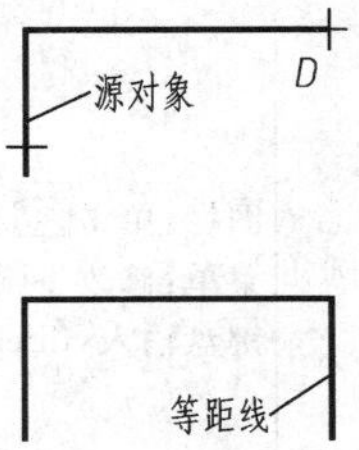
延伸	图标:单击 ![] 菜单:修改→延伸 键盘输入:extend↙	把选定的对象延伸到指定的边界	提示:选择对象:选择指定的边界线 　选择对象:↙(结束选择) 　选择要延伸的对象,或按住 Shift 键选择要修剪的对象,或[投影(P)/边(E)/放弃(U)]:选择需延伸的对象 　选择要延伸的对象,或按住 Shift 键选择要修剪的对象,或[投影(P)/边(E)/放弃(U)]:↙(结束命令)	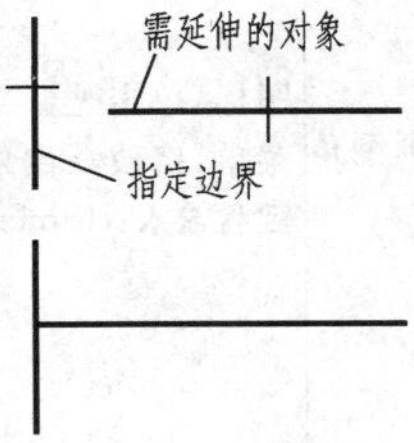

命令	调用方法	功 能	说 明	图 例
修剪	图标:单击 ⊢ 菜单:修改→修剪 键盘输入:trim ↙	用指定的切割边去剪切所选定的对象	选择对象:选择指定的剪切边 选择对象:选择指定的剪切边 选择对象:↙(结束选择) 选择要修剪的对象,或按住 Shift 键选择要延伸的对象,或 [投影(P)/边(E)/放弃(U)]:选择需剪切的对象 选择要修剪的对象,或按住 Shift 键选择要延伸的对象,或 [投影(P)/边(E)/放弃(U)]:↙(结束命令)	
镜像	图标:单击 ⚐ 菜单:修改→镜像 键盘输入:mirror ↙	生成指定对象的轴对称图形,该轴称为镜像线	选择对象:选择需要镜像复制的对象 选择对象:选择需要镜像复制的对象 选择对象:↙(结束选择) 指定镜像线的第一点:捕捉第一点 指定镜像线的第二点:捕捉第二点 是否删除源对象? [是(Y)/否(N)] <N>:↙ (系统默认否,不删除源对象,结束命令)	
复制	图标:单击 ⎘ 菜单:修改→复制 键盘输入:copy ↙	对选择的对象进行一次或多次复制	选择对象:选择被复制对象 选择对象:↙(结束选择) 指定基点或位移,或者 [重复(M)]:m ↙(确定位移第一点或采用多重复制) 指定基点:选取被复制对象上的一点 指定位移的第二点或<用第一点作位移>:给定复制对象的第一个位置 指定位移的第二点或 <用第一点作位移>:确定第二个位置 指定位移的第二点或<用第一点作位移>:↙	
画圆角	图标:单击 ⌐ 菜单:修改→圆角 键盘输入:fillet ↙	可在直线段、圆弧或圆等对象间绘制圆角或连接圆弧	当前模式:模式 = 修剪,半径 = 6.0 选择第一个对象或 [多段线(P)/半径(R)/修剪(T)]:R ↙ 指定圆角半径 <6.0>:10 ↙ 选择第一个对象或 [多段线(P)/半径(R)/修剪(T)]:捕捉对象 1 选择第二个对象:捕捉对象 2 多段线(P)↙ 选择二维多段线 修剪(T)↙ 输入修剪模式选项[修剪(T)/不修剪(N)]	
画倒角	图标:单击 ⌐ 菜单:修改→倒角 键盘输入:chamfer ↙	在两相交直线间产生倒角	当前倒角距离 1 = 0.0,距离 2 = 0.0 选择第一条直线或 [多段线(P)/距离(D)/角度(A)/修剪(T)/方法(M)]:D ↙ 指定第一个倒角距离 <0.0>:2 ↙ 指定第二个倒角距离 <2.0>:1 ↙ 选择第一条直线或 [多段线(P)/距离(D)/角度(A)/修剪(T)/方式(M)]:选择第一倒角所在的直线段 选择第二条直线:选择第二倒角距所在的直线段 多线段(P)↙ 选择二维多段线;角度(A)↙输入第一条直线的倒角距离角度;修剪(T)↙设置是否对实体进行修剪;方式(M)↙选择距离与角度两种方式中的一种	

命令	调用方法	功　能	说　　明	图　例
平移	图标:单击 ✥ 菜单:修改→移动 键盘输入:move	将选定的对象平移到新位置,其形状大小不变	选择对象:找到 2 个 选择对象:↙(结束选择) 指定基点或位移:确定一点 指定位移的第二点或＜用第一点作位移＞:确定第二点	 移动前　移动后
旋转	图标:单击 ↻ 菜单:修改→旋转 键盘输入:rotate↙	将所选择的对象绕基点旋转指定的角度	选择对象:选择需旋转的对象 选择对象:↙(结束选择) 指定基点:捕捉一点(确定旋转的中心) 指定旋转角度或[参照(R)]:45↙(输入旋转的角度)	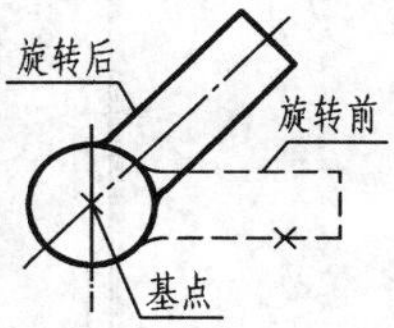 旋转后　旋转前　基点
阵列	图标:单击 ▦ 菜单:修改→阵列 键盘输入:array↙	将选定的对象生成矩形或环形的多重复制	1. 环形阵列 中心点:用于确定环形阵列的阵列中心位置 2. 矩形阵列 行、列:用于确定矩形阵列的行数和列数 偏移距离和方向:用于确定行间距、列间距及阵列旋转角度	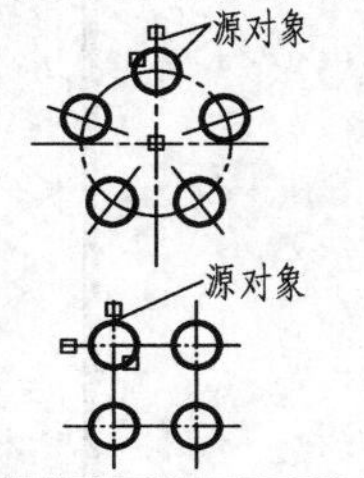 源对象 源对象
打断	图标:单击 ▭ 菜单:修改→打断 键盘输入:break↙	删除所选定对象的一部分	指定第二个打断点或[第一点(F)]:(把选择对象的点作为第一点,现在直接选取第二点,打断第一、二点之间的部分) 指定第二个打断点或[第一点(F)]:F↙ 指定第一个打断点:	
分解	图标:单击 ✏ 菜单:修改→分解 键盘输入:explode↙	将多段线、尺寸、文本、图块等复合实体分解成单个对象	选择对象:找到 1 个 选择对象:↙ 如图例中的尺寸被分解为多行文本、三条直线段、两个实心体和三个点,其所在图层也改变为"0"层	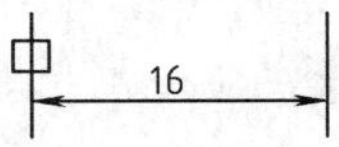 16

2. 对象中的编辑命令

执行修改→对象命令,可以对多段线、样条曲线、多线进行编辑。

"多线的编辑"用来设置两条或多条多线相交时的交点类型,有十字打开、十字合并、T 形打开、T 形合并和角点结合等方式。还可对一条多线进行编辑,将其断开或连接起来。

(1) 调用命令的方法

命令行:MLEdit↙

(2) 操作方法　执行编辑"多线"命令,打开"多线编辑工具"对话框,如图 3-48 所示。单击十字打开图标,返回绘图区对多线进行编辑。

系统提示:选择第一条多线:(选择第一条多线)

选择第二条多线:(选择第二条多线)

选择第一条多线或[放弃(U)]:↙

编辑后的图线如图 3-49 所示。

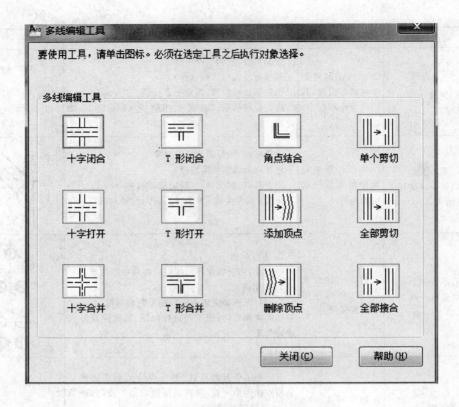

图 3-48 "多线编辑工具"对话框

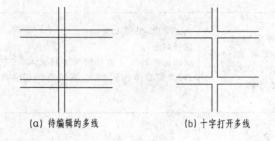

(a) 待编辑的多线   (b) 十字打开多线

图 3-49 多线的编辑

五、文本标注

1. 设置文本样式

（1）功能 对文本的字体、大小、倾斜角度等进行设置。

（2）调用命令的方法

① 图标：单击 ![icon] "文字"工具栏为

② 下拉菜单：格式→文字样式

③ 键盘输入：style ↙

执行文字样式命令，打开文字样式对话框，如图 3-50 所示。

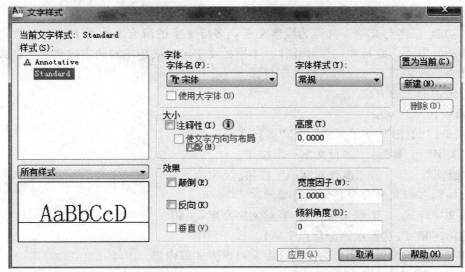

图 3-50　"文字样式"对话框

（3）提示说明

① 在文字样式对话框中，可以创建新文字样式，也可以对文字样式重命名或删除。点击"样式名"栏的"新建"按钮，弹出"新建文字样式"对话框，用户可用默认的样式名，也可输入想要的样式名，点击"确定"按钮即可。注意：正在使用的文字样式不能被删除。

②"效果"选项组。

"宽度比例（W）"复选框：用于设置字符的间距。当宽度因子为 1.0 时，按字体文件中定义的标准执行；宽度因子小于 1.0 时，字符间距变窄；宽度因子大于 1.0 时，字符间距变宽。

"倾斜角度（O）"复选框：用于设置字符的倾斜角度，输入的值在 -85～+85 之间，正值时字符向右倾斜，负值时字符向左倾斜，0 值不倾斜。

③ 在"文字样式"对话框中，一般应设置两个样式文件，分别用于尺寸标注和文字书写。图中用于尺寸标注的字体可采用 gbeitc. shx（国标斜体字母、数字）或 txt. shx（软件自带直体字母、数字，使用时需在对话框中设置倾斜角度 15°）；用于文字书写的字体（大字体）可采用 gbcbig. shx（国标直体汉字）或 dxt. shx（单线体）等。注意：两个样式文件中用于书写字母、数字的字体名必须相同。

2. 单行文字标注

（1）功能　对于单行文字标注来说，输入完一行文字后按回车键可继续输入下一行文字，但每一行是一个文字对象，可单独进行编辑和修改。一般用于创建内容较短的文字对象。

（2）调用命令的方法

① 命令：Text✓

② 菜单："绘图"→"文字"→"单行文字"

③"文字"工具栏："单行文字"按钮

执行编辑单行文字命令，命令行提示：

当前文字样式："工程文字"　　当前文字高度："3.5"

指定文字的起点或［对正（J）/样式（S）］：

根据命令行提示操作即可。

3. 多行文字标注

（1）功能　"多行文字"又称为段落文字，多行文字的所有文本作为一个对象，可以对它进行移动、复制、旋转和镜像等操作。不同的文字可以采用不同的字体和文字样式，并可以实现堆叠等效果，还可以插入特殊字符。

（2）调用命令的方法

① 命令：MText↙

② 菜单："绘图"→"文字"→"多行文字"；

③ "文字"工具栏："多行文字…"按钮；

④ "绘图"工具栏："多行文字…"按钮。

执行编辑多行文字命令，命令行提示：

当前文字样式："工程文字"　　当前文字高度："5"

指定第一角点：（输入第一角点坐标）

指定对角点或设置文字的高度、行距、对正方式等内容。

4. 字体与图纸幅面等的选用关系（摘自 GB/T 14665—2012）

字体与图纸幅面间的选用关系见表 3-4。字体的最小字距、行距及间隔线或基准线与书写字体间的最小距离见表 3-5。

表 3-4　字体与图纸幅面间的选用关系

字符类别　＼　图幅	A0	A1	A2	A3	A4
字母与数字高度/mm	5			3.5	
汉字高度/mm	7			5	

表 3-5　字体的最小字距、行距及间隔线或基准线与书写字体间的最小距离

字体	汉字				字母与数字			
最小距离/mm	字距	行距	间隔线或基准线与汉字的间距		字符	词距	行距	间隔线或基准线与字母、数字的间距
	1.5	2	1		0.5	1.5	1	1

第 四 节　尺 寸 标 注

图样中尺寸标注的一般步骤为：设置尺寸标注样式；选择尺寸标注的类型；选择标注的对象；指定尺寸线的位置；注写尺寸文字共五步。

一、设置尺寸标注样式

1. 功能

设置尺寸标注的系统变量，控制任一标注的布局和外观。实现人机对话。

2. 调用尺寸标注样式管理器的方法

① 命令行：输入 ddim↙（或 dimstyle 或 d 或 dst）

② 下拉菜单：标注→样式

③ 图标：标注工具栏→ 单击 ▧（标注样式按钮）

用以上方法打开"标注样式管理器"对话框，如图 3-51 所示。在该对话框中可以对标注样式进行新建、修改、替代或比较。

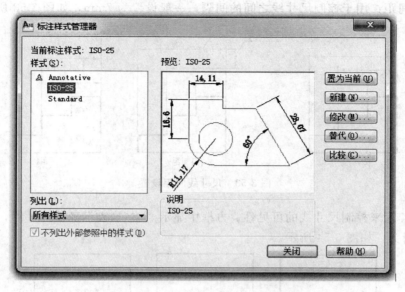

图 3-51 "标注样式管理器"对话框

3. 新建标注样式

"标注样式管理器"→新建，打开"新建标注样式"对话框，如图 3-52 所示。在该对话框中对线、符号和箭头、文字、调整、主单位、换算单位、公差进行设置。

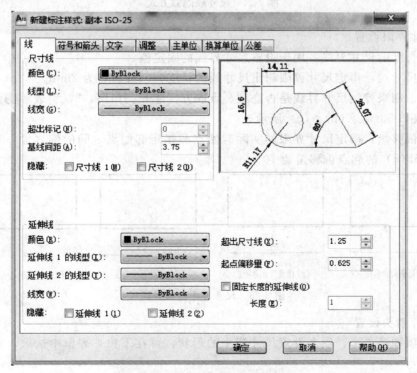

图 3-52 "新建标注样式"对话框

（1）尺寸线设置

① 颜色和线宽：用于设置尺寸线的颜色和宽度。为了便于图层控制，一般设为随层。

② 基线间距：用于控制尺寸线之间的间隔，一般设置为 7mm，如图 3-53 所示。

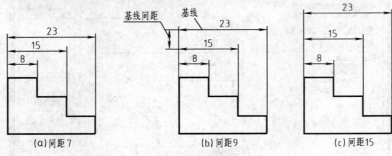

图 3-53　尺寸线间距设置

③ 隐藏：用来控制尺寸线的可见性。方框中显示"√"，表示隐藏尺寸线，即不显示尺寸线和尺寸箭头，如图 3-54 所示。

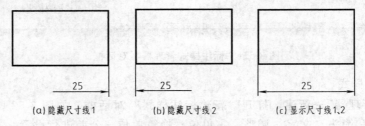

图 3-54　尺寸线隐藏方式

（2）尺寸界限设置

① 固定长度的尺寸界线：用于设置尺寸界线的固定值。

② 超出尺寸线：指定尺寸界限超出尺寸线的长度，一般设置为 2mm。

③ 隐藏：用来控制尺寸界线是否隐藏。点取方框起开关作用，"√"表示隐藏，即无尺寸界线，如图 3-55（a）、（b）、（c）所示。

④ 起点偏移量：确定尺寸界限的实际起始点和指定起始点之间的偏移量，一般设置为 0mm。图 3-55（d）的起点偏移量为 10。

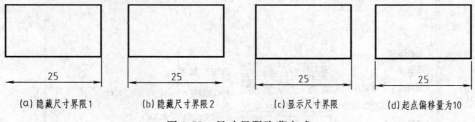

图 3-55　尺寸界限隐藏方式

（3）尺寸箭头设置

① 第一项和第二个：用来设置尺寸箭头的形状，可在下拉列表框中选取，一般为实心闭合样式。

② 引线：设置引线标注尺寸线首端的箭头样式。

③ 弧长符号：选择标注文字的上方按钮，将弧长符号放在标注尺寸的上方。

（4）文字选项　该文字选项对文字的外观、位置、对齐方式进行设置。

① 文字颜色：设置和显示标注文字的颜色，一般设为随层。

② 文字高度：设置和显示当前标注文字的高度。只有在"文字样式"对话框中，将文字高度设置为 0，该选项才会起作用。

③ 从尺寸线上偏移：设置标注文字和尺寸线间的距离。当标注文字放在尺寸线中间时，是指标注文字周围的距离。

（5）主单位设置　在此可设置尺寸标注单位格式、精度及前、后缀。

① 线性标注单位格式一般采用"小数"。

② 线性标注精度一般为"0"级。

③ 需要在文字前加注符号时，在"前缀"栏中键入所需文本字符串即可。

④ 角度单位格式为"十进制度数"，精度为"0"。

⑤ "消零"设置用于文本前后"0"的无效性设置，一般选取后续零无效。

（6）调整位置

根据需要，在该选项卡中设置尺寸文本，尺寸箭头、指引线和尺寸线的相对排列位置。

二、常见的尺寸标注

1. 长度尺寸标注

（1）功能　用于标注水平、垂直或倾斜的线性尺寸。

（2）调用命令的方法

① 命令行：输入 Dimlinear ↙

② 下拉菜单："标注"→"线性"

③ 图标：标注工具栏→单击 ⊢⊣ 图标

（3）标注图示 3-56 中的 22

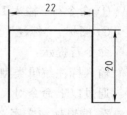

图 3-56　线性尺寸标注

提示：指定第一条尺寸界线原点或 ＜选择对象＞：拾取起点

指定第二条尺寸界线原点：选择第二点

指定尺寸线位置或［多行文字（M）/文字（T）/角度（A）/水平（H）/垂直（V）/旋转（R）］：输入一点或选项标注文字（T）

输入标注文字：22 ↙

2. 对齐（平行）尺寸标注

（1）功能　用于倾斜尺寸的标注。该尺寸的尺寸线平行于两个尺寸界线起点的连线。

（2）调用命令的方法

① 命令行：输入 Dimaligned ↙

② 下拉菜单："标注"→"对齐"

③ 图标：标注工具栏→单击 ↖↘ 图标

（3）标注图示 3-57 中的尺寸 10　其命令提示及其操作与线性尺寸标注相同。

3. 基线尺寸标注

（1）功能　用于以同一条尺寸界线为基准，标注多个尺寸。

在采用基线方式标注之前，一般应先标注出一个线性尺寸（如图中的尺寸 10），再执行该命令。

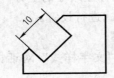

图 3-57　对齐尺寸标注

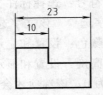

图 3-58　基线尺寸标注

（2）调用命令的方法

① 命令行：输入 Dimbaseline ↙

② 下拉菜单："标注"→"基线"

③ 图标：标注工具栏→单击 ⊞ 图标

（3）标注图示 3-58 中的 23

提示：指定第二条尺寸界线原点或［放弃（U）/选择（S）］＜选择＞：

拾取一点，则以前一尺寸的起点为基准标注一尺寸（若输入 S，则重新选择尺寸的起点）

输入标注文字：23 ↙

指定第二条尺寸界线原点或［放弃（U）/选择（S）］＜选择＞：系统重复该提示，↙

（结束命令）

三、尺寸标注的编辑

1. 编辑标注

（1）功能　用于编辑标注对象上的标注文字和尺寸界线。修改标注文字的位置、内容、旋转标注文字、倾斜尺寸线。

（2）调用命令的方法

① 命令行：输入 Dimedit ↙

② 图标："标注"工具栏→"编辑标注"按钮

命令行提示：

输入标注编辑类型［默认（H）/ 新建（N）/ 旋转（R）/ 倾斜（O）］＜默认＞：

通过以上命令对尺寸标注进行编辑。

2. 编辑标注文字

（1）功能　修改标注文字的角度或对齐方式。

（2）调用命令的方法

① 命令行：输入 Dimtedit ↙

② 图标："标注"工具栏→"编辑标注文字"按钮

③ 菜单：标注→对齐文字

执行以上操作后，按照命令行的提示进行操作。

第四章 轴 测 图

图 4-1(a) 是用正投影法绘制的物体的三视图，它能够准确表达物体的结构形状，而且绘图简便，但是根据该图不容易想像出物体的空间形状。

图 4-1(b) 是物体的轴测图，该图同时反映了物体长、宽、高三个方向的尺寸，立体感强；但度量性差，作图复杂。因此，在工程上常用轴测图作为辅助图样来表达物体的结构形状，以帮助人们树立空间概念，培养空间想像能力。本章主要介绍几种常用轴测图的画法。

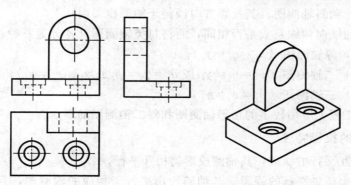

(a) 物体的三视图   (b) 物体的轴测投影图

图 4-1　三视图与轴测图的对比

第一节　轴测图的基本知识

一、轴测图的形成

轴测图就是将物体连同其参考直角坐标系一起，沿不平行于任一坐标面的方向，用平行投影法将其投射在单一投影面上所得的具有立体感的图形，如图 4-2 所示。该单一投影面 P

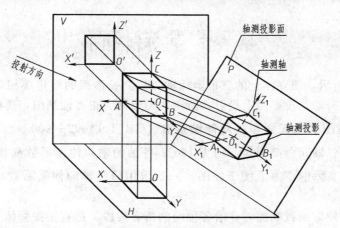

图 4-2　轴测图的形成

称为轴测投影面。

直角坐标轴在轴测投影面上的投影 O_1X_1、O_1Y_1、O_1Z_1 称为轴测轴。相邻两轴测轴之间的夹角 $\angle X_1O_1Y_1$、$\angle X_1O_1Z_1$、$\angle Y_1O_1Z_1$ 称为轴间角。

轴测轴上的线段与坐标轴上对应线段的长度比称为轴向伸缩系数，X、Y、Z 轴的轴向伸缩系数分别用 p_1、q_1、γ_1 表示，即

$$p_1 = O_1A_1/OA；\quad q_1 = O_1B_1/OB；\quad \gamma_1 = O_1C_1/OC$$

轴间角和轴向伸缩系数决定轴测图的形状和大小，是画轴测图的基本参数。

二、轴测图的分类

根据投射方向是否与轴测投影面垂直，轴测图可分为两大类：正轴测图（其投射方向垂直于轴测投影面）和斜轴测图（其投影方向倾斜于轴测投影面）。

根据三个轴的轴向伸缩系数是否相同，而将每类轴测图又各分为三种：

① 正（或斜）等轴测图（$p_1 = q_1 = \gamma_1$）；

② 正（或斜）二轴测图（$p_1 = q_1 \neq \gamma_1$ 或 $q_1 = \gamma_1 \neq p_1$ 或 $\gamma_1 = p_1 \neq q_1$）；

③ 正（或斜）三轴测图（$p_1 \neq q_1 \neq \gamma_1$）。

这里只介绍工程上应用较多的正等轴测图和斜二轴测图的画法。

三、轴测图的投影特性

① 物体上相互平行的线段，其轴测投影仍相互平行。

② 物体上与坐标轴平行的线段，其轴测投影平行于相应的轴测轴，且同一轴向所有线段的轴向伸缩系数均相同。

四、轴测图的画法——坐标法

作图步骤：

① 根据形体结构确定出直角坐标轴和坐标原点；

② 根据轴间角画轴测轴；

③ 根据各轴的轴向伸缩系数和立体表面上各顶点或线段端点的坐标，画出其轴测投影；

④ 连接各有关点。

注意：画轴测图时，物体的可见轮廓用粗实线画出，表示不可见轮廓的细虚线一般省略不画。

第二节　正等轴测图

如图 4-3(a) 所示，使立体上的三根坐标轴与轴测投影面的倾角都相等，用正投影法将物体连同其坐标轴向轴测投影面上投射，所得的图形称为正等轴测图，简称正等测。

一、正等轴测图的轴间角和轴向伸缩系数（GB/T 14692—2008）

正等轴测图的各轴间角都相等，均为 120°。各轴的轴向伸缩系数都相等，即 $p_1 = q_1 = \gamma_1 \approx 0.82$。在工程实际中，为了便于画图，一般采用简化轴向伸缩系数，即 $p = q = \gamma = 1$，如图 4-3(b) 所示。

采用简化轴向伸缩系数画图时，沿各轴向的所有线段，都直接按物体上相应线段的实际长度量取，不需换算。

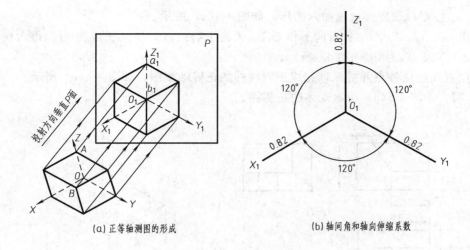

(a) 正等轴测图的形成   (b) 轴间角和轴向伸缩系数

图 4-3 正等轴测图的形成及参数

二、平面立体的正等轴测图

【例1】 作出图 4-4(a) 所示的正六棱柱的正等轴测图。

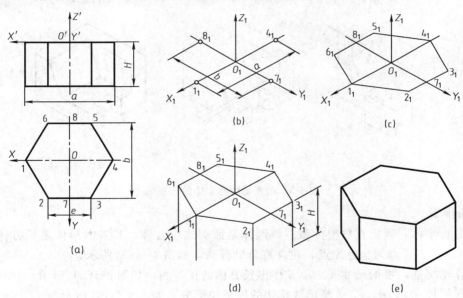

图 4-4 正六棱柱的正等轴测图画法

作图步骤

① 在视图上确定坐标轴，如图 4-4(a) 所示。因为正六棱柱顶面和底面都是处于水平位置的正六边形，所以取顶面六边形的中心为坐标原点 O，通过顶面中心 O 的轴线为坐标轴 X、Y，高度方向的坐标轴为 Z。

② 作轴测轴，在 X_1 轴上由原点 O_1 向两侧分别量取 $a/2$ 得到 1_1 和 4_1 两点。在 Y_1 轴上由 O_1 点向两侧分别量取 $b/2$ 得到 7_1 和 8_1 两点，如图 4-4(b) 所示。

③ 过 7_1 和 8_1 作 X_1 轴的平行线，并在其上量取 $6_18_1 = 8_15_1 = 2_17_1 = 7_13_1 = e/2$ 定出 2_1、

3_1、5_1、6_1 各点，最后连成顶面六边形，如图 4-4(c) 所示。

④ 由 6_1、1_1、2_1、3_1 各点向下作 O_1Z_1 轴的平行线段，使其长度为 H，得六棱柱可见的下底面上各端点，如图 4-4(d) 所示。

⑤ 用直线连接各点并描深，完成正六棱柱的正等轴测图，如图 4-4(e) 所示。

【例2】 作图 4-5(a) 所示立体的正等测。

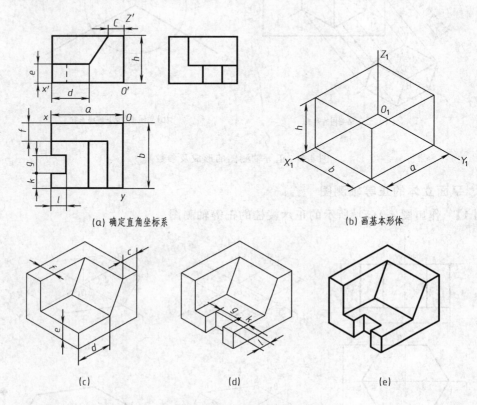

图 4-5　用截切法画立体的三视图

作图步骤

① 分析形体，确定直角坐标系。该形体是截切式组合体，其基本形体是长方体，以长方体的右后下方顶点为坐标原点，建立直角坐标系，如图 4-5(a) 所示。

② 作轴测轴，根据尺寸 a、b、h 作出长方体的正等测，如图 4-5(b) 所示。

③ 根据尺寸 c、d、e、f 画出被截切的楔形块部分，如图 4-5(c) 所示。

④ 按尺寸 g、k、l 画出矩形缺口部分，如图 4-5(d) 所示。

⑤ 整理并描深，完成全图，如图 4-5(e) 所示。

三、曲面立体的正等轴测图

1. 平行于坐标面的圆的正等轴测图

【例3】 作图 4-6(a) 所示水平圆的正等轴测图。

作图步骤

① 过圆心 O 作坐标轴 OX、OY 和外切正方形，如图 4-6(a) 所示。

② 作轴测轴 O_1X_1、O_1Y_1 和切点的轴测投影 1_1、2_1、3_1、4_1，过这些点作外切正方形轴测投影菱形，并作对角线，如图 4-6(b) 所示。

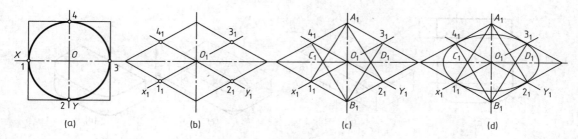

图 4-6 作圆的正等测

③ 过 1_1、2_1、3_1、4_1 点作各边的垂线，垂线的交点 A_1、B_1、C_1、D_1 为圆心，A_1、B_1 在短对角线上，C_1、D_1 在长对角线上，如图 4-6(c) 所示。

④ 以 A_1、B_1 为圆心，以 $A_1 1_1$ 为半径作弧 $1_1 2_1$、弧 $3_1 4_1$，以 C_1、D_1 为圆心，以 $C_1 1_1$ 为半径，作弧 $1_1 4_1$、弧 $2_1 3_1$，得近似椭圆，如图 4-6(d) 所示。

2. 圆柱的正等测

【例 4】 作图 4-7(a) 所示圆柱体的正等测。

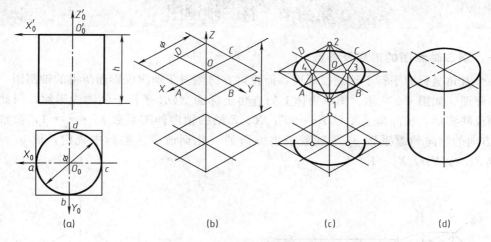

图 4-7 作圆柱的正等轴测图

作图步骤

① 确定直角坐标系，坐标原点位于上底面圆心处。作圆柱上底面圆的外切正方形，如图 4-7(a) 所示。

② 画轴测轴，作出上下底面圆的中心位置及外切正方形的轴测图，如图 4-7(b) 所示。

③ 画上底面圆的近似椭圆，将上底椭圆的三个圆心 2、3、4 沿 Z 轴向下平移圆柱高 h，作出下底椭圆，不可见的圆弧不必画出，如图 4-7(c) 所示。

④ 作两圆的公切线，整理，描深即可，如图 4-7(d) 所示。

3. 圆角的正等测

平行于坐标面的圆角，实际上是平行于坐标面的圆的一部分，其正等测图是椭圆中的一段圆弧，如图 4-7(a) 中 ab、bc 分别对应于图 4-7(c) 中 AB、BC 段椭圆弧。

作图步骤

① 画平板的正等轴测图，以圆角切线的交点为起点，沿切线分别量取 R 得切点 1、2 和 3、4，如图 4-8(b) 所示。

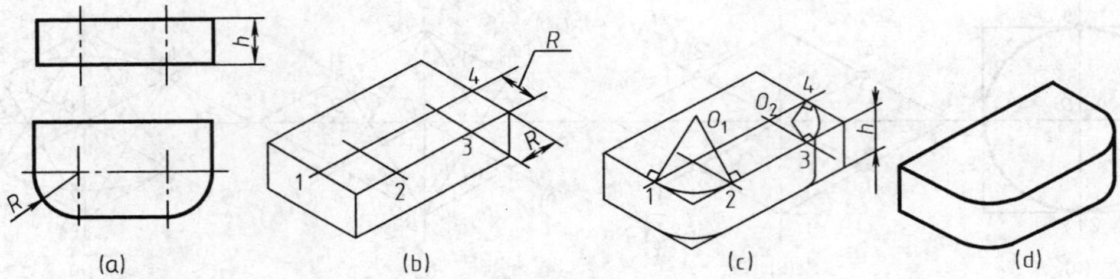

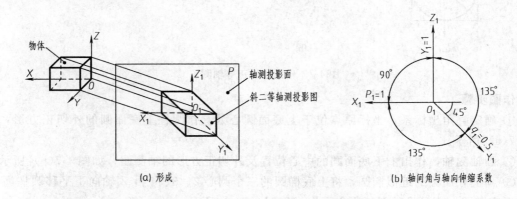

图 4-8 作圆角的正等测图

② 过切点 1、2 分别作相应棱线的垂线，相交于 O_1，以 O_1 为圆心，$O_1 1$ 为半径，作弧 12；将圆心 O_1 下移平板厚度 h，以相同的半径画圆弧。同理作出另一圆角的轴测图，如图 4-8(c) 所示。

③ 在平板右端作上、下圆弧的公切线，擦去多余的作图线，描深即可，如图 4-8(d) 所示。

第三节 斜二轴测图

一、斜二轴测图的形成及参数

一个直角坐标面平行于轴测投影面，而投射方向倾斜于轴测投影面所得的轴测图，称为斜二轴测图，如图 4-9 所示。图中物体上的直角坐标面 XOZ 平行于轴测投影面，因此在轴测图中反映实形，轴间角 $\angle X_1 O_1 Z_1 = 90°$；X、Z 轴的轴向伸缩系数 $p_1 = \gamma_1 = 1$，而轴测轴 $O_1 Y_1$ 方向的轴向伸缩系数 q_1 可随着投射方向的变化而改变。国标中规定，取 $q_1 = 0.5$，$\angle Y_1 O_1 Z_1 = \angle Y_1 O_1 X_1 = 135°$。

图 4-9 斜二轴测图的形成及轴间角与轴向伸缩系数

二、斜二轴测图的画法

在斜二轴测图中，物体上平行于坐标面 XOZ 的直线和平面图形都反映实长和实形。所以，当物体上有较多的圆或曲线平行于坐标面 XOZ 时，选用斜二轴测图作图比较方便。

【例 5】 作出图 4-10(a) 所示带孔圆台的斜二轴测图。

作图步骤

① 确定直角坐标系，以圆台后底面的圆心为坐标原点，如图 4-10(a) 所示。

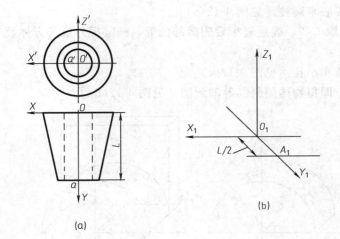

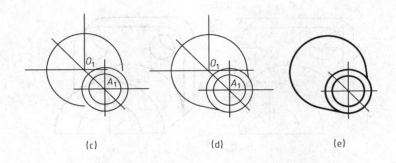

图 4-10　作带孔圆台的斜二等轴测图

② 作轴测轴，并在 O_1Y_1 轴上量取 $L/2$ 定出圆台前端面圆的圆心 A_1，如图 4-10（b）所示。

③ 画出前、后两个端面圆的斜二轴测图（仍为反映实形的圆），如图 4-10（c）所示。

④ 作两端面圆的公切线及前后孔口圆的可见部分，如图 4-10（d）所示。

⑤ 整理并描深，即得该圆台的斜二轴测图，如图 4-10（e）所示。

【**例 6**】　作出图 4-11 所示物体的斜二轴测图。

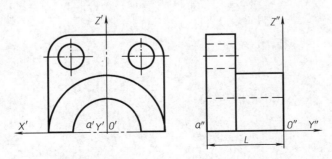

图 4-11　物体的两视图

作图步骤

① 确定直角坐标系，坐标原点为物体的最前、最下、左右对称点，如图 4-11 所示。

② 画轴测轴及实心半圆柱［见图 4-12(a)］。

③ 由 O_1 向后量取 $L/2$，确定竖板后侧面的位置，画竖板外形长方体及半圆柱槽［见图 4-12(b)］。

④ 画竖板的圆角和小孔［见图 4-12(c)］。

⑤ 整理并描深，即得物体的斜二等轴测图［见图 4-12(d)］。

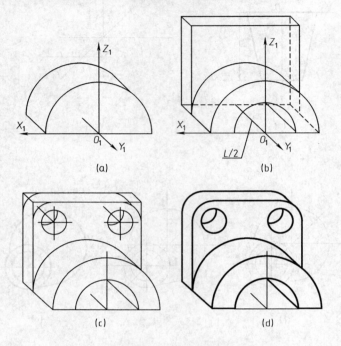

图 4-12　作物体的斜二等轴测图

第五章　截切体与相贯体

在生产实际中，许多零件是由基本几何体被截切或相贯而形成的，如传动轴上的十字形接头、管路连接中的三通管等，其结构如图 5-1 所示。本章主要讲述截切体与相贯体的作图。

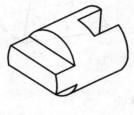

(a) 十字形接头

(b) 三通管

图 5-1　截切体与相贯体

第一节　截　切　体

立体被平面截切后的形体称为截切体，该平面称为截切面，平面与立体表面的交线称为截交线，截切后在立体上所得到的平面图形称为截断面，如图 5-2 所示。

一、截交线的性质

① 截交线是截平面与立体表面的共有线。截交线上的点既在截平面上，又在立体表面上。因此，求截交线的投影就是求截平面与立体表面上一系列共有点的投影。

② 截交线一般是由直线或曲线围成的封闭平面图形。

图 5-2　截切体

二、平面立体的截切

用平面截切平面立体，其截交线是一条封闭的平面折线。其截断面是一个平面多边形，多边形的边是截平面和立体表面的交线，顶点是截平面与立体棱的交点，如图 5-3 所示。因此，求平面立体的截交线，可归结为求两平面的交线或直线与平面的交点，然后依次连接各点。

【例 1】　求正四棱锥被一正垂面 P 截切后的三视图，如图 5-3 所示。

分析　因截平面 P 与四棱锥的四个侧面都相交，所以截交线为四边形，它的四个顶点为四棱锥的四条棱线与截平面的交点。由于截平面是正垂面，正垂面的正面投影有积聚性，因此截交线的投影在主视图中积聚在 p' 上，在俯视图和左视图中为类似形。

作图步骤

① 作出被截切前正四棱锥的俯视图和左视图。

② 根据截交线是截平面与立体表面的共有线，确定截交线的四个顶点 Ⅰ、Ⅱ、Ⅲ、Ⅳ

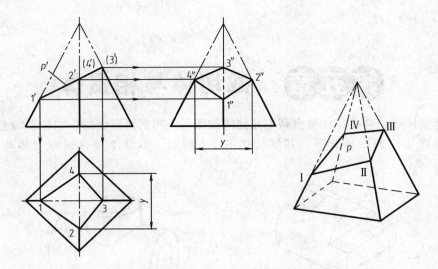

图 5-3　正四棱锥被截切

的正面投影，再按照直线上点的投影特性，作出各点的水平投影和侧面投影，依次连接各点的同面投影。

③ 根据棱线的截切情况，判定其可见性，描深即可。

【例2】　如图 5-4(a) 所示，已知五棱柱被截切的俯视图和左视图，补全其主视图。

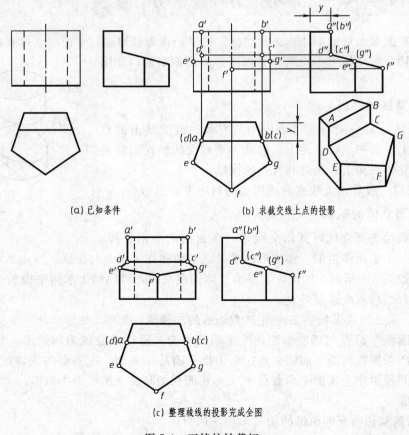

(a) 已知条件　　　　　(b) 求截交线上点的投影

(c) 整理棱线的投影完成全图

图 5-4　五棱柱被截切

分析　由图 5-4(a) 可知，图示为一个完整的正五棱柱被一个正平面和一个侧垂面截切，正平面与五棱柱的交线为矩形 *ABCD*，其水平投影与侧面投影积聚成已知直线，其正面投影反映实形。侧垂面与正五棱柱的三条棱线交于点 *E*、*F*、*G*，与四个棱面相交，并与正平面相交于 *CD*，其截交线为五边形 *CDEFG*，截交线的正面投影为类似形，其水平投影与棱柱表面的积聚性投影重合，故截交线的水平投影和侧面投影为已知。

作图步骤

① 由截交线 *ABCD* 的已知水平投影和侧面投影，求作其正面投影。

② 根据点在直线上的投影特性，作出侧垂面与五棱柱的棱线交点 *E*、*F*、*G* 的三面投影。如图 5-4(b) 所示。

③ 判断截交线的可见性，依次连接各点，如图 5-4(c) 所示。

④ 确定、整理正五棱柱的投影。*E*、*F*、*G* 所在的三条棱线，自 *E*、*F*、*G* 点以上部分被截切掉，其余部分存在并可见，另两条棱线的正面投影不可见，描图即可，如图 5-4(c) 所示。

三、曲面立体的截切

平面与曲面立体相交，其截交线一般为封闭的平面曲线或平面曲线与直线围成的平面图形，特殊情况为直线。截交线上的点既在截平面上，又在曲面立体的表面上。

求回转体截交线的方法和步骤是：

① 分析回转体的形状和截平面与回转体的相对位置，确定截交线的形状；

② 分析截平面与投影面的相对位置，明确截交线的投影特性，如积聚性，类似性等；

③ 画出截交线的投影，若截交线的投影形状为矩形、三角形或圆时，则比较容易画出；若其投影为椭圆等非圆曲线时，一般要先求出截交线上的特殊点（即最前、最后、最左、最右、最高、最低点以及转向轮廓线上的点），再求一些一般点，然后光滑连接，注意点可见性的判定。

1. 圆柱体的截切

根据截平面与圆柱体轴线的相对位置不同，圆柱体被平面截切所产生的截交线有矩形、圆和椭圆三种，见表 5-1。

表 5-1　圆柱体的截交线

截平面位置	垂直于轴线	平行于轴线	倾斜于轴线
截交线形状	圆	矩　形	椭　圆
轴测图		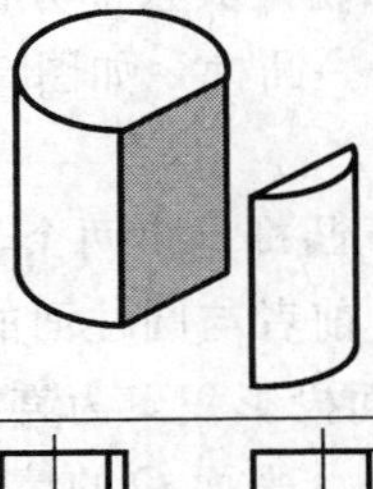	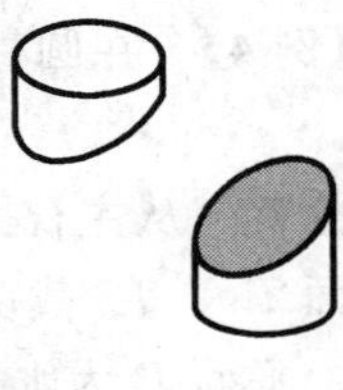
投影图	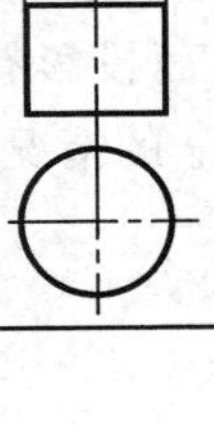	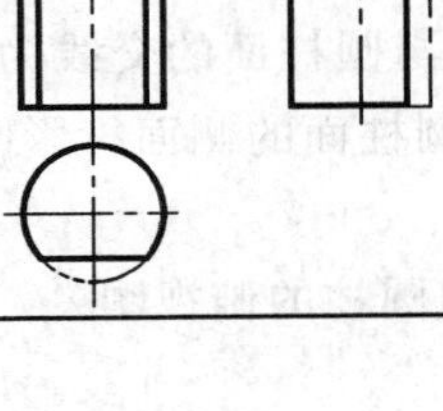	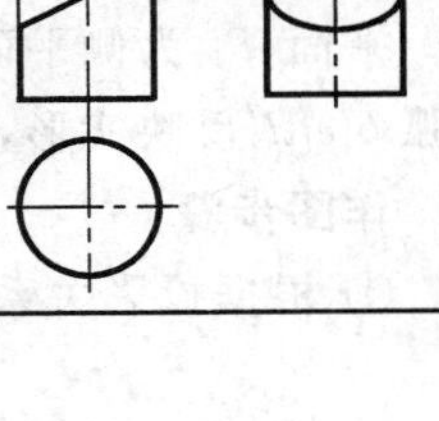

【例3】 求作图5-5(a) 所示圆柱被正垂面截切后的左视图。

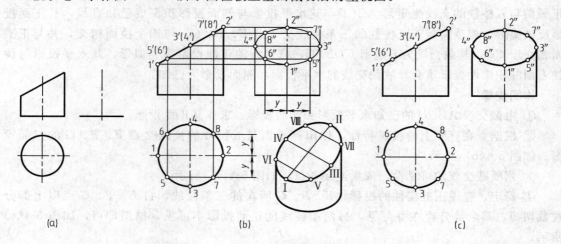

图 5-5　圆柱被斜截切

分析　由已知条件可知，圆柱被倾斜于轴线的平面所截，其截交线为椭圆。而截平面为正垂面，则截交线的正面投影在主视图上积聚为一段直线，与正垂面的投影重合；又因圆柱轴线为铅垂线，则其水平投影积聚在圆周上。截交线的侧面投影为一椭圆（但不反映实形）。椭圆的长、短轴相互垂直平分，长轴 Ⅰ Ⅱ 为正平线，短轴 Ⅲ Ⅳ 为正垂线。

作图步骤

① 画出完整圆柱的左视图。

② 求截交线的左视图，如图5-5(b) 所示。

求截交线上特殊位置点（主要是转向轮廓线上的点）的侧面投影。椭圆长轴的端点 Ⅰ、Ⅱ 分别位于圆柱的最左、最右素线上，椭圆短轴的端点 Ⅲ、Ⅳ 分别位于圆柱的最前、最后素线上，由截交线的已知投影确定出 $1'$、$2'$、1、2 和 $3'$、$4'$、3、4，根据点的投影特性作出其侧面投影。

求截交线上一般点的侧面投影。为使作图准确，还应在特殊位置点之间的适当位置取截交线上的若干个点。利用圆柱面上取点的方法确定一些一般点 Ⅴ、Ⅵ、Ⅶ、Ⅷ。

按截交线水平投影的顺序，平滑连接所求各点的侧面投影，得到截交线的左视图——椭圆。

③ 检查、加粗、描深，作图结果如图5-5(c) 所示。圆柱面的最前、最后素线的投影由下底到 $3''$、$4''$ 为止均可见，加粗，其余部分被截切。

【例4】 在圆柱面上铣出一凸榫，如图5-6 (a) 所示，已知其主视图和左视图，求作俯视图。

分析　从主视图可看出，凸榫是由两个与轴线平行的水平面 P、Q 和两个与轴线垂直的侧平面 T_1、T_2 截切形成的。前者与圆柱面的交线是四条直线，后者与圆柱面的交线是两段圆弧。平面 P 为水平面，正面投影积聚为直线，交线 AB 和 CD 的正面投影重合，侧面投影积聚在圆柱的侧面投影圆周上。平面 Q 的情况与 P 的相同，读者可自行分析。

平面 T_1 为侧平面，T_1 与圆柱面的交线为圆弧 BED，其正面投影有积聚性，侧面投影圆弧 $b''e''d''$ 反映实形，并与圆柱面的侧面投影圆周重合。平面 T_2 的情况与 T_1 相同。

作图步骤

① 根据投影关系，画出圆柱的俯视图。

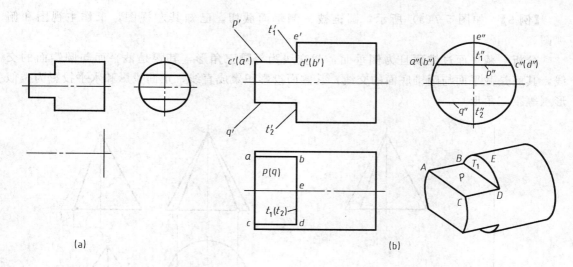

图 5-6　圆柱被多面截切

② 画出水平面 P 截切的交线 AB 和 CD 的三视图。

③ 根据侧平面 T_1 的正面投影 $b'e'd'$ 和侧面投影 $b''e''d''$，画出其水平投影 bed；由于该截切体是对称的，面 Q 和面 T_2 所形成的交线在俯视图中分别与面 P 和面 T_1 截切产生的交线重合。判定可见性，描深即可，如图 5-6（b）所示。

注意：俯视图中圆柱的轮廓线是完整的，因此，切平面 T 不应画到轮廓线处。

2. 圆锥体的截切

用平面截切圆锥体时，根据截平面的截切位置不同，其截交线有五种情况，见表 5-2。

表 5-2　圆锥体的截交线

截平面的位置	过锥顶	不过锥顶			
		垂直于轴线	平行于轴线	倾斜于轴线	
				倾角 $\theta = \alpha$	倾角 $\theta > \alpha$
截交线的形状	等腰三角形	圆	双曲线加直线段	抛物线加直线	椭圆
轴测图					
投影图					

【**例 5**】 如图 5-7（a）所示，圆锥被一侧垂面截切，已知其左视图，求作主视图和俯视图。

分析 截平面过锥顶且为侧垂面，截交线为等腰三角形，其腰是截平面与圆锥面的交线，其底是截平面与圆锥底面的交线，其侧面投影积聚成直线，正面投影和水平投影为类似形（等腰三角形）。

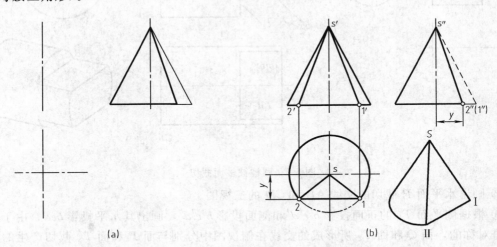

图 5-7 圆锥截交线为等腰三角形的画法

作图步骤

① 画出完整圆锥的主视图和俯视图。

② 求截交线的正面投影和水平投影。根据截交线两个端点Ⅰ、Ⅱ的侧面投影 $1''$、$2''$ 由俯左视图宽相等、前后对应求得水平投影 1、2，按投影规律求得正面投影 $1'$、$2'$。

③ 判别截交线投影的可见性，连接 $s1$、$s2$、$s'1'$、$s'2'$。检查、描深即可，如图 5-7（b）所示。

【**例 6**】 如图 5-8（a）、（b）所示，已知圆锥被正垂面斜截的主视图，补全其俯视图和左视图。

分析 如图 5-8（a）、（b）所示，被截圆锥体的轴线是铅垂线。因为截平面 P 与圆锥轴线的倾角 $\theta > \alpha$（圆锥母线与轴线的倾角），所以截交线为椭圆。由于截平面 P 是正垂面，则截交线的正面投影为直线，水平投影和侧面投影为椭圆，求出截交线上点的投影，光滑连接而成。

作图步骤

① 求特殊点。截交线的最低点 A 和最高点 B，也是截交线的最左点和最右点，是椭圆长轴的端点。它们的正面投影 a'、b'，可直接得出，其水平投影 a、b 和侧面投影 a''、b''，可根据其所在素线的从属关系求出。转向轮廓线上的点 K 和 L 是圆锥体最前、最后素线上的点，其正面投影 k'、l' 重影为一点，其侧面投影 k''、l'' 是由 k'、l' 向圆锥体侧面投影转向轮廓线进行投影求出，再根据点的两面投影求出其水平投影 k、l，如图 5-8（c）所示。

截交线最前点 C 和最后点 D 是椭圆短轴的端点。它们的正面投影 c'、d' 重影于 $a'b'$ 的中点处。过 C、D 点作辅助圆，辅助圆的正面投影为过 c'、d' 点与圆锥体轴线相垂直的直线，

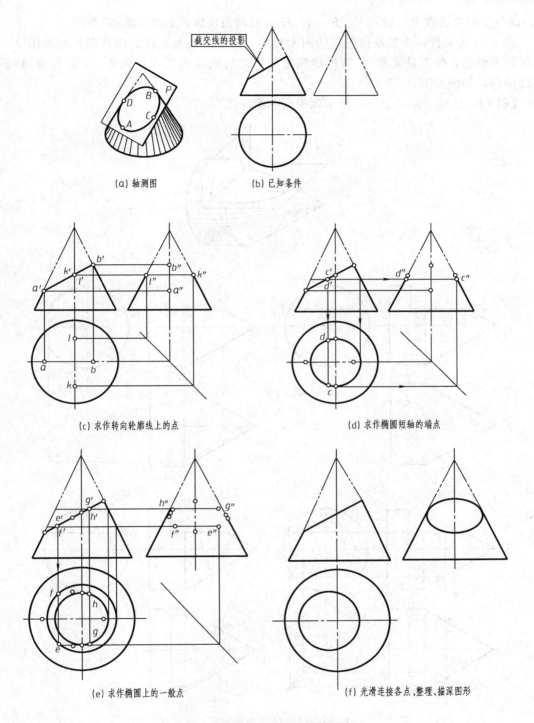

(a) 轴测图

(b) 已知条件

(c) 求作转向轮廓线上的点

(d) 求作椭圆短轴的端点

(e) 求作椭圆上的一般点

(f) 光滑连接各点，整理、描深图形

图 5-8 圆锥截交线为椭圆的画法

其长度是辅助圆的直径，辅助圆的水平投影为实形，由 c'、d' 分别投影到辅助圆水平投影的圆周上，得 C、D 点的水平投影 c、d，再由点的两面投影求出其侧面投影 c''、d''，如图 5-8 (d) 所示。

② 求一般点。在截交线正面投影的适当位置 $g'(h')$、$e'(f')$ 处作两个辅助圆，根据点

C、D 的作图方法求出一般点 E、F、G、H 的另两面投影，如图 5-8(e) 所示。

③ 判定可见性，光滑连接各点的同面投影，即可求出截交线的俯视图和左视图（一般情况仍为椭圆，但不是实形）。圆锥体侧面投影的转向轮廓线应画到 k''、l'' 并与椭圆相切，整理描深，如图 5-8(f) 所示。

【例 7】 求图 5-9(a)、(b) 所示顶尖头的俯视图。

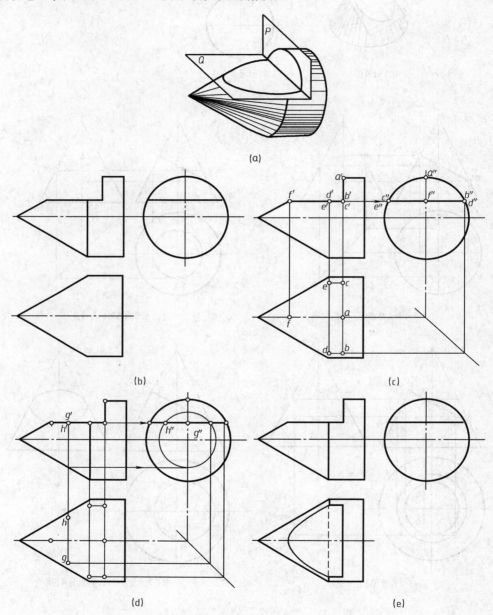

图 5-9 顶尖头的截交线

分析 如图 5-9(a)、(b) 所示，顶尖头是由同一轴线相连接的圆柱体和圆锥体被两个平面截切而成，其轴线为侧垂线。由于截平面 P 是侧平面，并与圆柱体轴线垂直截切部分圆柱体，因此与圆柱体的截交线为圆弧，其正面投影为直线，侧面投影为圆弧的实形。因为

截平面 Q 是水平面，并与圆柱体、圆锥体轴线平行截切，所以该截平面与圆柱体的截交线为开口矩形、与圆锥体的截交线为双曲线，它们的正面投影和侧面投影均为直线，水平投影反映实形。

作图步骤

① 求特殊点。截平面 P 与圆柱体的截交线为圆弧，其最高点 A 和前、后两端点 B、C 的正面投影 a'、b'、c' 和侧面投影 a''、b''、c'' 可直接得出。再由两面投影可求出其水平投影 a、b、c，圆弧的水平投影为直线。B、C 点也是截平面 Q 与圆柱体截交线右侧的两个端点，同时也是 P、Q 两个截平面交线的端点；左侧的两个端点的投影 d'、e' 和 d''、e'' 可直接得出，由两面投影可求出其水平投影 d、e。截平面 Q 截切圆锥体所得的截交线为双曲线，同理求出双曲线左侧的端点 F 的三面投影，如图 5-9(c) 所示。

② 求一般点。在双曲线正面投影的适当位置取一般点 $g'(h')$，过该点作侧平圆为辅助圆，辅助圆的正面投影为一直线且与圆锥体的轴线垂直，其侧面投影反映实形，该圆与双曲线侧面投影的交点为 g''、h''，由两面投影求出其水平投影 g、h，如图 5-9(d) 所示。

③ 光滑连接各点，即得双曲线的水平投影，整理、描深即可。图 5-9(e) 中的虚线为顶尖头下部圆柱面与圆锥面的交线。

3. 球体的截交线

用平面截切球体表面，截交线均为圆。圆的

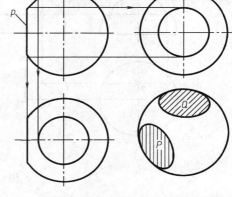

图 5-10　投影面的平行面截切球体的截交线

投影可以是直线、圆、椭圆三种情况。图 5-10 所示的球面与投影面平行面（水平面 Q 和侧平面 P）相交时，水平面 Q 的截交线为圆，该圆的正面投影和侧面投影积聚为直线，直线的长度等于圆的直径；水平投影为反映实形的圆。

【例 8】　如图 5-11 所示，完成截切半球体的主视图和俯视图。

分析　如图 5-11(a)、(b) 所示，半圆球被 P、Q 两平面所截。因为截平面 P 是正平面，所以截交线的正面投影是圆的一部分，水平投影为直线；截平面 Q 是水平面，则截交线的水平投影是圆的一部分，其正面投影为直线。

作图步骤

① 求作截平面 P 截切球体的截交线。截平面 P 截切半球得截交线为一段圆弧，圆弧直径的端点为 A，另两个端点为 B、C，其侧面投影积聚为直线可直接求出，根据点、线从属关系作图。过 a'' 作水平线与主视图中球体轴线的交点为 a'。以球心为圆心，球心到 a' 的距离为半径作圆弧与 b'、c' 的投影连线交于 b'、c'，根据视图间的对应关系作出其水平投影 a、b、c，如图 5-11(c) 所示。

② 求作截平面 Q 截切球体的截交线。截平面 Q 截切半圆球得截交线为一段圆弧，圆弧直径的端点为 D，另两个端点为 B、C，最左、最右点为 E、F，其侧面投影可直接求出。根据点、线从属关系求出 d，过点 d 作圆弧与 b、c 相交，其正面投影 d'、b'、c' 为直线，如图 5-11(d) 所示。

③ 判定可见性，描深即可，如图 5-11(d) 所示。

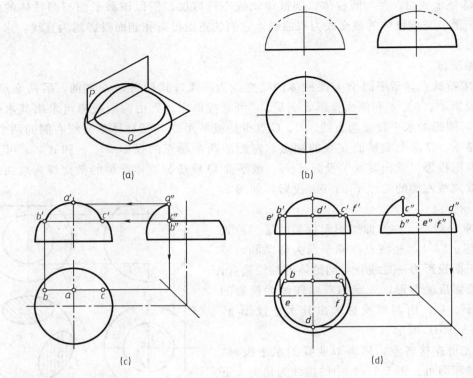

图 5-11　半球截切

四、求截交线时应注意的问题

① 几个平面同时截切同一形体时应注意截交线的组合。

② 注意可见性的判定。

第二节　相　贯　体

　　相交的两立体称为相贯体，两立体的表面相交产生的交线称为相贯线。本节主要介绍轴线垂直相交的两回转体表面相贯线的画法。

一、相贯线的性质

　　① 相贯线一般是闭合的空间曲线，特殊情况下可能是平面曲线或直线，如图 5-12 所示。

相贯线

图 5-12　相贯线

　　② 相贯线是两曲面立体表面的共有线，相贯线上的点是两立体表面的共有点。求作相贯线实质上就是求作两立体表面的一系列共有点。

　　常用的作图方法有两种：表面取点法和辅助平面法。这里主要介绍表面取点法。

二、表面取点法

　　表面取点法适用于两相交曲面立体中，最少一个立体的某个投影具有积聚性时相贯线的作图。

1. 作图步骤

① 求作特殊点，即最左点、最右点、最前点、最后点，最上点、最下点及转向轮廓线上的点。

② 求作一般点。利用点的投影规律及点在线上的投影特性作图。

③ 判定可见性，将各点的同面投影光滑连接。

【例9】 如图 5-13(a) 所示，两圆柱轴线垂直相交，求作其相贯线。

分析 由于两个直径不同的圆柱体轴线垂直相交，相贯线为封闭的、前后、上下对称的空间曲线。小圆柱体轴线为侧垂线，侧面投影具有积聚性，大圆柱的轴线为铅垂线，水平投影具有积聚性，因此，相贯线的水平投影与大圆柱面的水平投影圆重合，侧面投影与小圆柱面的侧面投影圆重合。只要求出相贯线的正面投影即可。

作图步骤

① 求作特殊点。根据相贯线的最左、最右、最前、最后点的水平投影 1、2、3、4 和侧面投影 1″、2″、3″、4″，由点的投影规律求得正面投影 1′、2′、3′、4′，如图 5-13(a) 所示。

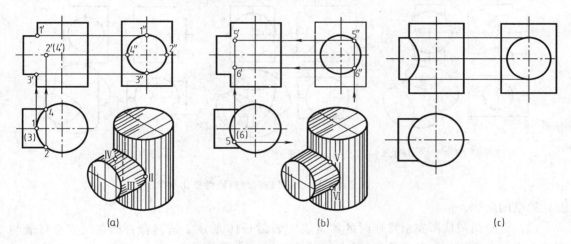

图 5-13　两圆柱垂直相交时的相贯线

② 作一般点。根据需要作出适当数量的一般点，如图 5-13(b) 所示，先在相贯线的已知投影如水平投影中取重影点 5(6)，根据"宽相等"求出侧面投影 5″、6″，再作出 5′、6′。

③ 判别可见性，顺次光滑连接各点。根据具有积聚性投影的顺序，依次光滑连接各点的正面投影，由于相贯线前后对称，因此，其正面投影虚实线重合，如图 5-13(c) 所示。

2. 两圆柱轴线正交时相贯线的近似画法

两圆柱轴线正交时相贯线的近似画法如图 5-14 所示。

3. 两圆柱垂直相交时，相贯线随直径变化的规律

(1) 正交两圆柱完全贯通时相贯线随直径变化的情况　如图 5-15 所示，其规律如下。

① 直径不相等的两圆柱正交相贯，相贯线在平行于两圆柱轴线的投影面上的投影是双曲线，曲线的弯曲趋势总是凸向大圆柱轴线。

② 直径相等的两圆柱正交相贯时，其相贯线为两条平面曲线——椭圆，在平行于两圆柱轴线的投影面上相贯线的投影为相交两直线。

③ 当一个圆柱（如横放圆柱）的直径保持不变，改变另一个圆柱（如竖放圆柱）直径的大小，相贯线的形状在逐渐变化，相贯线由空间曲线变为平面曲线，再变为方向位置均有

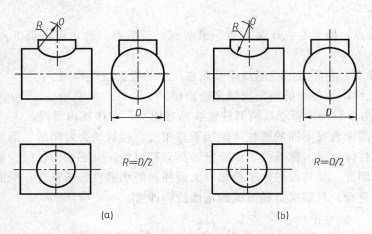

图 5-14 两圆柱轴线垂直相交时相贯线的近似画法

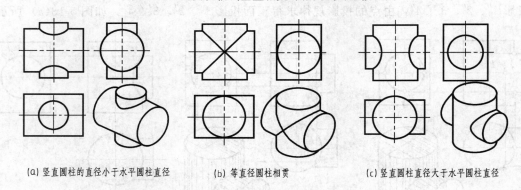

(a) 竖直圆柱的直径小于水平圆柱直径　　(b) 等直径圆柱相贯　　(c) 竖直圆柱直径大于水平圆柱直径

图 5-15 正交两圆柱完全贯通时相贯线的变化规律

变化的空间曲线。

（2）正交两圆柱不完全贯通时的相贯线 如图 5-16 所示。请读者自己总结完全贯通与不完全贯通情况下，相贯线的相同与不同之处。

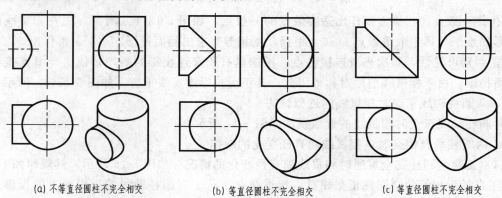

(a) 不等直径圆柱不完全相交　　(b) 等直径圆柱不完全相交　　(c) 等直径圆柱不完全相交

图 5-16 正交圆柱不完全贯通时的相贯线

4. 圆柱上穿孔及孔孔相贯时的相贯线

求作圆柱上穿孔及孔孔相贯时相贯线的方法与圆柱正交相贯一样，但是，不可见孔的轮廓线的投影只能画到共有点，如图 5-17 所示。

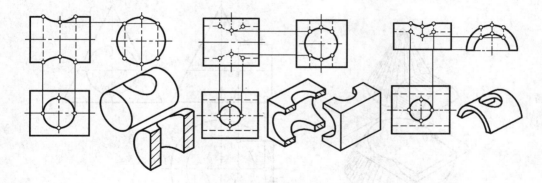

图 5-17　圆柱上穿孔及孔孔相贯时的相贯线

三、辅助平面法

用与两个曲面立体都相交的辅助平面截切两立体，则两组截交线的交点就是辅助平面和两立体表面的共有点，即相贯线上的点，该方法也称为三面共点法。

该方法适用于两相交曲面立体的投影没有积聚性时相贯线的作图。

注意的问题：

① 辅助平面的选取。应选用特殊位置的平面作为辅助平面，而且所选辅助平面截切两曲面立体的截交线的投影最为简单。

② 相贯线可见性的判定。只有同时位于两立体可见面上的点，其投影才是可见的。

【例 10】　求作圆柱体与圆锥体正交相贯时相贯线的正面投影和水平投影，如图 5-18（a）所示。

分析　如图 5-18（a）、（b）所示，圆柱体在圆锥体的左侧与圆锥体相交，且轴线互相垂直。圆柱体的轴线是侧垂线，圆锥体的轴线是铅垂线，相贯线的侧面投影积聚在圆柱体侧面投影的圆周上。用辅助水平面 P 截切圆柱体和圆锥体时，辅助水平面与圆柱体的交线为矩形，与圆锥体的交线为圆，且其水平投影均为交线的实形，因此，可用辅助水平面求出相贯线上各点的水平投影和正面投影。

作图步骤

① 求特殊点。由于圆柱体和圆锥体的正面投影转向轮廓线是在同一平面上，因此，它们的交点 a'、b'，是相贯线最高点 A 和最低点 B 的正面投影，其水平投影 a、b 和侧面投影 a''、b'' 可由点、线的从属关系求出。

过圆柱体的最前、最后素线作辅助水平面，该辅助平面的正面投影和侧面投影均积聚为直线，且与圆柱体轴线重合，则辅助平面与圆柱体、圆锥体交线的正面投影和侧面投影也必重影于辅助平面的投影上。辅助平面与圆柱体交线的水平投影为圆柱体水平投影的轮廓线、与圆锥体交线的水平投影是圆，两交线水平投影的交点 c、d 就是相贯线上最前点 C 和最后点 D 的水平投影，也是相贯线水平投影可见与不可见的分界点。将 c、d 分别投影在交线的正面投影和侧面投影上，即得其正面投影 c'、d' 和侧面投影 c''、d''，如图 5-18（b）所示。

② 求一般点。在主视图中，圆柱体上、下对称面的两侧作两个对称的辅助水平面。两个辅助水平面与圆柱体、圆锥体交线的正面投影和侧面投影均为直线。两个辅助水平面与圆柱体的交线为相同的两个矩形，它们的水平投影相重合；与圆锥体的交线为两个直径不等的圆，矩形与两个圆的交点分别为 e、f、g、h，即为相贯线上一般点的水平投影。将 e、f、

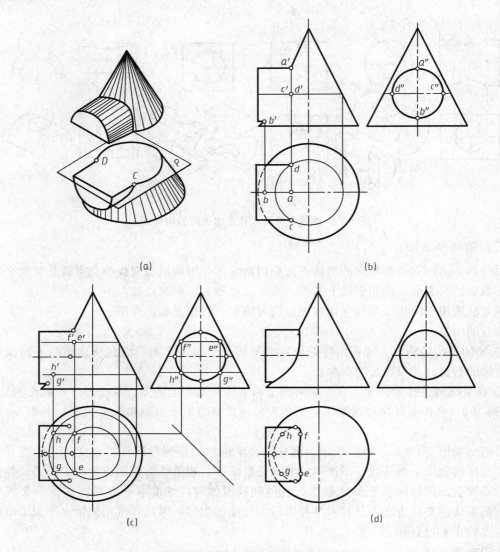

图 5-18　圆柱与圆锥相交时的相贯线

g、h 分别投影在交线的正面投影和侧面投影上，得其正面投影 e'、f'、g'、h'，及侧面投影 e''、f''、g''、h''，如图 5-18(c) 所示。

③ 判别可见性，光滑连接相贯线。顺次连接正面投影各点，得相贯线的正面投影，其可见部分与不可见部分重合。圆柱体水平投影转向轮廓线上的点 c、d 及其以上各点 c、e、a、f、d 连得的相贯线是可见的；c、d 以下各点 c、g、b、h、d 连得的相贯线是不可见的。圆柱体水平投影的转向轮廓线应画到 c、d 两点，圆锥体底圆被圆柱体遮挡部分不可见，如图 5-18(d) 所示。

四、相贯线的特殊情况

1. 两回转体共轴线相贯

两回转体共轴线相贯，其相贯线是垂直于轴线的圆，交线圆在轴线垂直的投影面上的投影反映实形，在轴线平行的投影面上的投影是连接两相交立体转向轮廓线投影交点的一段直线，如图 5-19 所示。

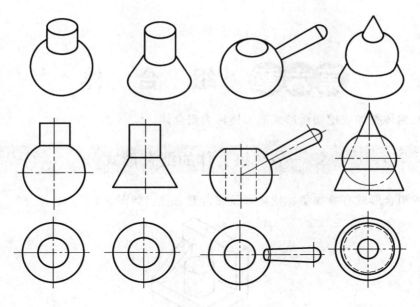

图 5-19 同轴回转体相贯

2. 两轴线平行的圆柱和共顶圆锥相贯

两轴线平行的圆柱相贯，其相贯线是平行于轴线的直线。两共顶圆锥相贯，其相贯线是过锥顶的直线。如图 5-20 所示。

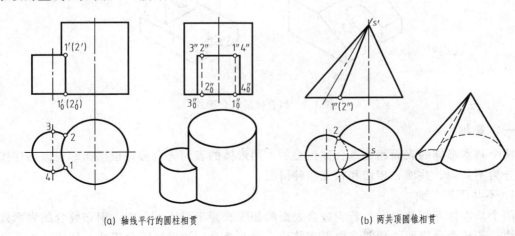

(a) 轴线平行的圆柱相贯　　　　　　　　(b) 两共顶圆锥相贯

图 5-20 两轴线平行的圆柱和共顶圆锥相贯的相贯线

3. 两等直径圆柱正交相贯

两等直径圆柱正交相贯的相贯线是两个椭圆，属于平面曲线，如图 5-15(b) 所示。

第六章 组合体

由基本几何体叠加或挖切而形成的形体称为组合体。

第一节 组合体的组合形式

组合体的组合形式有叠加型、挖切型及综合型三种。如图 6-1 所示。

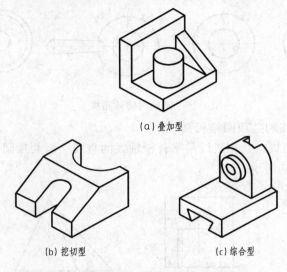

(a) 叠加型

(b) 挖切型   (c) 综合型

图 6-1 组合体的组合形式

一、叠加

两个基本形体的表面相互重合称为叠加。两形体的表面叠合后，根据相邻表面的连接关系可分为不共面、共面、相切和相交四种情况。

1. 不共面和共面

两个基本体互相叠加时，若相叠合表面的相邻表面不平齐不共面，则在叠合的表面处有分界线；若相叠合表面的相邻表面平齐共面，则在叠合的表面处无分界线，如图 6-2 所示。

2. 相切

相切是指两个基本体的相邻表面（平面与曲面或曲面与曲面）光滑过渡。相切处没有轮廓线，如图 6-3 所示。

3. 相交

两基本体的表面相交，产生交线（相贯线），在视图中应画出交线的投影，如图 6-4 所示。

二、挖切

基本体被平面或曲面截切、挖孔时，会产生各种交线，在视图中应画出这些交线（如截交线或相贯线）的投影，如图 6-5 所示。

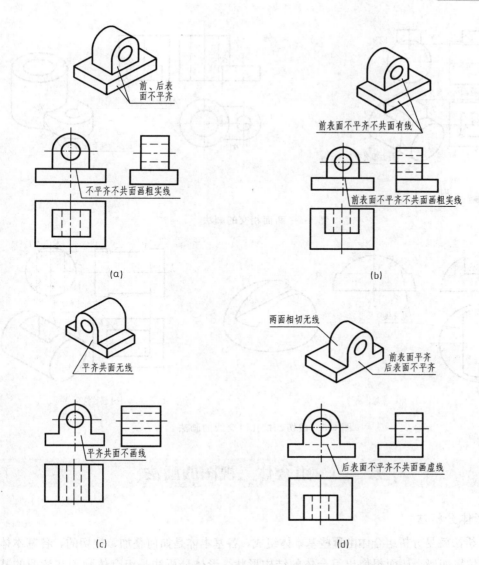

图 6-2　不共面、共面的画法

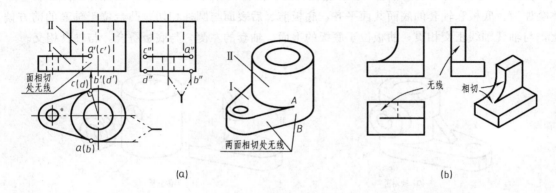

图 6-3　两面相切的画法

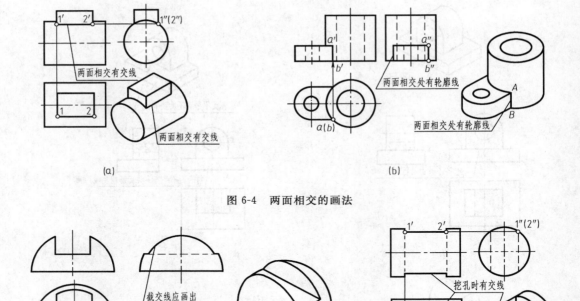

图 6-4　两面相交的画法

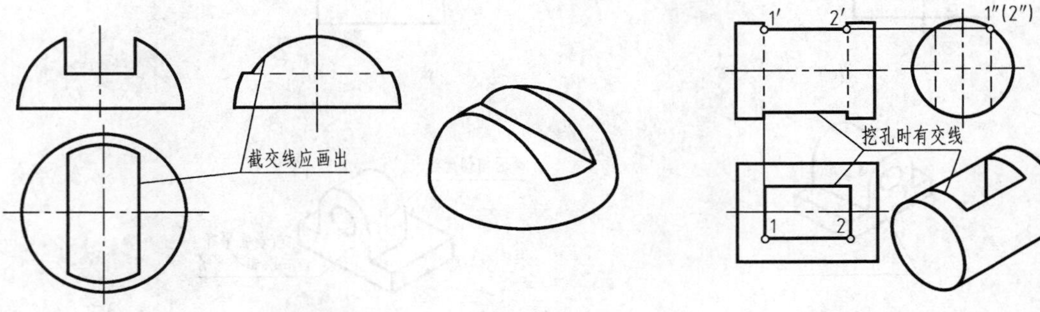

(a) 半球体截切　　　　　　　　(b) 圆柱挖孔

图 6-5　截切、挖孔时交线的画法

第二节　组合体三视图的画法

一、形体分析法

形体分析法就是分析组合体由哪些基本体组成，各基本体是如何叠加、挖切的，各基本体在组合体中的位置如何，从而想像出组合体的结构形状。形体分析法是组合体画图和读图的基本方法。

如图 6-6 所示的支座由轴套（Ⅰ）、底板（Ⅱ）、凸台（Ⅲ）、肋板（Ⅳ）四部分组成。各基本体叠加后，底板和轴套的底面共面平齐，底板前、后表面与圆柱相切；凸台位于轴套的前方偏上，与轴套轴线正交相贯；肋板位于底板的上面、轴套的左侧，与底板叠合，与轴套相交。

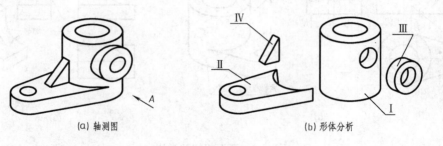

(a) 轴测图　　　　　　　　　　(b) 形体分析

图 6-6　支座

二、画组合体三视图的方法与步骤

1. 叠加式组合体

以图 6-6 所示的支座为例，说明叠加式组合体视图的画法。

（1）形体分析　见本节一。

（2）视图选择　视图选择包括选择组合体的安放位置、主视图的投影方向和确定视图数量。

① 安放位置的选择。组合体的安放位置一般按工作位置或主要加工位置来确定。按工作位置画图，便于根据图纸指导安装和检修；按主要加工位置画图，便于根据图纸加工零件。如图 6-6 所示的支座是按工作位置放置的，轴类零件一般按主要加工位置（轴线水平放置）来画图。

② 选择主视图的投射方向。在组合体的视图中，通常要求主视图最能反映物体的结构、形体特征及各组成部分的相互关系，并且还要便于读图和画图。如图 6-6(a) 中沿 A 向投射作为主视图的投影方向。

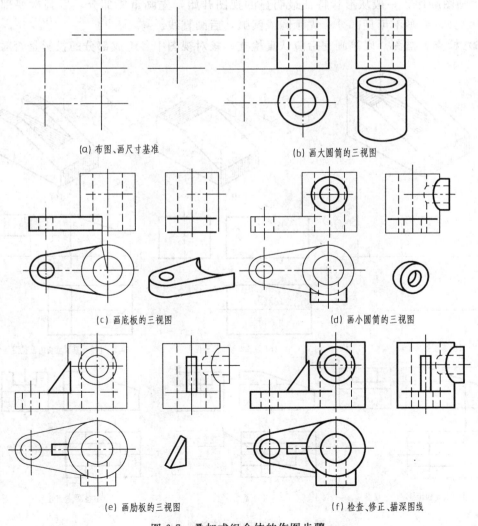

(a) 布图、画尺寸基准　　　　　(b) 画大圆筒的三视图

(c) 画底板的三视图　　　　　(d) 画小圆筒的三视图

(e) 画肋板的三视图　　　　　(f) 检查、修正、描深图线

图 6-7　叠加式组合体的作图步骤

③ 确定视图数量。在完整、清晰表达组合体形状的前提下，其视图数量越少越好。图 6-7 中用三个视图表示支座的结构形状。

（3）选比例，定图幅　根据实物的大小及其结构的复杂程度，选定作图比例。然后根据组合体的实际尺寸和作图比例，计算每个视图所占面积，再留出标注尺寸、标题栏的位置、适当的边距，从而确定图纸幅面。

（4）布图　分析组合体的结构，确定长、宽、高三个方向上的尺寸基准。布图时，以底板的下底面为高度方向尺寸基准，轴套的轴线为长度方向尺寸基准，形体前后对称面为宽度方向尺寸基准，将视图均匀地布置在幅面上，视图间应有足够位置，以便于标注尺寸，如图 6-7（a）所示。

（5）绘制底稿　如图 6-7（b）～（e）所示，为了快速正确地画出组合体的三视图，画底稿时应注意以下问题。

① 利用三视图的投影特性，几个视图配合着画。这样，既可提高绘图速度，又能避免多线、漏线。不要先把一个视图画完，再画另一个视图。

② 画图顺序，一般从形状特征最明显的视图开始，先画重要部分，后画次要部分；先画可见部分，后画不可见部分；先画圆或圆弧，后画直线。

（6）检查、描深　底稿画完后应认真检查。核对视图中各组成部分的投影是否对应；分

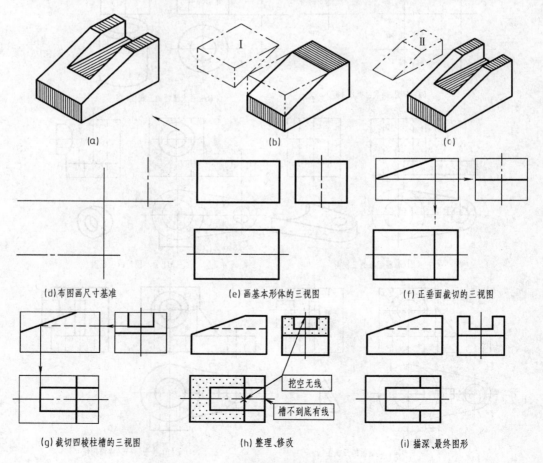

图 6-8　挖切式组合体的视图画法

析相邻两形体衔接处的画法有无错误，是否多线、漏线；检查修正，整理图面，按规定线型加深，完成全图。如图 6-7(f) 所示。

2. 挖切式组合体

以图 6-8(a) 所示组合体为例，说明挖切式组合体视图的画法。

(1) 形体分析　分析组合体的基本形体是什么，经过哪些挖切，各挖切掉什么样的形体。如图 6-8 所示，该组合体的基本形体是四棱柱体，用正垂面截切掉一个三棱柱，又用一个水平面和两个正平面截切掉一个四棱柱。

(2) 视图选择　以不同的方向投射物体，将所得图形对比可知，以图 6-8(a) 中箭头所指方向为主视图的投影方向，所得图形最能反映物体的形状特征。

(3) 作图步骤　如图 6-8 所示。

注意：作每个截面的投影时，应先从具有积聚性的投影开始，并充分利用截面投影的类似性作图。

第三节　组合体视图的尺寸标注

组合体尺寸标注的基本要求是：完整、正确、清晰。完整是指尺寸标注要齐全，不遗漏，不重复；正确是指尺寸标注要符合国家标准的规定；清晰是指尺寸的配置要恰当，便于看图。

一、基本几何体的尺寸标注

基本几何体的大小都是由长、宽、高三个方向的尺寸确定的，通过标注尺寸可以减少视图的数量，从而简化作图。常见基本几何体的尺寸标注如图 6-9 所示。

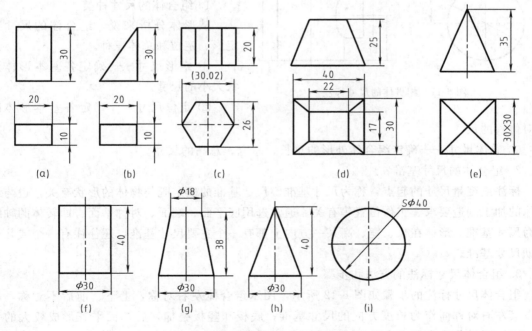

图 6-9　基本形体的尺寸标注

二、截切体、相贯体的尺寸标注

截切体的尺寸标注，既要标注基本几何体的尺寸，又要标注截平面的位置尺寸，但截交线的大小尺寸不用标注，因为截平面与几何体的相对位置确定之后，截交线的形状与大小就确定了。如图 6-10 所示，图中打"×"的尺寸不用标注。

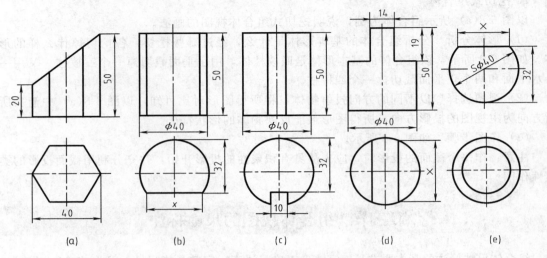

图 6-10　截切体的尺寸标注

两形体相交后相贯线自然形成，因此，相贯体的尺寸标注，除了标注两形体的基本尺寸及相对位置尺寸外，不应在相贯线上标注尺寸，如图 6-11 所示。

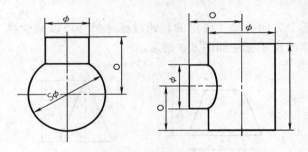

图 6-11　相贯体的尺寸标注

三、组合体的尺寸标注

1. 组合体的尺寸种类

从形体分析来说，组合体的尺寸有定形、定位和总体三种。

① 定形尺寸——确定各基本形体形状大小的尺寸。

② 定位尺寸——确定各基本形体间相对位置的尺寸。

③ 总体尺寸——确定组合体外形的总长、总宽、总高的尺寸。

2. 组合体的尺寸基准

标注或度量尺寸的起点，称为尺寸基准。尺寸基准的确定既与物体的形状有关，也与该物体的加工制造要求、工作位置等有关。通常选用底平面、端面、对称平面、回转体的轴线作为尺寸基准。形体在长、宽、高某一方向上都有一个主要尺寸基准，还往往有一个或几个辅助尺寸基准。

3. 组合体尺寸标注的方法和步骤

组合体尺寸标注的步骤如图 6-12 所示，图示组合体左右对称，上下、前后不对称，故可以其左右对称面作为长度方向的尺寸基准；底板和竖板叠加，后端面平齐形成较大的平面，以该平面作为宽度方向的尺寸基准；底板的底平面为高度方向的主要尺寸基准。

四、尺寸标注的注意事项

① 标注尺寸必须在形体分析的基础上，按分解的各组成形体定形和定位，切忌片面地

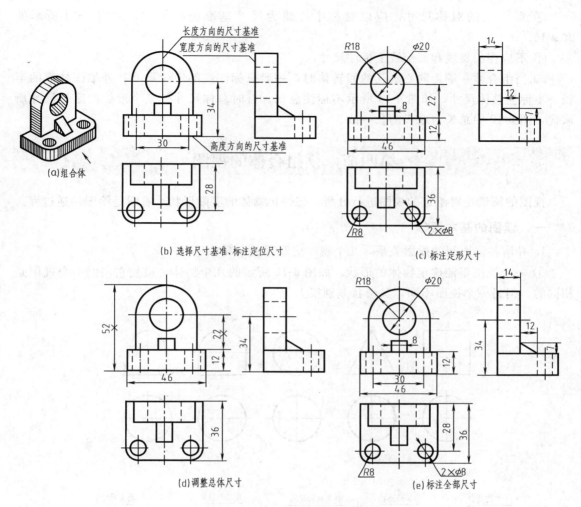

图 6-12　组合体尺寸标注的步骤

按视图中的线框或线条来标注尺寸，如图 6-13 所示。

　　② 尺寸应标注在表示该形体特征最明显的视图上，并尽量避免在虚线上标注尺寸。同一形体的尺寸应尽量集中标注，如图 6-12 中底板的尺寸集中标注在俯视图上。

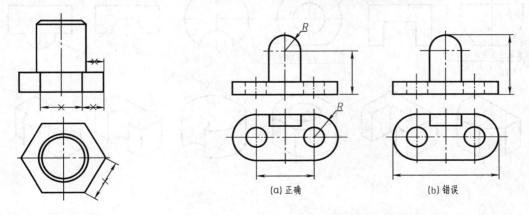

图 6-13　错误的尺寸注法　　　　　　　　图 6-14　轮廓为曲面时总体尺寸标注

③ 形体上的对称尺寸，应以对称中心线为尺寸基准进行标注，如图 6-12 所示的 30、46。

④ 不应在相贯线和截交线上标注尺寸。

⑤ 当组合体一端为同心圆孔的回转体时，一般只标注孔的定位尺寸和外端圆柱面的半径，不标注总体尺寸，如图 6-14 所示不标注总长。有时总体尺寸被某个形体的定形尺寸所取代，图 6-12 中总长与底板的长一致。

第四节　读组合体的视图

视图的阅读是对给定的视图进行分析，想像出物体的实际形状，看图是绘图的逆过程。

一、读图的基本要领

1. 弄清各视图间的投影关系，几个视图应联系起来看

① 一个视图不能确定物体的形状。如图 6-15 所示的几个物体，虽然它们的一个视图是相同的，但另一个视图不同，其形状差别很大。

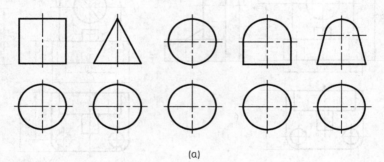

(a)

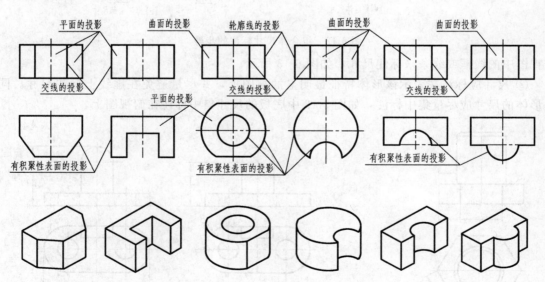

(b)

图 6-15　一个视图不能唯一确定物体的形状

② 有时两个视图也不能确定物体的形状。如图 6-16 所示的物体，虽然主、俯视图均相同，由于左视图不同，它们的形状同样是各不相同的。因此，在读图时应把几个视图联系起来看，才能想像出物体的正确形状。

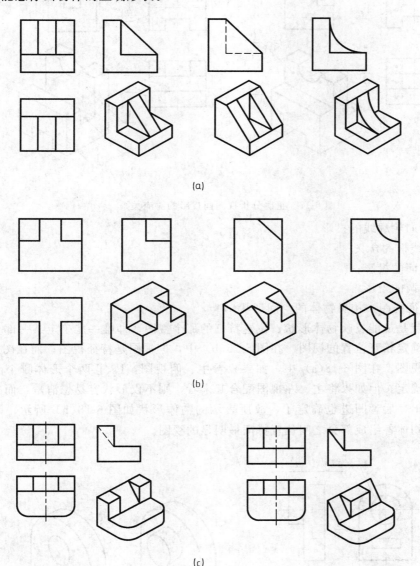

(a)

(b)

(c)

图 6-16　两个视图不能唯一确定物体的形状

③ 当一个物体由若干个单一形体组成时，还应根据投影关系准确地确定各部分在每个视图中的对应位置，然后几个投影联系起来想像，才能得出与实际相符的形状，如图 6-17 (a) 所示，否则结果将与真实形状大相径庭，如图 6-17(b) 所示。

2. 认清视图中线条和线框的含义 [如图 6-15(b) 所示]

(1) 视图中的线条（实线或虚线，直线或曲线）含义

① 表示物体上具有积聚性的平面或曲面；

② 表示物体上两个表面的交线；

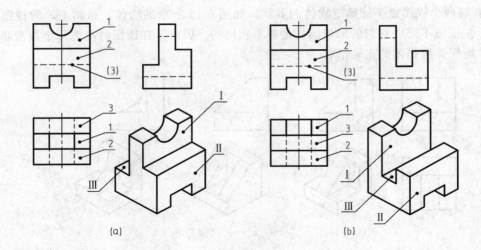

图 6-17   正确分析视图间投影的对应关系

③ 曲面转向轮廓线的投影。

（2）封闭线框的含义

① 物体上面的投影；

② 一个孔洞的投影。

3. 捕捉特征视图，构思物体的空间形状

特征视图就是最能反映物体形状、位置特征的那个视图，即唯一能确定某一部分的形状特征或唯一能确定相互位置的视图。在图 6-15（b）中，俯视图是特征视图；而在图 6-16 中，左视图是特征视图。在图 6-18（a）中，如果只看主、俯视图，Ⅰ、Ⅱ 两个形体哪个凸出？哪个凹进？无法确定。但如果将主、左视图配合起来看，则不仅形状容易想清楚，而且 Ⅰ、Ⅱ 两形体前者凸出，后者凹进也确定了，故所表示的物体形状如图 6-18（b）所示，因此，左视图是反映该物体各组成部分之间位置特征最明显的视图。

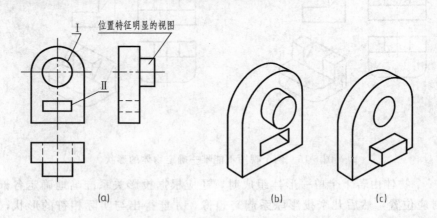

图 6-18   位置特征明显的视图

4. 读图需要注意的问题

① 熟悉并借用截交线、相贯线的投影及邻接表面过渡关系的表示法来读图。

② 利用直尺、分规按投影规律迅速准确地确定投影的对应关系，以便于想像形状。

③ 对重合部分的投影，要根据其他投影，分清层次，搞清位置，分辨虚实。

二、读图的方法和步骤

1. 形体分析法

形体分析法是画图和标注尺寸的基本方法，也是读图的主要方法。形体分析法用于叠加式或复合式组合体的读图。运用该方法读图，关键在于掌握分解复杂图形的方法。只有将复杂的图形分解出几个简单图形来，通过对简单图形的识读并加以综合，才能达到较快读懂复杂图形的目的。现以图 6-19 的轴承座为例说明读图的步骤。

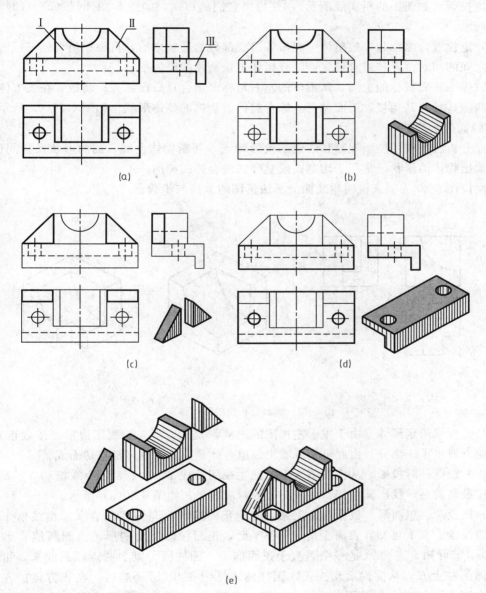

图 6-19　形体分析法的读图步骤

（1）形体分析，分线框　一般主视图最能反映物体的形状特征和相对位置，但并非所有组合体的形状特征均在主视图中反映出来，因此，在分部分时，无论哪个视图（一般以主视图为主），只要形状、位置特征有明显之处，就应从该视图入手，这样就能较快地将其分解成若干个组成部分。

如图 6-19(a) 所示，通过形体分析可知，主视图较明显的反映出Ⅰ、Ⅱ形体的特征，而左视图则较明显的反映出形体Ⅲ的特征，因此，该轴承座大体可分为三部分。

（2）对投影，想形状　依据"三视图投影"规律，从反映特征部分的线框（一般表示该部分形体）出发，分别在其他两视图上对准投影，并想像出它们的形状。

形体Ⅰ、Ⅱ从主视图、形体Ⅲ从左视图出发，依据"三等"规律，分别在其他两视图上找出对应投影（如图中的粗实线所示），并想出它们的形状，如图 6-19(b)、(c)、(d) 中的轴测图所示。

（3）定位置，综合起来想整体　想出各组成部分的形状之后，再根据组合体三视图，分析它们之间的相对位置和组合形式，综合想像出该物体的整体形状。

长方体Ⅰ在底板Ⅲ的上面，两形体的左右对称面重合且后面靠齐；肋板Ⅱ在长方体Ⅰ的左、右两侧，且与其相接，后面靠齐。综合想像出物体的整体形状，如图 6-19(e) 所示。

2. 线面分析法

线面分析法是利用投影规律和线面的投影特点，判断物体上线、面的形状及空间位置，从而想像出物体的形状。常用于切割式或复合式组合体的读图。

下面以图 6-20 为例来说明用线面分析法读图的方法与步骤。

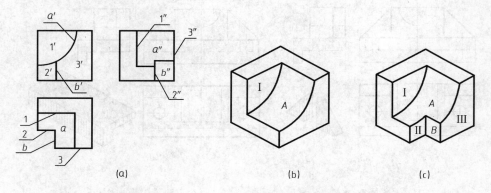

图 6-20　线面分析法的读图步骤

（1）分析视图定形体　由于主、左视图的边框都是正方形，俯视图边框也接近正方形，只在左前方缺少了一部分，由此可初步看出该组合体是由一正方体经挖切而成。

（2）分线框、对投影　从主视图入手，把主视图分成 1′、2′、3′ 三个线框和 a′、b′ 两线段，并按投影关系，找出其在俯、左视图上的对应投影，如图 6-20(a) 所示。

（3）按投影、想面形　根据投影关系，确定出对应线框与线段的含义。由线框 1′ 及其所对应的线段 1 和 1″ 可知，表面Ⅰ是一个正平面，正面投影反映实形；由圆弧线 a′ 和对应的线框 a、a″ 可知，表面 A 是一个垂直于正面的 1/4 圆柱面。以上两点联系起来，可得出在正方体的左上方、从前向后切去 1/4 圆柱体，见图 6-20(b)。然后，在正方体的左前方又用一个正平面和一个侧平面截去一四棱柱，见图 6-20(c)。再分析线框 3′ 及其对应的 3、3″ 可知，表面Ⅲ是一个正平面，正面投影反映实形，它是正方体的前表面经两次切割后所留下的表面。

（4）综合起来想整体　根据投影关系，分析各个面形之间的相对位置，Ⅰ面、Ⅱ面、Ⅲ面同为正平面，Ⅲ面在前、Ⅰ面在后、Ⅱ面居中。其结构形状如图 6-20(c) 所示。

三、补画视图中所缺图线

补缺线就是利用读图方法，根据视图间的对应关系，找出图中所缺线条。

【**例1**】　补画图 6-21 所示组合体中所缺图线。

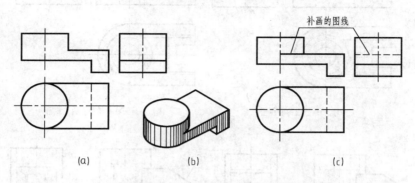

图 6-21　补画组合体视图中的缺线

通过投影分析可知，三视图所表达的组合体由圆柱体和座板叠加而成，两组成部分分界处的表面是相切的，如图 6-21(b) 所示。

对照各组成部分在三视图中的投影，发现主视图中缺少座板顶面投影形成的一条粗实线；左视图中缺少座板顶面的投影线（一条细虚线）。按投影规律画出所缺图线，如图 6-21(c) 所示。

四、已知两视图补画第三视图

补画视图时，先读给定的视图，想出物体的形状；再根据投影规律作出第三视图。

【**例2**】　已知图 6-22 所示机座的两视图，补画左视图。

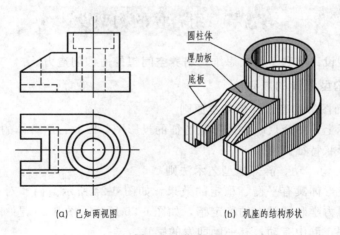

(a) 已知两视图　　　　　(b) 机座的结构形状

图 6-22　机座

① 看懂机座的主视图和俯视图，想像出它的形状。

从主视图着手，按主视图上的封闭粗实线线框，可将机座大致分成三部分：底板、圆柱体、右端与圆柱面相交的厚肋板。再进一步分析细节，逐个对应投影可知，主视图右边的细虚线表示直径不同的阶梯圆柱孔，左边的细虚线表示一个长方形槽和上下挖通的缺口。想像出机座的整体形状如图 6-22(b) 所示。

② 逐步画出第三视图。具体作图步骤如图 6-23 所示。

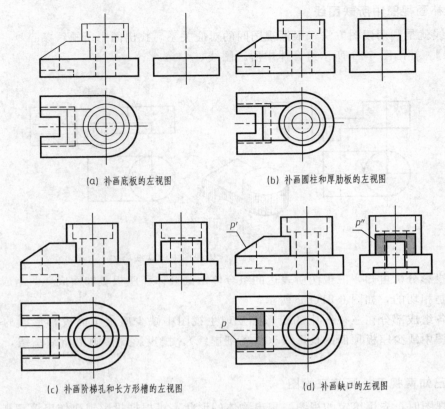

(a) 补画底板的左视图　　　　(b) 补画圆柱和厚肋板的左视图

(c) 补画阶梯孔和长方形槽的左视图　　　　(d) 补画缺口的左视图

图 6-23　补画视图的步骤

第五节　组合体的构型设计

组合体的构型设计有利于开拓思维，培养空间想像力和创造力。

一、组合体构型设计的原则

1. 应遵循平面图形构型设计的基本原则

平面图形实际上是一个反映物体形状特征的投影图，因此，组合体的构型设计应尽可能反映形体的结构形状特征。

2. 应体现平、稳、动、静等造型艺术法则

对称的结构使形体具有平衡、稳定的效果，如图 6-24 所示。而非对称的形体，应注意形体分布，以获得力学和视觉上的稳定感，如图 6-25 所示。图 6-26 是一个火箭造型，其线条流畅，造型美观，静中有动，有一触即发的感觉。

3. 应尽量采用常用的基本几何体为主要组成要素

采用组合体的组成形式，构造出不同的满足一定功用的组合体，如图 6-27 所示的吉普车。

二、组合体构型设计的构思方法

1. 根据已知的一个视图进行构型设计

如图 6-28 所示，给定一个视图（主视图）进行构型，可设计出不同的形体。

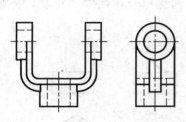

图 6-24 对称形体的构型设计

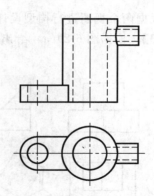

图 6-25 非对称形体的构型设计

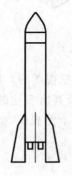

图 6-26 火箭造型

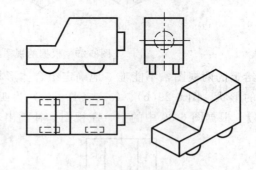

图 6-27 构型设计以基本体为主

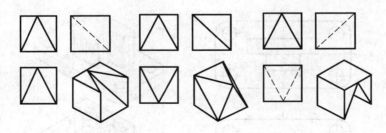

(a)

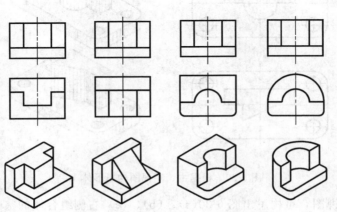

(b)

图 6-28 根据一个视图构思形体

2. 根据两个视图进行构型设计

【例3】 根据图 6-29(a) 给出的主、俯两个视图，构思组合体的空间形状，补画第三视图。

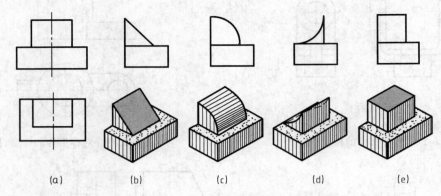

图 6-29　根据两视图构思形体

根据给定的两视图，不能唯一地确定组合体形状，所以在补画第三视图时，可以构思出两种以上的形状，图 6-29(b)、(c)、(d)、(e) 为四种不同的左视图及其所表达的物体形状。

【例4】 根据图 6-30 中的主、左视图，补画出表示不同形体的三个俯视图。

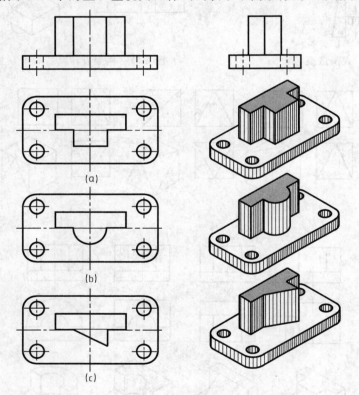

图 6-30　根据主、左视图构思形体

根据已知的两视图，可构思出图 6-30(a)、(b)、(c) 右侧组合体的空间形状，然后补画出其俯视图。补画后再与主、左视图综合起来对照一下，检查是否有矛盾之处。除图中三种形状外，读者还可想象出其他符合主、左两视图的形体。

以基本体为主，利用给定的一个投影图或两个投影图求第三个投影图，这是最普遍、最常用的构型设计方法。

【**例5**】　根据图6-31中的主、左视图，补画出表示不同形体的三个俯视图。

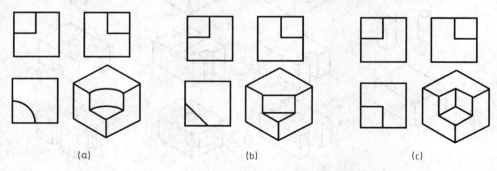

图6-31　根据主、左视图构思形体

3. 给定一些基本几何体用指定的组合形式构型

① 由给定的基本几何体，如图6-32（a）所示，用堆砌叠加形式构思出图6-32（b）所示的形体。

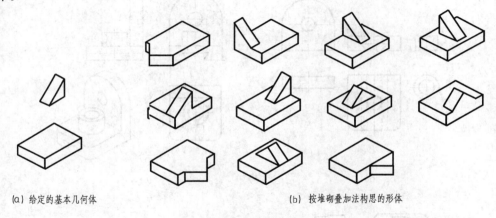

（a）给定的基本几何体　　　　　　　　　　（b）按堆砌叠加法构思的形体

图6-32　叠加法构型

② 由给定的基本几何体，如图6-33（a）所示，用挖切形式构思出图6-33（b）所示的形体。

③ 由给定的一些简单几何体的投影进行组合体构型设计。

这种构型方法实际上是搭积木式的构型方法，即利用给定的投影，彼此进行投影组合，达到构型设计的目的。

【**例6**】　如图6-34（a）所示，已知简单几何体的投影，构思组合体。

如图6-34（b）所示的正面投影是图6-34（a）中三个正面投影的组合，水平投影是图6-34（a）中三个水平投影的组合，侧面投影是图6-34（a）中三个立体侧面投影的组合。读者自行分析图6-34（c）、（d）是根据已知三个立体的投影怎样组合而形式的。

4. 仿形构型设计

根据已有物体的结构和一个投影，构型设计类似的物体，如图6-35所示。

5. 互补体的构型设计

根据已有物体的结构特点，构型设计凹凸相反的物体，已知物体与构型设计物体相配组

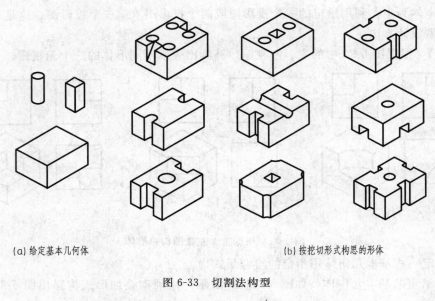

(a) 给定基本几何体　　　　　　　　　　　(b) 按挖切形式构思的形体

图 6-33　切割法构型

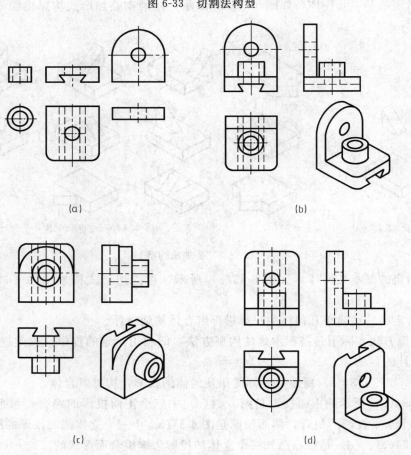

(a)　　　　　　　　　　　　　　　　(b)

(c)　　　　　　　　　　　　　　　　(d)

图 6-34　用简单几何体构型

成一个完整的基本体。如图 6-36(a) 所示的组合体是一个长方体经过切割后得到的，与其互补的立体如图 6-36(b) 所示。图 6-36(c) 是一个圆柱经过切割得到的组合体，图 6-36(d) 是与其互补的立体。

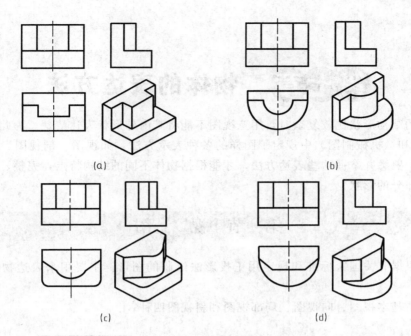

图 6-35　仿形构型设计

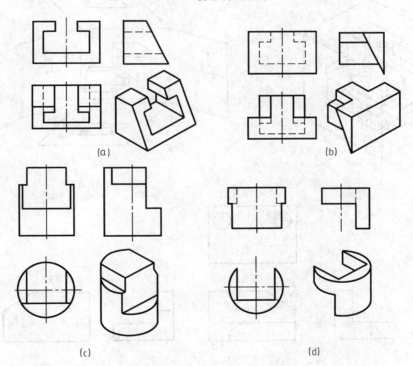

图 6-36　互补体的构型设计

第七章 物体的表达方法

当物体的结构形状比较复杂时，用三视图不能将其内外形状表达清楚。为此，国家标准《技术制图》和《机械制图》中规定了图样的各种表示方法，如视图、剖视图、断面图、局部放大图等。熟悉并掌握这些表达方法，才能根据物体不同的结构特点，完整、清晰、简明地表达其各部分的形状。

第一节 视 图

视图是根据有关国家标准和规定用正投影法绘制的图形。主要用来表达物体外部结构形状。

视图包括基本视图、向视图、局部视图和斜视图四种。

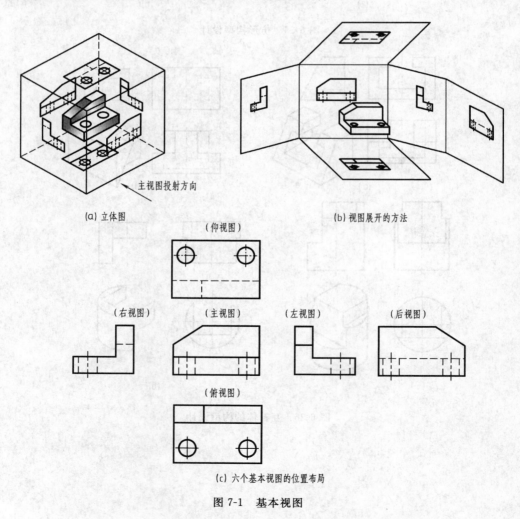

(a) 立体图

(b) 视图展开的方法

(仰视图)

(右视图) (主视图) (左视图) (后视图)

(俯视图)

(c) 六个基本视图的位置布局

图 7-1 基本视图

一、基本视图

将物体向基本投影面投射所得的视图称为基本视图。在原有三个投影面的基础上，再增设三个互相垂直的投影面，构成一个正六面体，六面体的六个面称为基本投影面，如图 7-1(a) 所示。物体分别由前、后、上、下、左、右六个方向，向六个基本投影面投射，可得到六个基本视图，即：

由前向后投射所得的视图称为主视图或正立面图，该图应尽量反映物体的主要特征；

由上向下投射所得的视图称为俯视图或平面图；

由左向右投射所得的视图称为左视图或左侧立面图；

由右向左投射所得的视图称为右视图或右侧立面图；

由下向上投射所得的视图称为仰视图或底面图；

由后向前投射所得的视图称为后视图或背立面图。

投影面按图 7-1(b) 所示的方法展开成同一平面后，六个视图的配置关系如图 7-1(c) 所示。

在同一张图纸内，六个基本视图按图 7-1(c) 所示位置配置时，一律不标注视图名称，它们仍保持长对正，高平齐，宽相等的投影关系。

二、向视图

向视图是改变了放置位置的基本视图，是基本视图的平移。向视图必须进行标注，即：在向视图的上方用大写拉丁字母标出该向视图的名称（如"*B*"、"*C*"等），在相应的视图附近用箭头指明投射方向，并注上相同的字母，如图 7-2 所示，图中未标注的三个视图是基本视图中的主视图、俯视图、左视图。

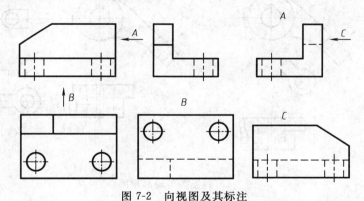

图 7-2　向视图及其标注

三、局部视图

局部视图是将物体的某一部分向基本投影面投射所得到的视图。局部视图是基本视图的一部分，按基本视图的画法作图。当采用一定数量的基本视图后，物体上仍有部分结构形状尚未表达清楚，而又没有必要再画出完整的其他基本视图时，可采用局部视图来表达。

如图 7-3 中，物体用主、俯两个基本视图表达了主体形状，但左侧凸台形状未表达清楚，用左视图表达则显得烦琐和重复。因此，采用 *A* 向局部视图来表达，既简单又重点突出。

当局部视图按基本视图的形式配置，中间又没有其他图形隔开时，可省略标注，如图 7-4(c) 所示；局部视图也可按向视图的配置形式放置在适当位置，但必须标注，如图

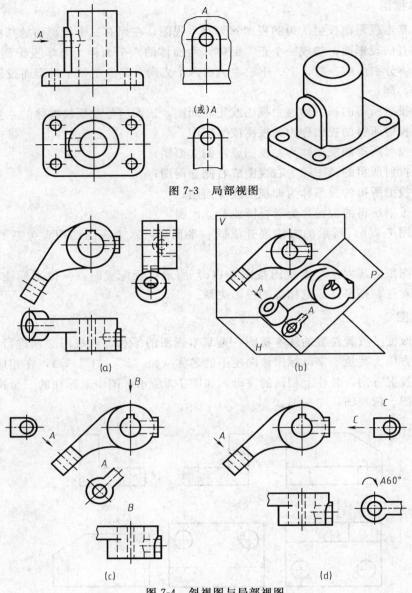

图 7-3　局部视图

图 7-4　斜视图与局部视图

7-3 所示。

　　局部视图的断裂边界用波浪或双折线表示，如图 7-3 所示。当所表示的局部结构是完整的，且图形的外轮廓线封闭时，波浪线可省略不画，如图 7-4(d) 中局部视图 C。

　　四、斜视图

　　将物体向不平行于基本投影面的平面投射所得的视图，称为斜视图。斜视图通常用于表达物体上的倾斜部分。

　　如图 7-4(a) 中物体用视图表示图形复杂，不便于画图和看图；若新增加一个投影面，使新投影面与物体上倾斜部分平行、与 V 面垂直，如图 7-4(b) 所示，将倾斜部分向新投影面上投影，则形成图 7-4(c) 所示的斜视图 A。

新投影面：新投影面平行于物体上倾斜于基本投影面的部分，且垂直于某一基本投影面。

画法：根据正投影法按投影规律画图。

标注：在斜视图的上方用字母标出视图的名称，在相应的视图附近用带有字母的箭头指明投射方向（字母水平书写），且箭头的指向垂直新投影面，如图 7-4（c）所示。

必要时，允许将斜视图旋转配置，并加注旋转符号。旋转符号为半圆形，半径等于字体高度。表示该视图名称的字母应靠近旋转符号的箭头端，也允许在字母之后注出旋转角度，如图 7-4（d）所示。

第二节　剖 视 图

一、剖视图的基本知识

用视图表达物体时，其内部的结构形状用虚线表示，当物体内部结构比较复杂时，视图中会出现较多的细虚线，既影响视图清晰，又不利于标注尺寸，如图 7-5（a）所示。因此，常用剖视图来表达物体的内部结构。

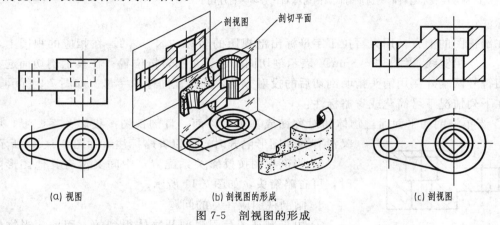

(a) 视图　　　　　　　　　　(b) 剖视图的形成　　　　　　　　(c) 剖视图

图 7-5　剖视图的形成

1. 剖视图的形成

（1）剖视图　假想用剖切面剖开物体，将处于观察者和剖切平面之间的部分移去，将其余部分向投影面投影所得的图形称为剖视图，如图 7-5（b）所示。

（2）剖切面　剖切面可以是平面，也可以是曲面。其位置用剖切符号表示，即在剖切面迹线的起止和转折处用断开的粗实线表示。

（3）剖面　剖面是指剖视图中，物体被剖切面剖切到的断面，即物体与剖切面的共有面。剖面上应画出剖面符号。国家标准规定了各种材料的剖面符号，如表 7-1 所示。

2. 剖视图的画法及步骤

（1）确定剖切面的位置　剖切面一般应通过物体内部结构的对称平面或轴线，且应平行于某一基本投影面。如图 7-5（b）所示，选取平行于正面的前后对称面为剖切面。

（2）画剖视图　移开物体的前半部分，将剖切面截切物体所得断面及物体的后半部分向正面投射，可见轮廓线用粗实线画出。

（3）画剖面符号　剖视图中，剖面上要画出与材料相应的剖面符号。表示金属材料的剖面符号通常称为剖面线，应画成与水平成 45°角、间隔均匀的平行细实线，向左或向右倾斜均可。

（4）剖视图的配置与标注　基本视图的配置规定同样适用于剖视图。剖视图可按投影关系配置，如图 7-7 中的主视图。也可根据图面布局将剖视图配置在其他适当位置。

表 7-1　剖面符号

材料类别	剖面符号	材料类别	剖面符号	材料类别	剖面符号
金属材料（已有规定剖面符号者除外）		非金属材料（已有规定剖面符号者除外）		线圈绕组元件	
型砂、填砂、粉末冶金、砂轮、陶瓷刀片、硬质合金刀片等		液体		木材纵剖面	
转子、电枢、变压器和电抗器等叠钢片		玻璃及供观察用的其他透明材料		木材横剖面	
混凝土		砖		木质胶合板（不分层数）	
钢筋混凝土		基础周围的泥土		格网（筛网、过滤网等）	

注：剖面符号仅表示材料的类别，而材料的名称和代号须另行注明。

标注：

在剖视图的上方，用大写拉丁字母标出剖视图的名称"×—×"；在相应的视图上，用剖切符号（粗实线，线长 5～8mm）表示剖切面的起、止和转折位置；在表示剖切面起、止的剖切符号两端外侧用箭头指明剖切后的投射方向，并注上同样的字母。如图 7-9 所示。

在下列情况下可简化或省略标注：

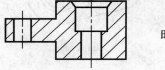

图 7-6　俯视图的错误画法

① 当单一剖切平面通过物体的对称面或基本对称面，且剖视图按投影关系配置，中间又没有其他图形隔开时，可以省略标注，如图 7-5(c) 所示；

② 当剖视图按投影关系配置，中间又没有其他图形隔开时，可省略箭头，如图 7-11 所示。

3. 画剖视图应注意的问题

① 由于剖视图是假想剖开物体得到的，因此，当物体的一个视图画成剖视图时，其他视图仍应完整画出，如图 7-6 中的俯视图只画物体的一半是错误的。

② 剖切面后面的可见轮廓线应全部画出，不得遗漏，如图 7-7、图 7-8 所示。

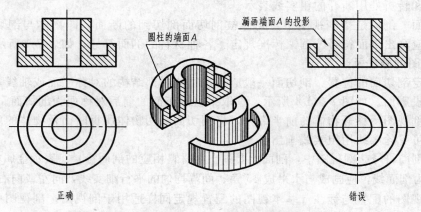

图 7-7　剖切平面后可见结构的投影

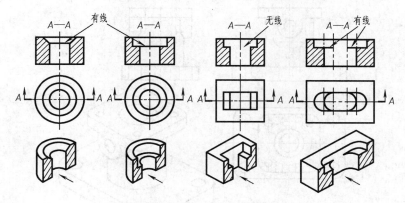

图 7-8　孔的剖视图画法

③ 在剖视图中，表示物体不可见部分的细虚线，如在其他视图中已表达清楚，可以省略不画。否则，为了减少视图个数应画出虚线，如图 7-9 所示。

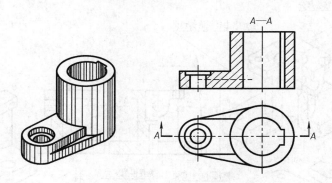

图 7-9　剖视图中必要的细虚线应画出

④ 同一物体的各个剖视图中的剖面线方向与间距必须一致，如图 7-11 所示。

二、剖视图的种类

根据剖切范围的大小，剖视图可分为全剖视图、半剖视图和局部剖视图。

1. 全剖视图

用剖切面完全地剖开物体所得的剖视图称为全剖视图，如图 7-9、图 7-17、图 7-20 所示。全剖视图一般适用于外形比较简单、内部结构较为复杂的物体，全剖视图的标注与剖视图相同。

2. 半剖视图

当物体具有对称平面时，在垂直于对称平面的投影面上所得的图形可以以对称中心线为界，一半画成剖视，另一半画成视图，这种剖视图称为半剖视图。如图 7-10 所示的物体左右对称，前后也对称，所以主、俯、左视图都可以画成半剖视图，如图 7-11 所示。

注意问题：

① 由于物体的内部形状已在剖视部分表达清楚，因此，视图部分一般不画细虚线，但对孔、槽等需用细点画线表示其中心位置。如图 7-12 所示。

② 在画半剖视图时，视图和剖视图必须以对称中心线（即细点画线）为界，当轮廓线与对称中心线重合时，不能用半剖视图表示物体的结构形状，如图 7-13 所示。

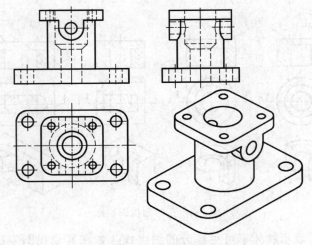

图 7-10 零件的三视图

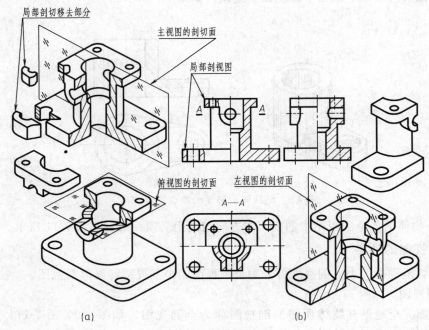

(a)   (b)

图 7-11 半剖视图

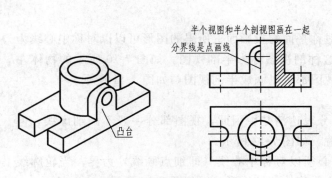

图 7-12 半剖视图注意问题（一）

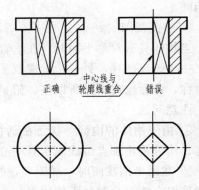

图 7-13 半剖视图注意问题（二）

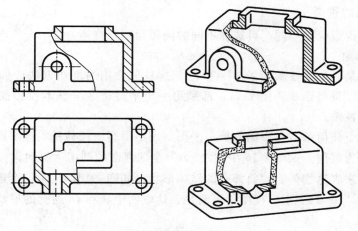

图 7-14　局部剖视图

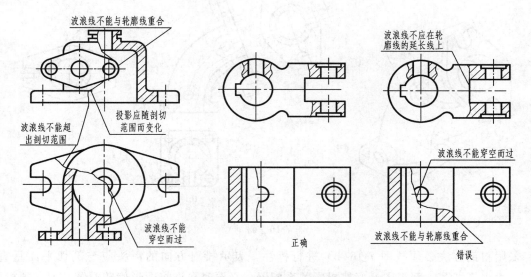

图 7-15　波浪线的正确画法

3. 局部剖视图

用剖切面局部地剖开物体所得的剖视图称为局部剖视图。局部剖视图一般不需要标注，如图 7-14 所示。

注意问题：

① 视图与局部剖视图之间以波浪线为分界，波浪线表示物体断裂面的投影，故波浪线不能超出视图的轮廓线，不能与图形上其他图线重合或穿过孔、槽等空心结构。如图 7-15 所示。

② 图形中的对称中心线正好与轮廓线重合时应画成局部剖视图。如图 7-13 所示。

③ 局部剖视是一种灵活、便捷的表达方法。它的剖切位置和剖切范围，可根据实际需要确定。一般以内部结构的对称面为剖切位置；剖切范围可以是物体的一小部分，也可以是物体的一大部分。但在一个视图中，不宜过多的选用局部剖视，以免图形零乱，给读图造成困难。

三、剖切面的种类

由于物体结构形状的不同，可选择不同的剖切面剖开物体。

1. 单一剖切面

（1）平行于某一基本投影面的单一平面　这是最常用的剖切方法。如全剖视图图 7-9、半剖视图图 7-12、局部剖视图图 7-14，都是用一个平行于某一基本投影面的剖切平面剖切物体后得到的剖视图。

（2）不平行于任何基本投影面的单一平面　用不平行于任何基本投影面的单一剖切面剖切物体的方法称为斜剖。如图 7-16 中"A—A"全剖视图的剖切为斜剖。

斜剖主要用来表达物体上倾斜部分的结构形状。如图 7-16（a）为一个弯管形物体，采用斜剖方法获得的"A—A"全剖视图，可清楚表达端面形状和 $\phi8$ 通孔的形状。

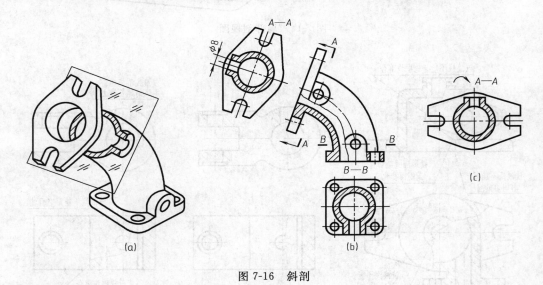

图 7-16　斜剖

采用斜剖方法必须按图 7-16（b）进行标注，表示投射方向的箭头应与剖切平面垂直，字母一律水平书写。剖视图最好按投影关系配置，必要时允许将图形旋转配置，但必须标注旋转符号如图 7-16（c）所示。

2. 两个或两个以上相互平行的剖切平面。

用几个互相平行的剖切面剖开物体的方法称为阶梯剖。阶梯剖用于表达物体上若干个不在同一平面上而又需要表达的内部结构，如图 7-17 所示。

用阶梯剖的方法画剖视图时必须进行标注，在剖视图上方标注出剖视图的名称"×—×"，在每一个剖切平面迹线的起、止和转折处用带字母的粗实线表示剖切位置，用箭头指明投射方向。当剖视图按投影关系配置，中间没有其他图形隔开时，可省略箭头，如图 7-17 所示。

用阶梯剖画图应注意的问题：

① 剖视图上不应画出剖切平面转折处的界线，而且剖切平面的转折处不应与图上轮廓线重合，如图 7-18 所示。

② 当两个结构要素在图上具有公共对称中心线或轴线时，应以中心线或轴线为界，各画一半，如图 7-19 所示。

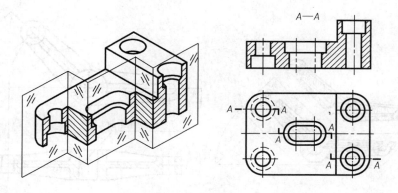

图 7-17 阶梯剖

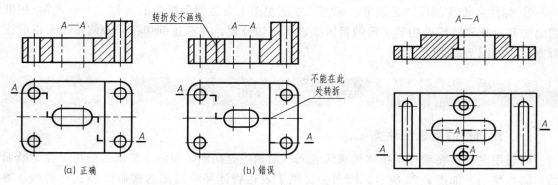

图 7-18 阶梯剖的标注   图 7-19 不完整结构的表达

3. 几个相交的剖切平面

用交线垂直于某基本投影面的几个相交剖切面剖开物体的方法称为旋转剖。旋转剖用于表达具有公共回转轴线的物体，如轮、盘、盖等物体上的孔、槽等内部结构。如图 7-20 所示。

注意问题：

① 倾斜的剖切平面剖到的结构应旋转到与选定的基本投影面平行的位置，再进行投影；而剖切平面后的其他结构仍按原来位置投影，如图 7-21 中小孔的画法。

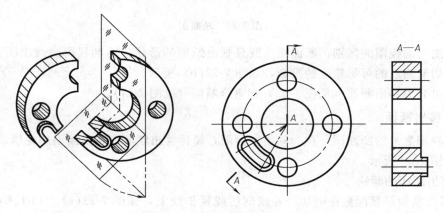

图 7-20 旋转剖

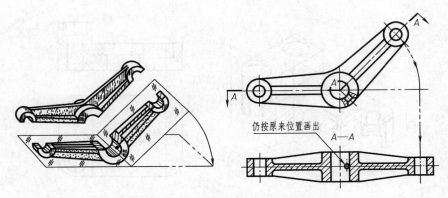

图 7-21　剖切面后的结构仍按原来位置画出

②标注：旋转剖视图必须进行标注。在剖视图上方注明剖视图的名称"×—×"，在剖切面的起、止和转折处用带字母的粗短线表示剖切位置，在起止剖切符号外侧用箭头指明投射方向。如图 7-21 所示。

第三节　断　面　图

一、断面图的概念及种类

假想用剖切面在垂直于物体轮廓线或回转面轴线处切断，仅画出断面的图形，称为断面图，简称断面，如图 7-22 所示。断面主要用于表达物体某一局部的横截面形状。例如，物体上的肋板、轮辐、键槽、小孔及各种型材的横截面形状等。

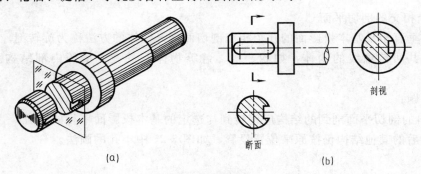

图 7-22　断面图

断面图与剖视图的区别：断面图一般只画出断面的形状，而剖视图除画出断面形状外，还应画出切断面后的可见轮廓的投影，如图 7-22(b) 所示。

断面可分为移出断面（见图 7-23）和重合断面（见图 7-27）。

二、移出断面

画在视图之外的断面图，称为移出断面图，简称移出断面。移出断面的轮廓线用粗实线绘制，如图 7-23 所示。

1. 移出断面的画法

① 移出断面尽量配置在剖切符号或剖切线延长线上，如图 7-23(a)、(b)、(e) 所示，也可以配置在其他适当位置，但需注明断面图名称，如图 7-23(c)、(d) 所示。

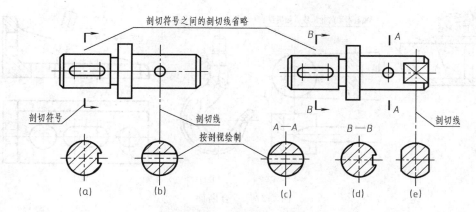

剖切符号之间的剖切线省略

剖切符号

剖切线

按剖视绘制

$A-A$　　$B-B$　　剖切线

(a)　(b)　(c)　(d)　(e)

图 7-23　移出断面的配置

② 当剖切平面通过回转面形成的孔或凹坑的轴线时，这些结构按剖视画出，如图 7-23(b)、(c) 及图 7-24 所示。

③ 断面图形对称时，可将移出断面画在视图中断处，如图 7-25 所示。

④ 剖切平面一般应垂直于物体的轮廓线或回转轴线，如图 7-26(a) 所示；由两个或多个相交剖切面剖切时，移出断面应断开画出，如图 7-26(b) 所示。

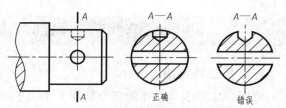

$A-A$　　$A-A$

正确　　错误

图 7-24　移出断面按剖视绘制

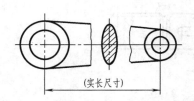

(实长尺寸)

图 7-25　画在视图中断处的移出断面

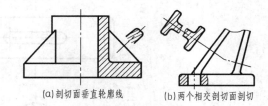

(a)剖切面垂直轮廓线　(b)两个相交剖切面剖切

图 7-26　移出断面

2. 移出断面的标注

① 移出断面一般用剖切符号表示剖切位置，用箭头表示投射方向，并注上大写拉丁字母；在断面的上方，用同样的字母标出相应的名称，如图 7-23(d) 中的"$B-B$"断面。

② 配置在剖切线延长线上的对称移出断面，可省略标注，如图 7-23(b)、(e) 所示；配置在视图中断处的移出断面，可省略标注，如图 7-25 所示。

③ 配置在剖切符号延长线上的不对称移出断面，要画出剖切符号和箭头，可以省略字母，如图 7-23(a) 所示。

④ 没有配置在剖切符号延长线上的对称移出断面［见图 7-23(c)］，以及按投影关系配置的不对称移出断面（见图 7-24），均可省略箭头。

三、重合断面

画在视图轮廓内的断面图称为重合断面。重合断面的轮廓线用细实线绘制，如图 7-27 所示。

当视图中的轮廓线与重合断面图的轮廓线重叠时，视图中的轮廓线仍应连续画出，不可

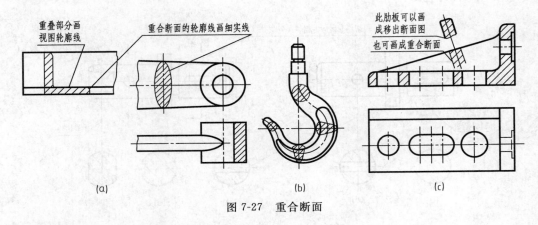

图 7-27　重合断面

间断，如图 7-27（a）所示。

第四节　局部放大图和简化画法

一、局部放大图

将图样中所表示物体的部分结构，用大于原图形所采用的比例画出的图形称为局部放大图。如图 7-28 中的Ⅰ、Ⅱ处形状结构较小，读图或标注尺寸都比较困难，采用局部放大图使细小结构表达充分，图形清楚。

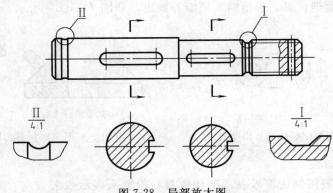

图 7-28　局部放大图

① 局部放大图可以以视图、剖视或断面形式画出，它与被放大部分的表示方式无关。画局部放大图时，用细实线圈出被放大的部位，并尽量将局部放大图配置在被放大部位附近，如图 7-28 所示。

② 当物体上只有一处被放大时，在局部放大图的上方只需注明所采用的比例。当同一物体上有几处被放大的部位时，用罗马数字依次标明被放大的部位，并在局部放大图的上方，标注相应的罗马数字和所采用的比例，如图 7-28 所示。

局部放大图的比例，是指该图形中物体要素的线性尺寸与实际物体相应要素的线性尺寸之比，而与原图形所采用的比例无关。

③ 同一物体上不同部位的局部放大图，其图形相同或对称时，只需画出其中的一处。

二、简化画法

简化画法是包括规定画法、省略画法、示意画法等在内的图示方法。国家标准《技术制图》和《机械制图》规定了一系列的简化画法，具体如下。

① 较长的零件（轴、杆、型材、连杆等）沿长度方向的形状一致或按一定规律变化时，可断开后（缩短）绘制，其断裂边界用波浪线、双折线或细双点画线等绘制，如图 7-29 所示。但在标注尺寸时，要标注零件的实长。

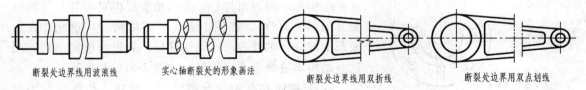

| 断裂处边界线用波浪线 | 实心轴断裂处的形象画法 | 断裂处边界线用双折线 | 断裂处边界用双点划线 |

图 7-29 断裂边界的画法

② 若干直径相同且成规律分布的孔（圆孔、螺孔、沉孔等），可以仅画一个或少量几个，其余只需用细点画线表示其中心位置，但在零件图中要注明孔的总数，如图 7-30(a) 所示。

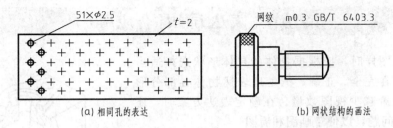

(a) 相同孔的表达   (b) 网状结构的画法

图 7-30 相同孔和网状结构的简化画法

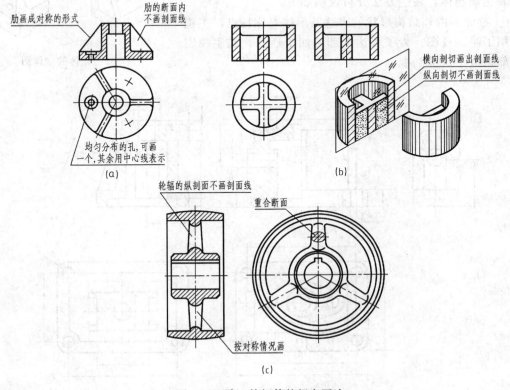

(a)   (b)

(c)

图 7-31 肋、轮辐等的规定画法

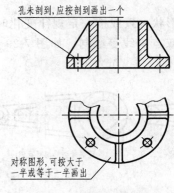

孔未剖到,应按剖到画出一个

对称图形,可按大于一半或等于一半画出

图 7-32　对称图形的表示

③ 零件上的滚花、槽沟等网状结构,应用粗实线完全或部分地表示出来,并按规定标注,如图 7-30(b)所示。

④ 对于物体的肋、轮辐、薄壁等,如按纵向剖切,这些结构都不画剖面符号,并用粗实线将它与其相邻部分分开如图 7-31(a)。在图中表现不够清晰时,也允许在肋或薄壁部分用细点表示被剖切部分。如果按横向剖切,则这些结构仍应画出剖面符号,如图 7-31(b)所示。

⑤ 当物体具有均匀分布的肋、轮辐、孔等结构不处于剖切平面上时,其剖视图应假想将这些结构旋转到平行于某投影面的位置画出,如图 7-31(a)、(c)所示。

⑥ 当图形对称时,可画略大于一半,如图 7-32 所示。

第五节　表达方法综合应用

在绘制物体图样时,应根据物体的具体形状选择适当的表达方法,并在完全、正确、清楚地表达物体各部分形状的前提下,尽量减少视图数量。在确定表达方案时,还应考虑尺寸标注问题,以便于画图和看图。

图 7-33 所示物体为一箱壳。图 7-34 中选用了五个视图来表达该物体,表达方法分析说明如下。

① 考虑到内外结构形状的表达及形体对称特点,主视图采用了半剖视图。为了表达下部的四个通孔,在主视图左下部采取了局部剖视。

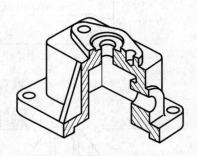

图 7-33　壳体的立体图

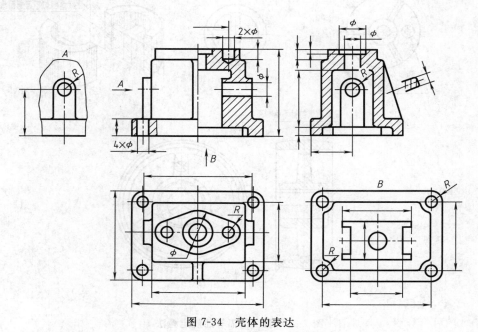

图 7-34　壳体的表达

② 左视图采用了全剖视图，充分表达内部形状，特别是内部凸台的结构形状。由于全剖视影响了左视图外形的表示，所以选择了"A"向局部视图。

③ 俯视图表达了顶部凸台等外部结构形状。

④ 采用"B"向视图，表达底部形状和内部空腔的形状。

⑤ 为表达肋板断面形状，在左视图选用了移出断面。

第八章 标准件和常用件

在各种机械设备中，经常会用到螺栓、螺柱、螺母、垫圈、滚动轴承等零件，这些零件的结构和尺寸均已标准化，称为标准件。还有一些零件如齿轮、弹簧等，它们的部分结构和尺寸也统一制定了标准，称为常用件。本章主要介绍这些标准件和常用件的规定画法、标记和有关标准数据的查阅方法。

第一节 螺纹及螺纹紧固件

一、螺纹

螺纹是在圆柱或圆锥表面上，沿螺旋线形成的具有特定断面形状（如三角形、梯形、锯齿形等）的连续突起和沟槽。在圆柱或圆锥外表面上加工的螺纹称为外螺纹；在圆柱或圆锥内表面上加工的螺纹称为内螺纹。内、外螺纹应成对使用。

1. 螺纹的形成

图 8-1 所示为在卧式车床上车削螺纹的情形，卡盘带动工件作匀角速转动，刀架带动刀具沿轴向作匀速直线运动，两个运动合成刀具相对工件的螺旋运动。

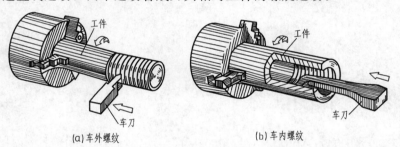

(a)车外螺纹　　　　　　　　　(b)车内螺纹

图 8-1　车削螺纹

（1）螺纹的基本要素　螺纹的基本要素包括牙型、直径、旋向、线数、螺距和导程。

① 牙型：过螺纹轴线剖切，所得螺纹的断面轮廓形状称为牙型。牙型向外凸起的尖顶称为牙顶，向里凹进的槽底称为牙底。标准螺纹的牙型有三角形、梯形和锯齿形等。

② 直径：螺纹的直径包括大径、中径和小径，如图 8-2 所示。大径是指通过外螺纹牙

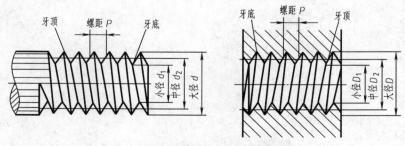

图 8-2　螺纹的结构名称及基本要素

顶或内螺纹牙底的假想圆柱面的直径（用 d 或 D 表示）；小径是指通过外螺纹牙底或内螺纹牙顶的假想圆柱面的直径（用 d_1 或 D_1 表示）；中径是指在大径和小径之间的一假想圆柱面的直径，该圆柱面母线通过牙型上沟槽和凸起宽度相等的地方。

③ 线数（n）：在零件的同一部位，形成螺纹的螺旋线的条数称为线数。螺纹有单线和多线之分，沿一条螺旋线形成的螺纹为单线螺纹，如图 8-3（a）所示；沿两条或两条以上且在轴向等距分布的螺旋线形成的螺纹为多线螺纹，如图 8-3（b）所示的双线螺纹。从螺纹的端部看，线数多于 1 的螺纹，每条螺纹的开始位置不同。

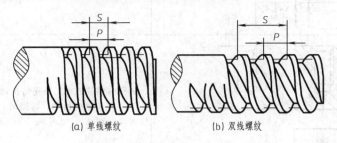

(a) 单线螺纹　　　　　(b) 双线螺纹

图 8-3　线数、导程与螺距

④ 螺距与导程：螺纹中径线上相邻两牙对应点间的轴向距离称为螺距（P）；同一条螺纹在中径线上相邻两牙对应点间的轴向距离称为导程（S）；如图 8-3 所示。线数、螺距和导程三者的关系是：$S=nP$。

⑤ 旋向：螺纹的旋向有左旋和右旋两种。顺时针旋进的螺纹为右旋螺纹，逆时针旋进的螺纹为左旋螺纹。判定螺纹旋向直观的方法是：将外螺纹竖放，右旋螺纹的可见螺旋线左低右高，而左旋螺纹的可见螺旋线左高右低，如图 8-4 所示。

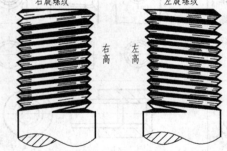

图 8-4　螺纹旋向的判定

（2）螺纹的规定画法　为了简化作图，国家标准（GB/T 4459.1—1995）对螺纹的画法作了统一规定。作图时注意以下几点：

① 无论是内螺纹还是外螺纹，可见螺纹的牙顶线和牙顶圆用粗实线绘制，可见螺纹的牙底线和牙底圆用细实线绘制，其中牙底圆只画 3/4 圈；

② 可见螺纹的终止线用粗实线绘制，其两端应画到大径处为止；

③ 在剖视图或断面图中，剖面线应画到粗实线为止；

④ 不可见螺纹的所有图线都画成虚线。

螺纹的规定画法见表 8-1。

表 8-1　螺纹的规定画法

类型	图　　例	说　　明
外螺纹	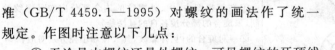	①外螺纹的大径对应牙顶，用粗实线画出；小径对应牙底，用细实线画出 ②小径可按大径的 0.85 倍近似绘制 ③在投影为圆的视图中，不画倒角圆 ④螺尾部分一般不画出，必要时可用与轴线成 30°的细实线画出

续表

类型	图　　例	说　　明
内螺纹	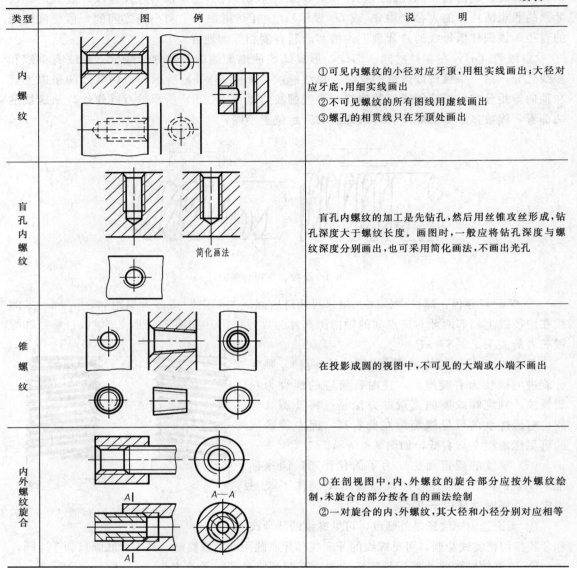	①可见内螺纹的小径对应牙顶,用粗实线画出;大径对应牙底,用细实线画出 ②不可见螺纹的所有图线用虚线画出 ③螺孔的相贯线只在牙顶处画出
盲孔内螺纹	简化画法	盲孔内螺纹的加工是先钻孔,然后用丝锥攻丝形成,钻孔深度大于螺纹长度。画图时,一般应将钻孔深度与螺纹深度分别画出,也可采用简化画法,不画出光孔
锥螺纹		在投影成圆的视图中,不可见的大端或小端不画出
内外螺纹旋合	A—A A A	①在剖视图中,内、外螺纹的旋合部分应按外螺纹绘制,未旋合的部分按各自的画法绘制 ②一对旋合的内、外螺纹,其大径和小径分别对应相等

2. 螺纹的种类和标注

（1）螺纹的种类　螺纹按牙型可分为三角形螺纹、梯形螺纹、锯齿形螺纹和方牙螺纹等；按线数可分为单线螺纹和多线螺纹；按旋向可分为左旋螺纹和右旋螺纹。

螺纹按使用功能可分为连接螺纹和传动螺纹。连接螺纹用于两零件间的可拆连接,牙型一般为三角形,尺寸相对较小；传动螺纹用于传递运动或动力,牙型多用梯形、锯齿形和方形,尺寸相对较大。

螺纹按其牙型、直径和螺距是否符合国家标准,分为标准螺纹、非标准螺纹和特殊螺纹。常用的标准螺纹见表 8-2,其中管螺纹分为用螺纹密封的管螺纹和非螺纹密封的管螺纹。用螺纹密封的管螺纹旋合后内、外螺纹之间自行密封；非螺纹密封的管螺纹需要在内、外螺纹之间加入其他密封材料才能形成密封。

（2）螺纹的标记　国家标准规定了标准螺纹的标记方法。一个完整的螺纹标记由三部分组成，其标记格式为：

$$\boxed{螺纹代号}—\boxed{公差带代号}—\boxed{旋合长度代号}$$

① 螺纹代号。螺纹代号由螺纹的特征代号、尺寸代号和旋向组成，其格式为：

$$\boxed{特征代号}\quad\boxed{尺寸代号}\quad\boxed{旋向}$$

特征代号见表8-2，如普通螺纹的特征代号为 M，非螺纹密封的管螺纹特征代号为 G。

尺寸代号为：

单线螺纹　$\boxed{公称直径}\times\boxed{螺距}$

多线螺纹　$\boxed{公称直径}\times\boxed{导程（P 螺距）}$

米制螺纹以螺纹大径为公称直径；管螺纹以管子的公称通径为尺寸代号，单位为英寸。

旋向：左旋螺纹用代号"LH"表示；右螺旋纹，不标注旋向。

② 公差带代号。公差带代号由公差等级（用数字表示）和基本偏差（用字母表示）组成。表示基本偏差的字母，内螺纹为大写，如 6H；外螺纹为小写，如 5g。管螺纹只有一种公差带，故不注公差带代号。

③ 旋合长度代号。旋合长度有长、中、短三种规格，分别用 L、N、S 表示，中等旋合长度应用最广，在标记中可省略 N。

常用标准螺纹的种类及标记示例见表8-2。

表 8-2　标准螺纹的种类与标记

螺纹种类		特征代号	牙型略图	标记示例	标记说明
连接螺纹	粗牙普通螺纹	M		M12-5g6g-L	公称直径为 12mm 的粗牙普通外螺纹，右旋，中径、顶径公差带分别为 5g、6g，长旋合长度
	细牙普通螺纹			M12×1.5LH-6H	公称直径为 12mm，螺距为 1.5mm 的左旋细牙普通内螺纹，中径与顶径的公差带相同，均为 6H，中等旋合长度（N 省略）
	非螺纹密封的管螺纹	G		G1/2A	管螺纹，尺寸代号为 1/2 英寸，A 级公差。外螺纹公差分 A、B 两级；内螺纹公差只有一种
	用螺纹密封的管螺纹 圆锥外螺纹	R		R3/4-LH	用螺纹密封的圆锥外螺纹，尺寸代号为 3/4 英寸，左旋
	圆锥内螺纹	Rc		Rc1/2	用螺纹密封的圆锥内螺纹，尺寸代号为 1/2 英寸，右旋
	圆柱内螺纹	Rp		Rp3/4	用螺纹密封的圆柱内螺纹，尺寸代号为 3/4 英寸，右旋
传动螺纹	梯形螺纹	Tr		Tr36×6-8e	公称直径为 36mm，螺距为 6mm 的单线梯形外螺纹，右旋，中径公差带为 8e，中等旋合长度
				Tr40×14(P7) LH-7e	公称直径为 40mm，导程为 14mm，螺距为 7mm 的双线梯形外螺纹，左旋，中径公差带为 7e，中等旋合长度
	锯齿形螺纹	B		B40×7-7A	公称直径为 40mm，螺距为 7mm 的单线锯齿内螺纹，右旋，中径公差带为 7A，中等旋合长度
				B40×14(P7)-7A-L	公称直径为 40mm，导程为 14mm，螺距为 7mm 的双线锯齿内螺纹，右旋，中径公差带为 7A，长旋合长度

（3）螺纹的标注

① 米制螺纹的标注。螺纹标记直接标注在大径尺寸线或其引出线上，如图 8-5 所示。

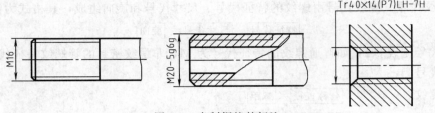

图 8-5　米制螺纹的标注

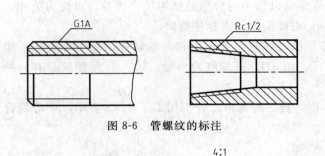

图 8-6　管螺纹的标注

② 管螺纹的标注。标注时应先从管螺纹的大径线上画引出线，然后将螺纹标记注写在引出线的水平线上，如图 8-6 所示。

③ 非标准螺纹的标注。非标准螺纹的牙型数据不符合标准，图样上应画出螺纹的牙型，并详细标注有关尺寸，如图 8-7 所示。

二、螺纹紧固件

螺纹紧固件用于几个零件间的可拆连接，常见的螺纹紧固件有螺栓、螺柱、螺钉、螺母和垫圈等，如图 8-8 所示。螺纹紧固件属于标准件，可以根据其标记，在有关的标准手册中查出它们的全部尺寸。

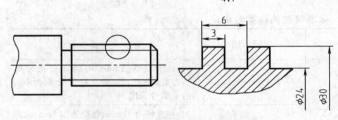

图 8-7　非标准螺纹的标注

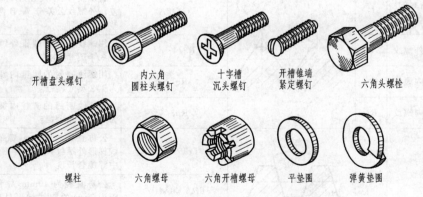

图 8-8　常见的螺纹紧固件

1. 螺纹紧固件的标记

螺纹紧固件的标记格式一般为：

名称　标准编号　规格

几种常见螺纹紧固件的标记示例见表 8-3。

表 8-3 螺纹紧固件标记示例

名　称	标　记　示　例	标记格式	说　　明
螺栓	螺栓 GB/T 5780—2000 M10×40	名称　标准编号 螺纹代号×公称长度	螺纹规格 $d=10$mm,公称长度 $l=40$mm(不包括头部厚度)的 C 级六角头螺栓
螺母	螺母 GB/T 6170—2000 M20	名称　标准编号 螺纹代号	螺纹规格 $d=20$mm 的 A 级 I 型六角螺母
双头螺柱	螺柱 GB/T 899—1988 M10×40	名称　标准编号 螺纹代号×公称长度	螺纹规格 $d=10$mm,公称长度 $l=40$mm(不包括旋入端长度)的双头螺母
平垫圈	垫圈 GB/T 97.2—2002 8 140HV	名称　标准编号 公称尺寸　性能等级	螺纹规格 $d=8$mm,性能等级为 140HV级,倒角型,不经表面处理的平垫圈
螺　钉	螺钉 GB/T 67—2008 M10×40	名称　标准编号 螺纹代号×公称长度	螺纹规格 $d=10$mm,公称长度 $l=40$mm(不包括头部厚度)的开槽盘头螺钉

2. 螺纹紧固件及连接图的画法

螺纹紧固件的连接形式有螺栓连接、螺柱连接和螺钉连接,如图 8-9 所示。在画连接图时,螺纹紧固件一般按比例画法绘出。

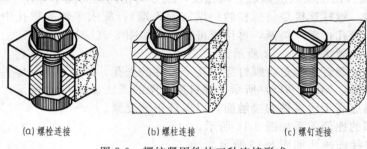

(a) 螺栓连接　　　　　(b) 螺柱连接　　　　　(c) 螺钉连接

图 8-9　螺纹紧固件的三种连接形式

(1) 螺栓连接　螺栓连接是将螺栓穿过几个被连接零件的光孔,套上垫圈,再旋紧螺母,如图 8-9(a) 所示。这种连接方式适合于连接几个厚度不大并允许钻通孔的零件。

螺栓、螺母和垫圈的尺寸一般按与螺纹公称直径的近似比例关系画出,螺栓连接的画法如图 8-10 所示。

为简化作图,螺纹紧固件允许省略倒角,如图 8-11 所示。

画螺栓连接图时,应按各个标准件的装配顺序依次画出,作图时应注意以下几点:

① 在主视图和左视图中,剖切面过标准件的轴线剖切,图中的螺栓、螺母和垫圈均按不剖绘制;

② 被连接件的接触面只画一条线,光孔(直径 d_0)与螺杆之间为非接触面,应留有间隙(可近似取 $d_0=1.1d$);

③ 在主视图和左视图中,螺杆的一部分被螺母和垫圈遮住,被连接件的接触面也有一部分被螺杆遮住,这些被遮住的虚线不必画出;

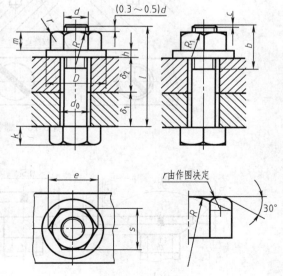

图 8-10　螺栓连接的比例画法

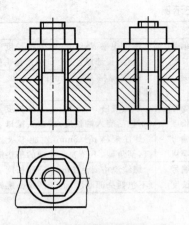

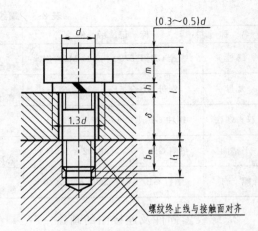

图 8-11 螺栓连接的简化画法　　　　图 8-12 螺柱连接的简化画法

④ 两个被连接件的剖面线应画成方向相反，或方向相同但间隔不等。

（2）螺柱连接　螺柱连接是将螺柱的一端（旋入端），旋入零件的螺孔中，另一端穿过厚度不大的零件的光孔，套上垫圈，再用螺母旋紧，如图 8-9(b) 所示。

螺柱连接的简化画法如图 8-12 所示。

（3）螺钉连接　螺钉连接是将螺钉穿过几个零件的光孔，并旋入另一零件的螺孔中，将几个零件固定在一起，如图 8-9(c) 所示。螺钉连接图的画法如图 8-13 所示，作图时应注意螺钉的螺纹终止线应高于两零件的接触面，以保证正确旋紧。

几种螺钉头部的比例关系如图 8-14 所示。

紧定螺钉的连接图画法如图 8-15 所示。

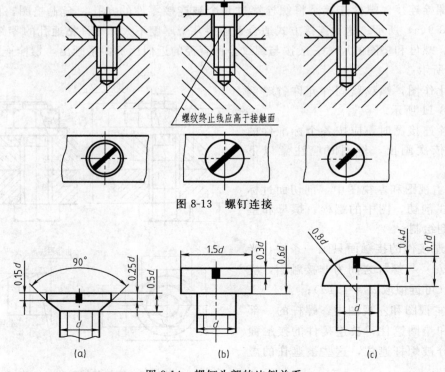

图 8-13 螺钉连接

图 8-14 螺钉头部的比例关系

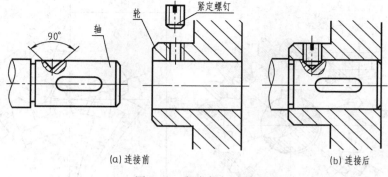

(a) 连接前　　　　　　　　　　　(b) 连接后

图 8-15　紧定螺钉连接

第二节　圆柱齿轮

齿轮用于两轴间传递运动或动力，常用的齿轮传动有三大类：

① 圆柱齿轮传动，用于平行两轴间的传动，如图 8-16(a) 所示；

② 圆锥齿轮传动，用于相交两轴间的传动，如图 8-16(b) 所示；

③ 蜗轮蜗杆传动，用于交叉两轴间的传动，如图 8-16(c) 所示。

(a) 圆柱齿轮传动　　　　　(b) 圆锥齿轮传动　　　　　(c) 蜗轮蜗杆传动

图 8-16　齿轮传动

圆柱齿轮的外形为圆柱形，按轮齿的排列方向分为直齿、斜齿和人字齿，如图 8-17 所示。轮齿的齿廓曲线有渐开线、摆线和圆弧等，其中渐开线齿形最为常见。

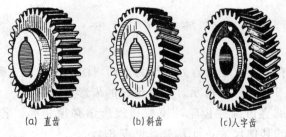

(a) 直齿　　　　　(b) 斜齿　　　　　(c) 人字齿

图 8-17　圆柱齿轮

一、直齿圆柱齿轮

1. 直齿圆柱齿轮的轮齿结构、名称及代号（见图 8-18）

(1) 齿顶圆和齿根圆　通过齿轮各轮齿顶部的圆称为齿顶圆，直径用 d_a 表示。通过齿

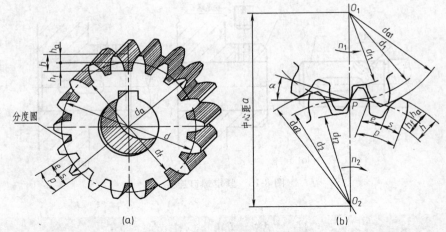

图 8-18　直齿圆柱齿轮的轮齿结构

轮各轮齿根部的圆称为齿根圆，直径用 d_f 表示。

（2）节圆和分度圆　在两齿轮啮合时，过齿轮中心连线上的啮合点（节点）所作的两个相切的圆称为节圆，直径用 d' 表示。在齿顶圆和齿根圆之间，通过齿隙弧长与齿厚弧长相等处的圆称为分度圆，直径用 d 表示。加工齿轮时，分度圆作为齿轮轮齿分度使用。标准轮齿的节圆和分度圆直径相等。

（3）齿高与齿宽　齿顶圆与齿根圆之间的径向距离称为齿高（h）。齿顶圆与分度圆之间的径向距离称为齿顶高（h_a）。齿根圆与分度圆之间的径向距离称为齿根高（h_f）。

$$h = h_a + h_f$$

齿轮的轮齿部分沿分度圆柱面母线方向度量的宽度，称为齿宽（b）。

（4）齿距　分度圆上相临两齿同侧齿廓间的弧长称为齿距（p），包括齿厚（s）和槽宽（e）。

$$p = s + e$$

2. 直齿圆柱齿轮的基本参数和尺寸关系

标准直齿圆柱齿轮的基本参数有齿数（z）、模数（m）和齿形角（α），其中模数 m 和齿形角 α 为标准参数。

（1）模数　分度圆的周长 $= \pi d = pz$，$d = \dfrac{p}{\pi} z = mz$，其中 $m = \dfrac{p}{\pi}$ 称为模数。设计齿轮时，模数应取标准值。

（2）齿形角　齿廓在节圆上啮合点处的受力方向（法向）与该点瞬时速度方向所夹的锐角称为齿形角（α），如图 8-18（b）所示。标准齿轮的齿形角 $\alpha = 20°$。

一对相互啮合的标准直齿圆柱齿轮，模数和齿形角必须相等。若已知它们的模数和齿数，则可以计算出轮齿的其他尺寸，计算关系见表 8-4。

3. 直齿圆柱齿轮的画法

（1）单个齿轮的画法　单个直齿圆柱齿轮的画法如图 8-19 所示。齿顶圆和齿顶线用粗实线绘制；分度圆和分度线用细点画线绘制；视图中，齿根圆和齿根线用细实线绘制（也可省略不画），剖视图中，齿根线用粗实线绘制，轮齿部分不画剖面线。

表 8-4　标准直齿圆柱齿轮的尺寸计算

基 本 参 数	名称及符号	计 算 公 式
	齿顶圆直径（d_a）	$d_a = m(z+2)$
	分度圆直径（d）	$d = mz$
	齿根圆直径（d_f）	$d_f = m(z-2.5)$
模数 m	齿顶高（h_a）	$h_a = m$
齿数 z	齿根高（h_f）	$h_f = 1.25m$
	齿高（h）	$h = h_a + h_f = 2.25m$
	齿距（p）	$p = \pi m$
	中心距（a）	$a = (d_1 + d_2)/2 = m(z_1 + z_2)/2$

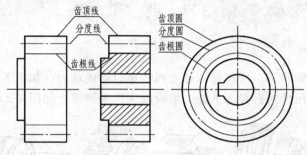

图 8-19　直齿圆柱齿轮的画法

（2）两直齿圆柱齿轮啮合的画法　两齿轮的啮合画法如图 8-20 所示。在与轴线平行的投影面内，若过轴线作剖视，啮合区内将一个齿轮的轮齿用粗实线绘制，另一个齿轮的轮齿被遮挡的部分用虚线绘制，也可省略不画，如图 8-20（a）所示；若作视图，在啮合区仅将节线用粗实线绘制，如图 8-20（b）所示。

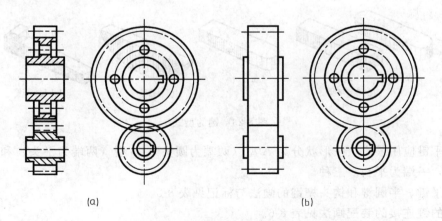

(a)　　　　　　　　　　(b)

图 8-20　直齿圆柱齿轮的啮合画法

在与轴线垂直的投影面内，两齿轮节圆应相切，啮合区内两齿轮的齿顶圆均用粗实线绘制，如图 8-20（a）所示。其省略画法如图 8-20（b）所示。

二、斜齿圆柱齿轮的画法

在非圆视图中，可用三条与轮齿方向一致的细实线表示齿线的特征，其他画法与直齿圆柱齿轮相同，如图 8-21 所示。

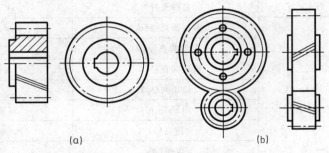

(a)　　　　　　　　　　(b)

图 8-21　斜齿圆柱齿轮的画法

第三节　键　和　销

一、键

键常用来连接轴和轮子，可以在两者之间传递运动或动力，如图 8-22 所示。

键是标准件，常用型式有普通平键、半圆键和钩头楔键，如图 8-23 所示。

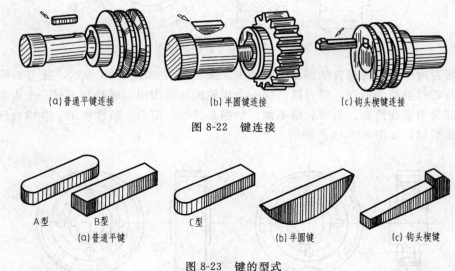

(a)普通平键连接　　　　　(b)半圆键连接　　　　　(c)钩头楔键连接

图 8-22　键连接

A 型　　B 型　　　　　C 型

(a)普通平键　　　　　　(b)半圆键　　　　(c)钩头楔键

图 8-23　键的型式

普通平键应用最广，按形状分为 A 型（两端为圆头）、B 型（两端为平头）和 C 型（一端为圆头，一端为平头）三种。

普通平键、半圆键和钩头楔键的画法与标记见表 8-5。

常见的键连接的装配画法见表 8-6。

绘制键连接时，键和键槽的尺寸是根据被连接的轴或孔的直径确定的，可参照附录二查阅。

二、销

销主要用于两零件间的定位，也可用于受力不大的连接和锁定。销为标准件，常见的型式有圆柱销、圆锥销和开口销，其标记示例见表 8-7。

表 8-5　普通平键、半圆键和钩头楔键的画法与标记

名　称	图　例	标　记
普通平键	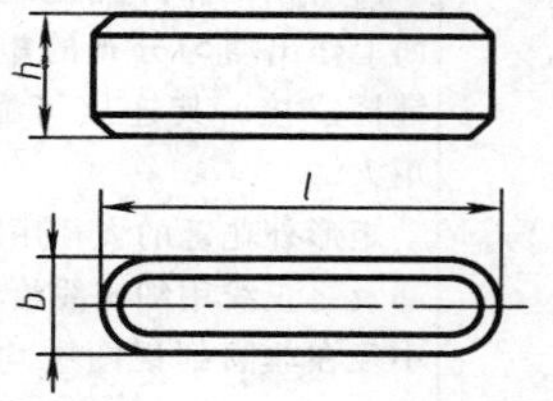	圆头普通平键（A 型）$b=8$mm，$h=7$mm，$l=25$mm： 键 GB/T 1096—2003　8×25 平头普通平键（B 型）$b=16$mm，$h=10$mm，$l=100$mm： 键 GB/T 1096—2003　B16×100 A 型普通平键标记时省略 A
半圆键	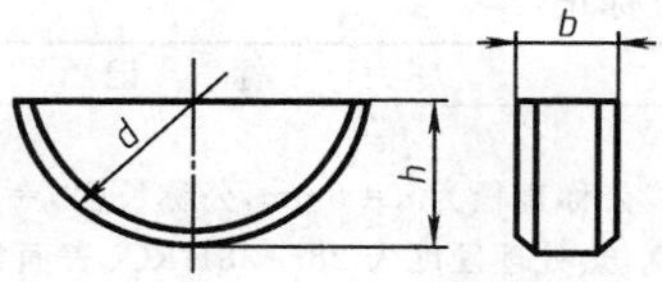	半圆键 $b=6$mm，$h=10$mm，$d=25$mm： 键 GB/T 1099—2003　6×25
钩头楔键	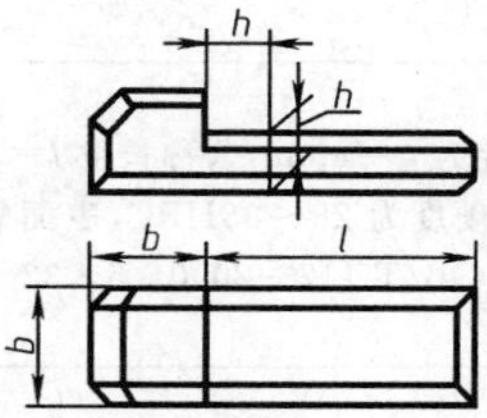	钩头楔键 $b=18$mm，$h=11$mm，$l=100$mm： 键 GB/T 1565—2003　18×100

表 8-6　键连接的画法

名　称	连 接 图 画 法	说　明
普通平键连接	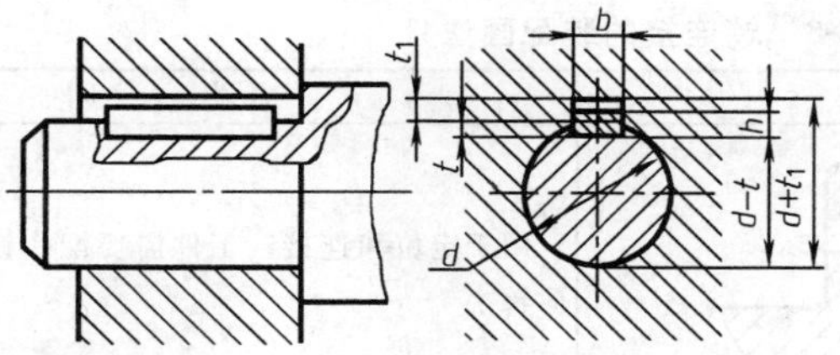	键的两侧面工作时受力，与键槽侧面接触，只画一条线；键顶面与轮毂上键槽的顶面之间有间隙，作图时应画出两条线 　沿键长度方向剖切时，键按不剖绘制 　键上的倒圆、倒角省略不画
半圆键连接	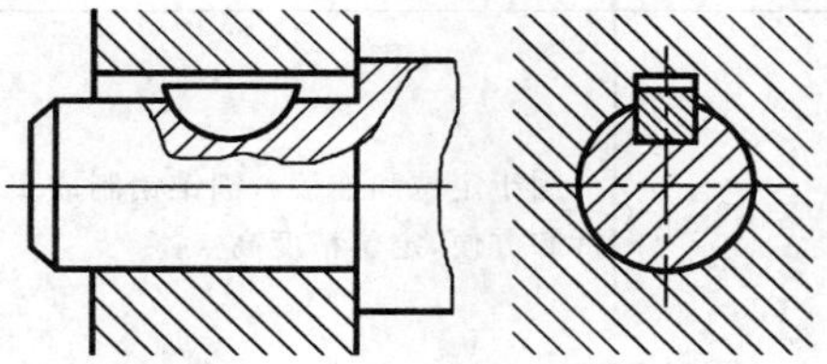	与普通平键连接情况基本相同，只是键的形状为半圆形；使用时，允许轴与轮毂轴线之间有少许倾斜
钩头楔键连接	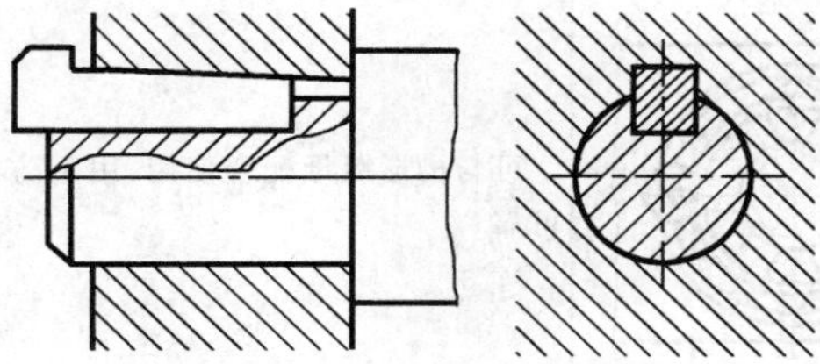	钩头楔键的上、下两面为工作面，上表面有 1：100 的斜度，可用来消除两零件间的径向间隙，作图时上下两面和侧面都不留间隙，画成接触面形式

名　称	连　接　图　画　法	说　明
矩形花键连接	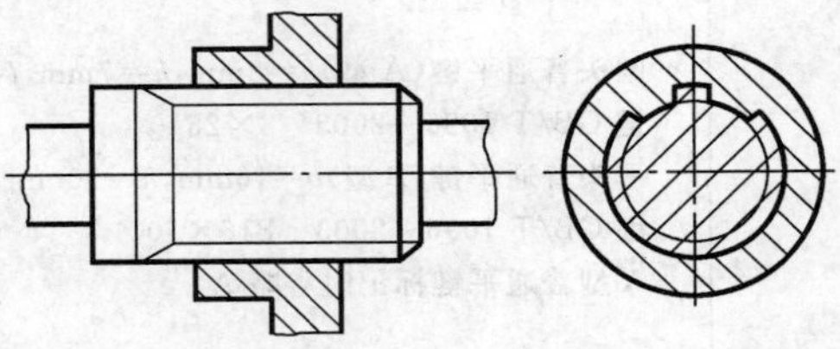	由内花键和外花键组成,外花键是在轴表面上作出均匀分布的矩形齿,与轮毂孔的花键槽连接。其连接可靠,导向性好,传递力矩大 矩形外花键的大径用粗实线绘制,小径、尾部及终止线用细实线绘制,矩形内花键的大、小径在非圆剖视图中均用粗实线绘制;连接图中,其连接部分按外花键绘制

表 8-7　销的型式与标记

名　称	图　例	标　记
圆柱销	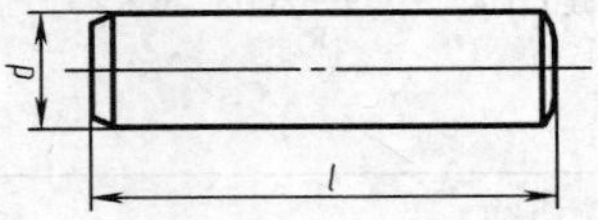	公称直径为 $d=8$mm,公称长度 $l=32$mm,材料为 35 钢,热处理硬度为 $28\sim38$HRC、表面氧化处理的 A 型圆柱销:销 GB/T 119—2000　A8×32
圆锥销	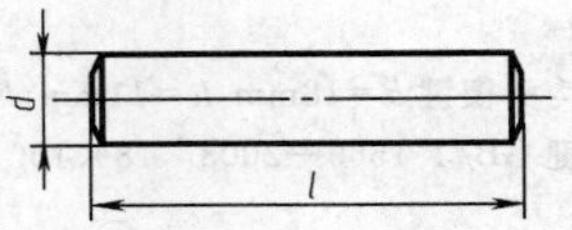	公称直径为 $d=5$mm,公称长度 $l=32$mm,材料为 35 钢,热处理硬度为 $28\sim38$HRC、表面氧化处理的 A 型圆锥销:销 GB/T 117—2000　5×32
开口销	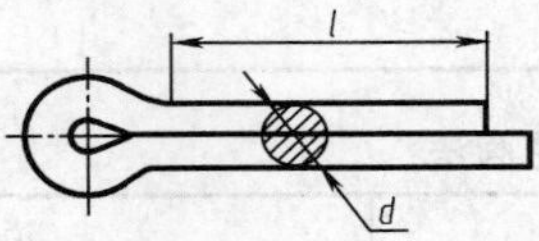	公称规格为 $d=5$mm,公称长度 $l=50$mm,材料为 Q215,不经表面处理的开口销:销 GB/T 91—2000　5×50

表 8-8　销连接的装配画法

类　型	画　法	说　明
圆柱销	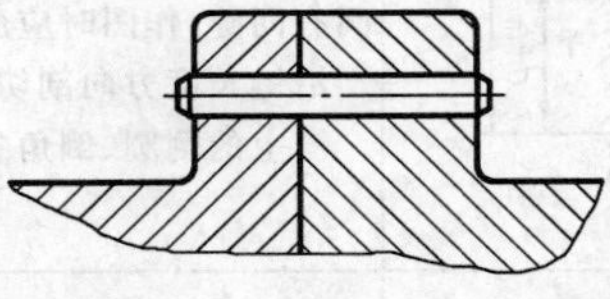	用于定位和连接。工件需要配作铰孔,可传递的载荷较小
圆锥销	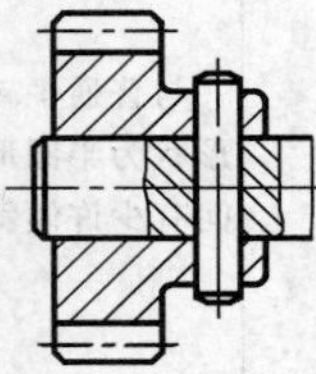	用于定位和连接。圆锥销制成 1∶50 的锥度,安装、拆卸方便,定位精度高
开口销	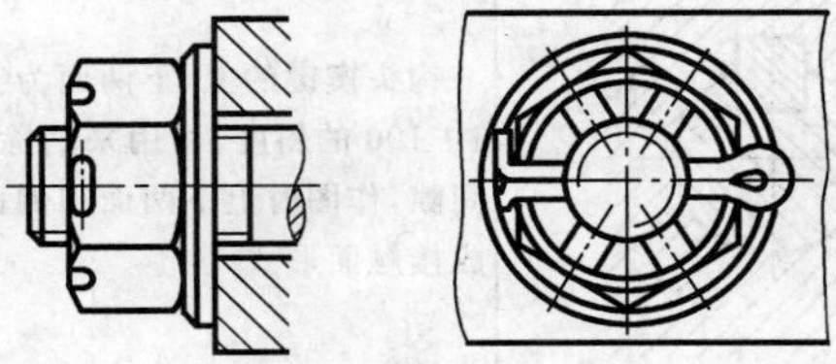	可与槽形螺母配合使用,用于防松,拆卸方便、工作可靠

在销连接的装配图中，当剖切面通过其轴线剖切时，销按不剖绘制，销连接的画法见表 8-8。

第四节　滚 动 轴 承

滚动轴承在机器中用于支撑旋转轴，其结构紧凑、摩擦小、效率高，使用广泛。滚动轴承是标准组件，其结构和尺寸已标准化。

一、滚动轴承的类型及特点

滚动轴承由内圈、外圈、滚动体和保持架组成。内圈套在轴上与轴一起转动，外圈装在机座孔中静止不动。滚动轴承按所承受载荷的特点分为三类。

（1）径向承载轴承　主要承受径向载荷，如深沟球轴承，如图 8-24（a）所示。

（2）轴向承载轴承　主要承受轴向载荷，如推力球轴承，如图 8-24（b）所示。

（3）径向和轴向承载轴承　可同时承受径向和轴向载荷，如圆锥滚子轴承，如图 8-24（c）所示。

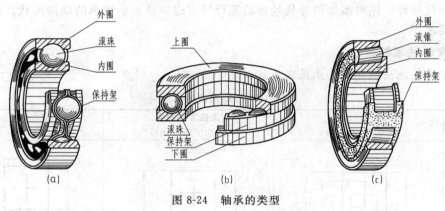

图 8-24　轴承的类型

二、滚动轴承的基本代号

滚动轴承用代号表示其结构、类型、公差等级和技术性能等特征。轴承的代号分前置代号、基本代号和后置代号，常使用的是基本代号。基本代号由轴承类型代号、尺寸系列代号和内径代号三部分组成。

1. 轴承类型代号

滚动轴承的类型代号用数字或字母表示见表 8-9。

表 8-9　轴承类型代号（摘自 GB/T 272—93）

代号	0	1	2	3	4	5	6	7	8	N	U	QJ
轴承类型	双列角接触球轴承	调心球轴承	调心滚子轴承和推力调心滚子轴承	圆锥滚子轴承	双列深沟球轴承	推力球轴承	深沟球轴承	角接触球轴承	推力圆柱滚子轴承	圆柱滚子轴承	外球面球轴承	四点接触球轴承

2. 尺寸系列代号

轴承的尺寸系列代号由轴承的宽（高）度系列代号和直径系列代号组成，用两位阿拉伯数字表示。尺寸系列代号用来区别内径相同而外径和宽度不同的轴承。

3. 内径代号（d）

内径代号表示轴承内孔的公称尺寸，用两位阿拉伯数字表示。代号为 00，01，02，03 的轴承，轴承内径分别为 10mm，12mm，15mm，17mm；代号数字为 04～96 的轴承，对应的轴承内径值可用代号数乘以 5 计算得到。但轴承内径为 1～9mm 时直接用公称内径数值（mm）表示；内径值为 22mm，28mm，32mm，以及大于或等于 500mm 时也用公称内径直接表示，但要用"/"与尺寸系列代号隔开。

例如：

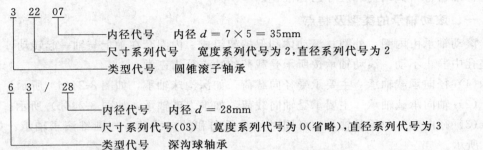

除基本代号外，还可添加前置代号和后置代号，进一步表示轴承的结构形状、尺寸、公差和技术要求等。

三、滚动轴承的画法

滚动轴承的画法及比例关系见表 8-10。

表 8-10　滚动轴承的画法

轴承类型		深沟球轴承 （GB/T 276—94）	圆锥滚子轴承 （GB/T 297—94）	推力球轴承 （GB/T 301—95）
简化画法	通用画法			外圈无挡边
				内圈有单挡边
	特征画法			

续表

轴承类型	深沟球轴承 (GB/T 276—94)	圆锥滚子轴承 (GB/T 297—94)	推力球轴承 (GB/T 301—95)
规定画法			
装配示意图			

　　在装配图中，轴承一般采用通用画法或特征画法，同一张图中应采用一种画法。如图 8-25 所示。

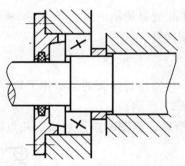

图 8-25　装配图中轴承的画法

第五节　弹　　簧

一、弹簧的类型及主要参数

　　弹簧的种类很多，如图 8-26 所示有压缩弹簧、拉力弹簧、扭力弹簧、平面蜗卷弹簧、截锥蜗卷弹簧、截锥螺旋压缩弹簧和板弹簧等。

　　下面以圆柱螺旋压缩弹簧为例，说明其主要参数。

　　(1) 簧丝直径 d　制造弹簧所用钢丝的直径。

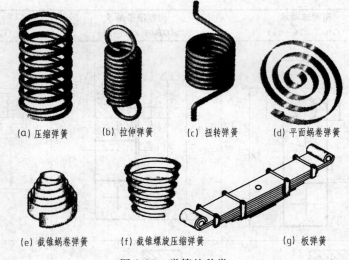

(a) 压缩弹簧　　(b) 拉伸弹簧　　(c) 扭转弹簧　　(d) 平面蜗卷弹簧

(e) 截锥蜗卷弹簧　　(f) 截锥螺旋压缩弹簧　　(g) 板弹簧

图 8-26　弹簧的种类

（2）弹簧外径 D　弹簧的最大直径。

（3）弹簧内径 D_1　弹簧的最小直径。$D_1 = D - 2d$。

（4）弹簧中径 D_2　弹簧外经与内径的平均值。$D_2 = (D + D_1)/2 = D - d = D_1 + d$。

（5）节距 t　相临两有效圈上对应点间的轴向距离。

（6）圈数　弹簧中间保持正常节距部分的圈数称为有效圈数（n）；为使弹簧平衡、端面受力均匀，弹簧两端应磨平并紧，磨平并紧部分的圈数称为支撑圈数（n_2），有 1.5、2 及 2.5 圈三种。弹簧的总圈数 $n_1 = n + n_2$。

（7）自由高度 H_0　弹簧在自由状态下的高度。$H_0 = nt + (n_2 - 0.5)d$。

（8）弹簧的展开长度 L　即制造弹簧用的簧丝长度。$L \approx n_1 \sqrt{(\pi D_2)^2 + t^2}$。

（9）旋向　分为左旋和右旋两种。

二、弹簧的画法

国家标准（GB/T 4459.4—2003）对弹簧的画法作了规定。圆柱螺旋弹簧按需要可画成视图、剖视图及示意图，如图 8-27 所示。

装配图中的画法如图 8-28 所示。画图时应注意以下几点。

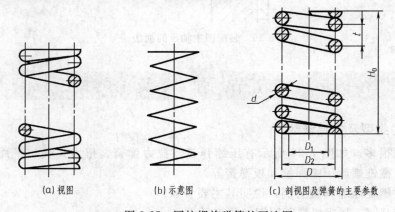

(a) 视图　　　　(b) 示意图　　　　(c) 剖视图及弹簧的主要参数

图 8-27　圆柱螺旋弹簧的画法图

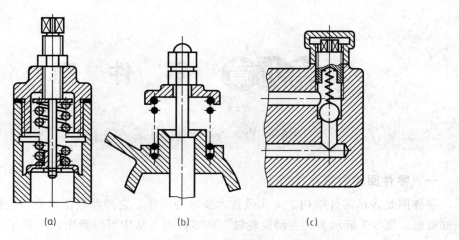

图 8-28　装配图中弹簧的画法

　　① 在装配图中，将弹簧看成一个实体，被弹簧挡住的结构一般不画出，可见部分应从弹簧的外轮廓线或从弹簧钢丝剖面的中心线画起，如图 8-28(a) 所示。

　　② 当弹簧被剖切时，可用涂黑表示，如图 8-28(b) 所示。

　　③ 簧丝直径在图中小于或等于 2mm 时，允许用示意图表示，如图 8-28(c) 所示。

第九章 零件图

第一节 零件图的基本知识

一、零件图的内容及作用

零件图是表示零件结构、大小及技术要求的图样，它必须包括制造和检验零件时所需的全部资料。图 9-1 所示为"主动齿轮轴"的零件图。从中可以看出，一张零件图应具备以下内容。

（1）一组视图　用一定数量的视图、剖视、断面、局部放大图等，完整、清晰地表达出零件的结构形状。

（2）足够的尺寸　正确、完整、清晰、合理地标注出零件在制造、检验时所需的全部尺寸。

（3）必要的技术要求　用规定的代号和文字，标注出零件在制造和检验中应达到的各项要求。如表面粗糙度、极限偏差等。

（4）标题栏　填写零件的名称、材料、数量、比例等。

一台机器或一个部件都是由许多零件按一定要求装配而成的。在制造机器时，必须先制造出全部零件。表示零件结构、大小和技术要求的图样称为零件图。它是制造和检验零件的依据，是组织生产的主要技术文件之一。

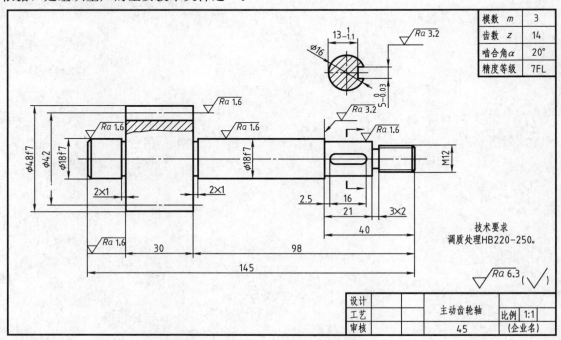

模数 m	3
齿数 z	14
啮合角 α	20°
精度等级	7FL

技术要求
调质处理HB220-250。

设计		主动齿轮轴	比例 1:1
工艺			
审核		45	(企业名)

图 9-1　主动齿轮轴零件图

二、零件上常用的工艺结构

零件的结构形状主要根据零件在机器、设备中所起的作用而定，同时也要考虑零件的制造工艺和装配工艺的要求。零件上常见的工艺结构及其表达方法如下。

1. 铸造工艺对结构的要求

（1）铸造圆角　为了防止铸件产生裂纹和缩孔等缺陷，在铸件表面相交处应做成圆角过渡，如图 9-2 所示。

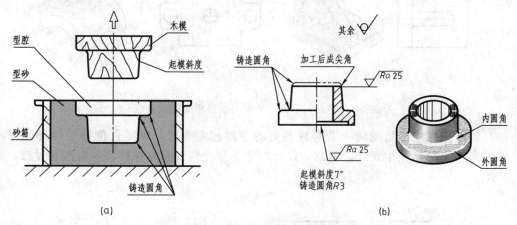

图 9-2　铸造圆角和起模斜度

圆角尺寸通常较小，一般为 $R2\sim5$ mm，在零件图上可省略不画，只在技术要求中注明。

由于铸造圆角的存在，使零件上两表面的交线变得不够明显。为了读图时便于区分不同的表面，在图中仍然画出理论上的交线，但两端不与轮廓线接触，此线称为过渡线。过渡线用细实线绘制。图 9-3 为两圆柱面相交的过渡线画法。图 9-4 为平面与平面、平面与曲面相交时过渡线的画法。

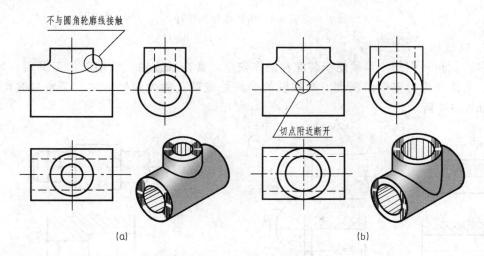

图 9-3　圆柱面相交的过渡线

（2）铸造斜度（起模斜度）　铸造零件在成型时，为了便于将木模从砂型中取出，常使铸件的内、外壁，沿起模方向作出一定的斜度，称为铸造斜度或起模斜度，如图 9-3 所示。起模斜度在零件图上不必画出，也可不加标注，必要时在技术要求中加以说明。

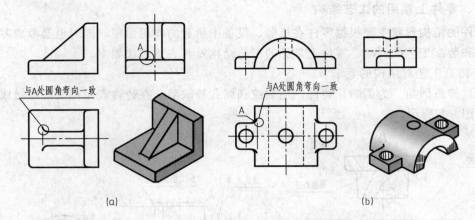

图 9-4 平面与平面、平面与曲面相交的过渡线

（3）铸件壁厚应尽量均匀　若铸件各处的壁厚相差很大，则零件浇铸后冷却速度不一样，在厚薄突变处易产生裂纹。因此，设计时应尽量使铸件壁厚保持均匀或逐渐过渡，如图 9-5 所示。

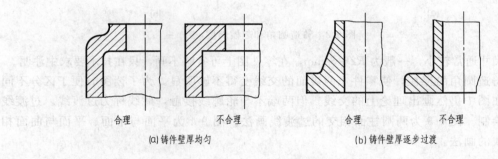

图 9-5　铸件壁厚的设计

2. 机械加工工艺结构

（1）倒角和倒圆　为了便于装配和操作安全，常在轴或轴孔的端部加工倒角，如图 9-6 所示。为避免应力集中而断裂，常在轴的台肩处或轴孔的尖角处加工出圆角过渡，称为倒圆，如图 9-7 所示。

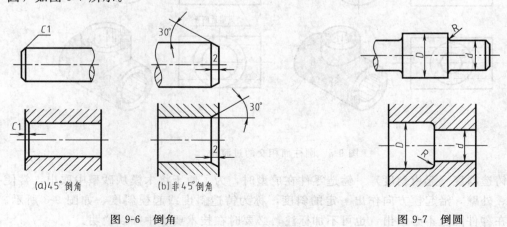

图 9-6　倒角　　　　　　　　　　　　　图 9-7　倒圆

（2）退刀槽和砂轮越程槽　在车削螺纹、阶梯轴、阶梯孔等结构或磨削零件表面时，为便于退出刀具，常在待加工面的末端预先加工出退刀槽或砂轮越程槽，如图9-8所示。必要时，可用局部放大图表示它们的详细结构和尺寸，如图9-9所示。

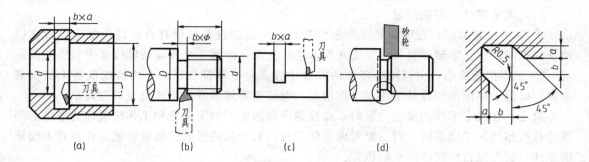

图 9-8　退刀槽和砂轮越程槽

图 9-9　砂轮越程槽
的局部放大图

（3）凸台、沉孔和凹槽　为使零件的某些装配表面与相邻零件接触良好，减少加工面，常在零件加工面上加工凸台、沉孔和凹槽，如图9-10所示。

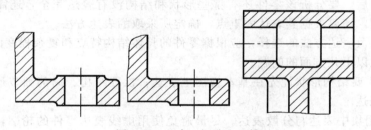

图 9-10　凸台、沉孔和凹槽

（4）钻孔结构　为避免钻孔时钻头因单边受力产生偏斜或折断，钻头轴线应垂直于孔的端面，如图9-11所示。

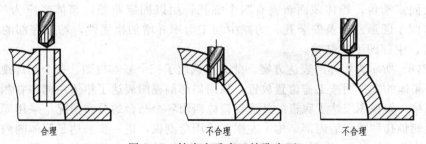

合理　　　　不合理　　　　不合理

图 9-11　钻头应垂直于钻孔表面

第二节　零件的分类及视图选择

一、零件的分类

根据零件在机器或部件中的作用不同，可分为标准件、传动件和一般零件三类。一般零件根据其结构特点可分为：轴套类零件、盘盖类零件、叉架类零件和箱体类零件四种。传动零件起传递动力和运动的作用，如：齿轮、带轮等。

二、视图的选择

1. 主视图的选择

选择主视图包括确定零件的安放位置和选择主视图的投射方向。

（1）确定零件的安放位置

① 加工位置原则：在确定零件安放位置时，应使主视图尽量符合零件的加工位置，以便于加工时看图。如轴套类零件主要在车床进行加工，故其主视图应按轴线水平位置绘制。

② 工作位置原则：主视图中零件的安放位置，应尽量符合零件在机器或设备上的安装位置，以便于读图时想像其功用及工作情况。箱体类零件通常按工作位置放置画出。

总之，在确定零件的放置位置时，应根据零件的实际加工位置和工作位置综合考虑。当零件具有多种加工位置时，则主要考虑工作位置；对于某些安装位置倾斜或工作位置不确定的零件，应遵循自然安放的平稳位置。

（2）主视图投射方向的选择　主视图是零件表达的核心，应把能较多地反映零件结构形状特征和各部分间相对位置关系的方向作为主视图的投射方向。并兼顾其他视图作图方便及图幅的合理使用。

2. 其他视图的选择

主视图确定后，要分析该零件还有哪些形状和结构没有表达完全，还需要增加哪些视图。对每一视图，还要根据其表达的重点，确定所采取的表达方法。

视图数量以及表达方法的选择，应根据零件的具体结构特点和复杂程度而定，选择表达方案时，应注意以下几方面的问题。

① 零件的主要结构形状优先在基本视图上表达；次要结构、局部细节形状可用局部视图、断面图等表达。

② 合理运用集中表达与分散表达。尽量避免使用虚线表达零件的轮廓，但在不会造成读图困难时，可用少量虚线表示尚未表达完整的局部结构。

图 9-12（a）所示为减速机箱体的轴测图。零件的主体为方形壳体，中空部分用以容纳轴、齿轮等传动件；箱体四周有圆柱形凸台和轴孔，凸台外侧均布一定数量的螺孔，用以支承传动轴及固定端盖；箱体顶面布置有四个螺孔，用以固定箱盖；箱体底座为长方体结构，四角分布着四个圆形凸台及安装孔；为减少加工面积并增加稳固性，箱体底部的安装接触面为四角凸起、中部凹下的结构。

图 9-12（b）所示为箱体的表达方案。此方案选用了三个基本视图、三个局部视图和一个局部剖视图。箱体的主视图按工作位置放置，采用局部剖视图表达了箱体左侧和右侧的轴孔及螺孔的内部结构；俯视图表达了底板的外形和箱体四周各个凸台的分布情况，采用局部剖视表达了箱体左上侧轴孔和螺孔的内部结构。左视图采用全剖视，进一步表达了箱体的内腔和前后轴孔及螺孔的内部结构。C—C 局部剖视图表达了箱体左内侧凸台的形状及轴孔的具体位置。D 向局部视图表达了箱体左侧两个相连的圆形凸台的形状及其上螺孔的分布情况。E 向局部视图表达了右凸台上螺孔的分布情况。箱体底面凸台的形状由 F 向局部视图表达。

三、典型零件的视图选择

1. 轴套类零件

图 9-13 所示的轴和图 9-14 所示的套筒属于轴套类零件。它们的基本形状为同轴回转体，主要在车床上加工。因此，轴套类零件的主视图应将轴线水平放置，一般只用一个主视图，再辅以适当的其他表达方法，如：剖视、局部放大图、断面、断开画法等来表达。

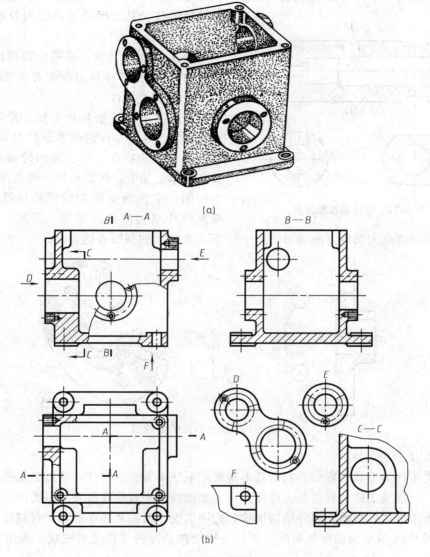

图 9-12 箱体

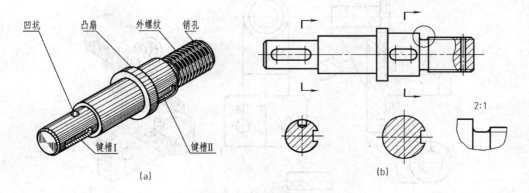

图 9-13 轴的视图方案

在图 9-13 中，用 1 个局部剖的主视图、1 个局部放大图、2 个移出断面图分别表达了轴右端的销孔、退刀槽的细部结构及轴上的键槽和凹坑。

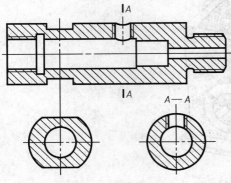

图 9-14 所示套筒，采用全剖视的主视图表达其内部结构，2 个移出断面表达其断面形状。

2. 盘盖类零件

盘盖类零件包括各种手轮、带轮、法兰盘和端盖等。这类零件的基本形状为扁平的盘状，零件上常有一些孔、槽、肋和轮辐等结构，主要在车床上加工。此类零件一般选用 1～2 个基本视图，主视图按加工位置将轴线水平放置，根据内外结构形状的需要，采用适当的剖视、

图 9-14　套筒的视图方案

简化画法和局部放大图等方法表示，图 9-15 所示为法兰的视图表达方案。

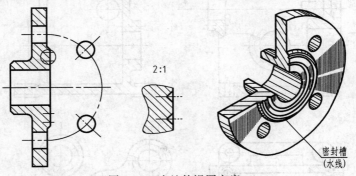

图 9-15　法兰的视图方案

3. 叉架类零件

叉架类零件的形状一般较为复杂且不规则，毛坯多为铸、锻件，其加工工序较多，加工位置多变，一般按工作位置选择主视图，使主要轴线水平或垂直放置。需要两个或两个以上的基本视图来表达。根据其内外结构形状，选用剖视、断面及局部视图、斜视图等适当的表达方法。图 9-16 所示为轴座的视图方案。主视图按轴座的工作位置安放，采用阶梯剖的全

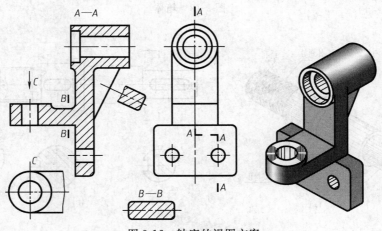

图 9-16　轴座的视图方案

剖视图；左视图表达竖板的形状，并进一步表示各部分的相对位置。另外还用了 C 向局部视图及两个移出断面。

4. 箱壳类零件

此类零件起支承、包容、保护运动零件或其他零件的作用，一般其形状、结构比前面三类零件复杂，且加工位置多变。这类零件主视图按形状特征选择，并按工作位置放置，一般需要两个以上的基本视图及适当的剖视、局部视图、局部放大图、斜视图和断面等来表达。

图 9-17 为球阀阀体，其主视图选用工作位置，采用全剖视；左视图采用半剖视以表示内外形状；由于阀体前后对称，俯视图利用对称符号只画半个图形。此外，还用两个局部放大图表达细部结构。

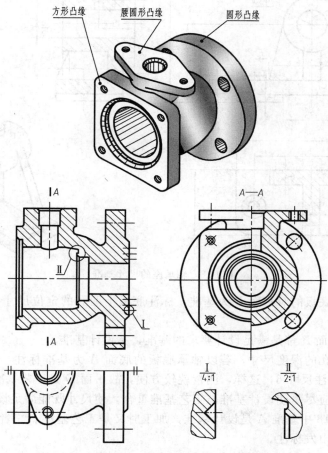

图 9-17 阀体的视图方案

第三节 零件图的尺寸标注

零件图上的尺寸是零件加工、检验时的重要依据，是零件图的主要内容之一。在零件图上标注尺寸的基本要求是：正确、完整、清晰、合理。

一、尺寸基准的选择

尺寸基准的选择既要符合零件的设计要求，又要便于加工和测量。尺寸基准是指标注尺寸的起点，一般以零件的底面、端面、对称面、主要的轴线、中心线等作为尺寸基准。

1. 设计基准和工艺基准

根据零件的结构和设计要求而确定的基准为设计基准；根据零件在加工和测量等方面的要求所确定的基准为工艺基准。

图 9-18 所示为轴承座。轴承孔的高度是影响轴承座工作性能的功能尺寸，图中尺寸 40 ± 0.02 以底面 A 为基准，以保证轴承孔到底面的高度。其他高度方向的尺寸，如 58、10、12 均以 A 面为基准。

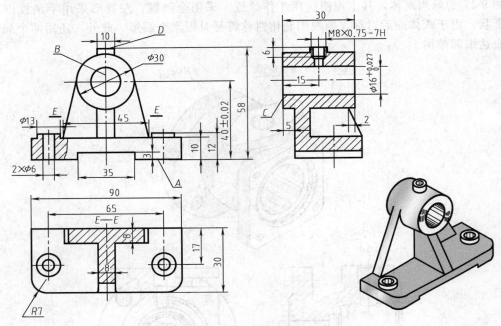

图 9-18　轴承座的尺寸基准

长度方向上以底板的对称面 B 为基准，标注底板上两孔的定位尺寸 65，以保证底板上两孔的对称关系。

底面 A 和对称面 B 都是满足设计要求的基准，是设计基准。

轴承座上方螺孔的深度尺寸，若以轴承底板的底面 A 为基准标注，就不易测量。以凸台端面 D 为基准标注尺寸 6，这样，测量就较方便，故平面 D 是工艺基准。

标注尺寸时，应尽量使设计基准与工艺基准重合，使尺寸既能满足设计要求，又能满足工艺要求。如图 9-18 中基准 A 是设计基准，加工时又是工艺基准。二者不能重合时，主要尺寸应从设计基准出发标注。

2. 主要尺寸基准与辅助尺寸基准

每个零件都有长、宽、高三个方向的尺寸，每个方向至少有一个主要尺寸基准。有时为了便于加工和测量，还附加一些尺寸基准，这些除主要基准外另选的基准为辅助尺寸基准。辅助尺寸基准必须有尺寸与主要基准相联系。如图 9-18 中底面 A、对称面 B、端面 C 为主要尺寸基准，而凸台端面 D 为辅助尺寸基准（工艺基准），辅助基准与主要基准之间联系尺寸为 58。

二、零件图尺寸的合理标注

① 重要尺寸（零件上的配合尺寸、安装尺寸、特性尺寸等，即影响零件在机器中的工作性能和装配精度及互换性等要求的尺寸）应从尺寸基准直接注出。如图 9-19 所示。

② 避免注成封闭的尺寸链，如图 9-20 所示。

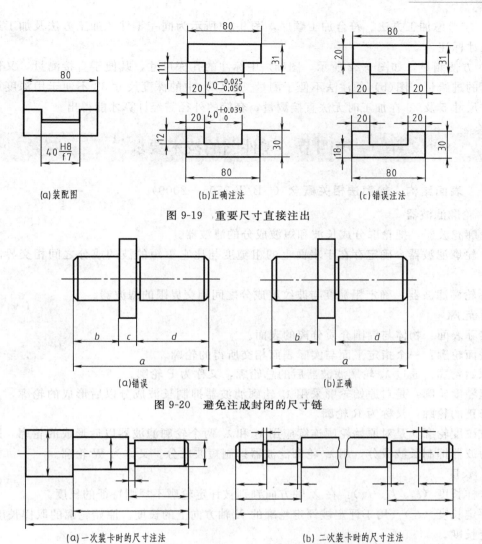

(a)装配图　　　(b)正确注法　　　(c)错误注法

图 9-19　重要尺寸直接注出

(a)错误　　　　　　　　(b)正确

图 9-20　避免注成封闭的尺寸链

(a)一次装卡时的尺寸注法　　　　(b)二次装卡时的尺寸注法

图 9-21　轴的两种尺寸注法

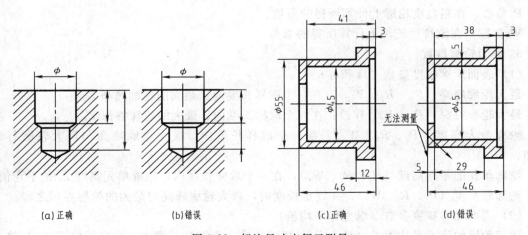

(a)正确　　　(b)错误　　　(c)正确　　　(d)错误

图 9-22　标注尺寸应便于测量

③ 应考虑加工方法、符合加工顺序，图 9-21 所示为同一零件的加工方法及加工过程不同的尺寸标注。

④ 方便测量，如图 9-22 所示，图（a）中标注的孔深尺寸，既便于直接测量，又便于调整刀具的进给量；图（b）的注法不便于测量。图（d）中的深度尺寸 38 不便于用深度尺直接测量；尺寸 5 及 29 在加工时无法直接测量；套筒的外径需经计算才能得出。

第四节　零件图的技术要求

一、表面结构、轮廓法相关概念（GB/T 3505—2009）

1. 轮廓滤波器

轮廓滤波器：把轮廓分成长波和短波成分的滤波器。

λ_s 轮廓滤波器：确定存在于表面上的粗糙度与比它更短的波的成分之间相交界限的滤波器。

λ_c 轮廓滤波器：确定粗糙度与波纹度成分之间相交界限的滤波器。

2. 轮廓

实际表面：物体与周围介质分离的表面。

表面轮廓：一个指定平面与实际表面相交所得的轮廓。

原始轮廓：通过 λ_s 轮廓滤波器后的总轮廓，又称为 P 轮廓。

粗糙度轮廓：是对原始轮廓采用 λ_c 轮廓滤波器抑制长波成分以后形成的轮廓，是经过人为修正的轮廓，又称为 R 轮廓。

波纹度轮廓：是对原始轮廓连续应用 λ_f 和 λ_c 两个轮廓滤波器以后形成的轮廓。采用 λ_f 轮廓滤波器抑制长波成分，用 λ_c 轮廓滤波器抑制短波成分。又称为 W 轮廓。

3. 长度

取样长度（l_p、l_r、l_w）：在 X 轴方向判别被评定轮廓不规则特征的长度。

评定长度（l_n）：用于评定被评定轮廓的 X 轴方向上的长度。原始轮廓的取样长度 l_p 等于评定长度。

4. 几何参数

P 参数：在原始轮廓上计算所得的参数。

R 参数：在粗糙度轮廓上计算所得的参数。

W 参数：在波纹度轮廓上计算所得的参数。

5. 表面轮廓参数

（1）表面轮廓幅度参数（峰和谷）

最大轮廓峰高（P_p、R_p、W_p）：在一个取样长度内，最大的轮廓峰高 Z_p。

最大轮廓谷深（P_v、R_v、W_v）：在一个取样长度内，最大的轮廓谷深 Z_v。

轮廓最大高度（P_z、R_z、W_z）：在一个取样长度内，最大轮廓峰高与最大轮廓谷深之和。

轮廓单元的平均高度（P_c、R_c、W_c）：在一个取样长度内，轮廓单元高度 Z_t 的平均值。

轮廓总高度（P_t、R_t、W_t）：在评定长度内，最大轮廓峰高与最大的轮廓谷深之和。

（2）表面轮廓幅度参数（纵坐标平均值）

评定轮廓的算术平均偏差（Pa、Ra、Wa）：在一个取样长度内，纵坐标值 $Z(x)$ 绝对值的算术平均值。

评定轮廓的均方根偏差（Pq、Rq、Wq）：在一个取样长度内，纵坐标值 $Z(x)$ 的均方根值。

评定轮廓的偏斜度（Psk、Rsk、Wsk）：在一个取样长度内，纵坐标值 $Z(x)$ 三次方的平均值分别与 Pq、Rq 或 Wq 的三次方的比值。

评定轮廓的陡度（Pku、Rku、Wku）：在取样长度内，纵坐标值 $Z(x)$ 四次方的平均值分别与 Pq、Rq 或 Wq 的四次方的比值。

（3）表面轮廓间距参数

轮廓单元的平均宽度（Psm、Rsm、Wsm）：在一个取样长度内，轮廓单元宽度 Xs 的平均值。

（4）表面轮廓混合参数

评定轮廓的均方根斜率（$P\Delta q$、$R\Delta q$、$W\Delta q$）：在取样长度内，纵坐标斜率 dZ/dX 的均方根值。

新旧国标表面结构参数对比见表 9-1。

表 9-1 新旧国标表面结构参数对比（摘自 GB/T 3505—2009）

参数	1983 版本	2009 版本	在测量范围内	
			评定长度 ln	取样长度
最大轮廓峰高	R_p	Rp		√
最大轮廓谷深	R_m	Rv		√
轮廓最大高度	R_y	Rz		√
轮廓单元的平均高度	R_c	Rc		√
轮廓总高度	—	Rt	√	
评定轮廓的算术平均偏差	R_a	Ra		√
评定轮廓的均方根偏差	R_q	Rq		√
评定轮廓的偏斜度	S_k	Rsk		√
评定轮廓的陡度	—	Rku		√
轮廓单元的平均宽度	S_m	Rsm		√
评定轮廓的均方根斜率	Δ_q	$R\Delta q$		
十点高度	R_z	—		

注：√符号表示在测量范围内，现采用的评定长度和取样长度 2009 版本，在规定的三个轮廓参数中，表中只列出了粗糙度轮廓参数。

二、表面粗糙度的含义及标注

1. 表面粗糙度的含义

零件上宏观看起来光滑的加工表面，在放大镜（或显微镜）下观察时，可以看到不同程度的峰谷，如图 9-23 所示。这种加工表面上具有一定间距的峰、谷所组成的微观几何形状特性称为表面粗糙度。

表面粗糙度是衡量零件表面质量的重要技术指标。它对零件的耐磨性、抗腐蚀性、疲劳强度、密封性、配合性

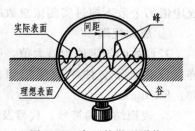

图 9-23 表面的微观形状

质和外观等都有影响。零件表面要求的粗糙度数值越小，加工费用越高，因此应根据零件的功用合理选择表面粗糙度数值。

2. 表面粗糙度的评定参数及评定规则

（1）表面粗糙度的评定参数（GB/T 1031—2009）

表面粗糙度高度参数有：轮廓的算术平均偏差 Ra 和轮廓的最大高度 Rz，推荐优先选用 Ra。表面粗糙度附加的评定参数有：轮廓单元的平均宽度 Rsm 和轮廓的支承长度率 Rmr（c）。轮廓的算术平均偏差 Ra 和轮廓的最大高度 Rz 的数值见表 9-2，轮廓单元的平均宽度 Rsm 的数值见表 9-3，轮廓的支承长度率 Rmr（c）的数值见表 9-4。参数代号采用大小写斜体字母表示。

表 9-2　轮廓的算术平均偏差 Ra 和轮廓的最大高度 Rz 的数值　　　　单位：μm

Ra	0.012	0.025	0.05	0.1	0.2	0.4	0.8	1.6	3.2
	6.3	12.5	25	50	100				
Rz	0.025	0.05	0.1	0.2	0.4	0.8	1.6	3.2	6.3
	12.5	25	50	100	200	400	800	1600	

表 9-3　轮廓单元的平均宽度 Rsm 的数值　　　　单位：mm

Rsm	0.006	0.0125	0.025	0.05	0.1	0.2	0.4	0.8	1.6	3.2	6.3	12.5

表 9-4　轮廓的支承长度率 Rmr（c）的数值

$Rmr(c)$	10	15	20	25	30	40	50	60	70	80	90

选用轮廓的支承长度率参数时，应同时给出轮廓截面高度 c 值，它可用微米或 Rz 的百分数表示。Rz 的百分数系列为：5%、10%、15%、20%、25%、30%、40%、50%、60%、70%、80%、90%。

（2）表面结构极限值判断规则

测得值与公差极限值相比较的规则有 16% 规则和最大规则（GB/T 10610—2009）。

① 16% 规则。

当参数的规定值为上限值时，如果所选参数在同一评定长度上的全部实测值中，大于图样或技术产品文件中规定值的个数不超过实测值总数的 16%，则该表面合格。当参数的规定值为下限值时，如果所选参数在同一评定长度上的全部实测值中，小于图样或技术文件中规定值的个数不超过实测值总数的 16%，则该表面合格。

② 最大规则。

若参数的规定值为最大值，则在被检表面的全部区域内测得的参数值一个也不应超过图样或技术产品文件中的规定值。按最大规则检验时，应在参数符号后面增加"max"，如：$Rz_1 max$。

3. 表面结构的符号、代号及含义（GB/T 131—2006）

（1）表面结构符号画法及含义　表面结构符号的含义和画法见表 9-5。

表 9-5　表面结构符号的意义和画法

符号	含 义 及 说 明	基本符号画法	去除材料的完整图形符号
∨	基本图形符号，未指定工艺方法的表面，当通过一个注释解释时可单独使用		（图）位置 a 注写表面结构的单一要求。传输带或取样长度后应有一斜线"/"，之后是表面结构参数代号，最后是空格、数值。如：0.0025-0.8/Rz 6.3（传输带标注） 位置 b 注写第二个表面结构要求。 位置 c 注写加工方法、表面处理、涂层或其他加工工艺要求等。 位置 d 注写表面纹理和方向，如"="、"X"、"M"。 位置 e 注写加工余量。数值单位为毫米
∨	扩展图形符号，用去除材料方法获得的表面；仅当其含义是"被加工表面"时可单独使用。加工方法有：车、铣、钻、磨、剪切、抛光、腐蚀、电火花加工、气割等	60° H_1 H_2 d	
∨○	扩展图形符号，不去除材料的表面，也可用于表示保持上道工序形成的表面，不管这种状况是通过去除材料或不去除材料形成的。		

表面粗糙度符号尺寸见表 9-6。

表 9-6　表面粗糙度符号尺寸　　　　　　　　　　　　　单位：mm

数字和字母高度 h（见 GB/T 14690）	2.5	3.5	5	7	10	14	20
符号线宽 d'	0.25	0.35	0.5	0.7	1	1.4	2
字母线宽 d							
高度 H_1	3.5	5	7	10	14	20	28
高度 H_2（最小值，其值取决于标注内容）	7.5	10.5	15	21	30	42	60

（2）表面纹理的标注　　纹理方向是指表面纹理的主要方向，常由加工工艺决定。表面纹理及其方向采用表 9-7 中规定的符号进行标注。

表 9-7　表面纹理的标注

符号	=	⊥	X	M
示例	（图）纹理方向	（图）纹理方向	（图）纹理方向	（图）
解释	纹理平行于视图所在的投影面	纹理垂直于视图所在的投影面	纹理呈两斜向交叉且与视图所在的投影面相交	纹理呈多方向
符号	C	R	P	
示例	（图）	（图）	（图）	
解释	纹理呈近似同心圆且圆心与表面中心相关	纹理呈近似放射性且与表面中心相关	纹理呈微粒、凸起、无方向	

（3）表面结构代号及含义　见表9-8。

表9-8　表面结构代号及含义

序号	代号	含　义
1	$\sqrt{}$ Rz 0.8	表示不允许去除材料，单向上限值，默认传输带，R轮廓，粗糙度的最大高度 0.8μm，评定长度为 5 个取样长度（默认），"16％规则"（默认）
2	$\sqrt{}$ Rz max 0.2	表示去除材料，单向上限值，默认传输带，R轮廓，粗糙度最大高度的最大值 0.2μm，评定长度为 5 个取样长度（默认），"最大规则"
3	$\sqrt{}$ −0.8/Ra 3 3.2	表示去除材料，单向上限值，传输带，根据 GB/T 6062，取样长度 0.8μm（λ_s 默认 0.0025mm），R轮廓，算术平均偏差 3.2μm，评定长度包括 3 个取样长度，"16％规则"（默认）
4	$\sqrt{}$ U Ra max 3.2 L Ra 0.8	表示不允许去除材料，双向极限值，两极限值均使用默认传输带，R轮廓，上限值：算术平均偏差 3.2μm，评定长度为 5 个取样长度（默认），"最大规则"；下限值：算术平均偏差 0.8μm，评定长度为 5 个取样长度（默认）。"16％规则"（默认）
5	$\sqrt{}$ 0.8−25/ Wz3 10	表示去除材料，单向上限值，传输带 0.8～25mm，W轮廓，波纹度最大高度 10μm，评定长度包括 3 个取样长度，"16％规则"（默认）
6	$\sqrt{}$ 0.008−/Pt max 25	表示去除材料，单向上限值，传输带 λ_s＝0.008mm，无长波滤波器，P轮廓，轮廓总高度 25mm，评定长度等于工件长度（默认），"最大规则"
7	$\sqrt{}$ 0.0025−0.1//Rx 0.2	表示任意加工方法，单向上限值，传输带 λ_s＝0.0025mm，A＝0.1mm，评定长度 3.2mm（默认），粗糙度图形参数，粗糙度图形最大深度 0.2μm，"16％规则"（默认）

4. 表面结构要求的标注（GB/T 131—2006）

（1）**标注总原则**　表面结构的注写和读取方向与尺寸的注写和读取方向一致。所有表面结构参数都应按规定标注相应的表面结构参数代号。表面结构图形符号不应倒着标注，也不应指向左侧标注。如图9-24所示。

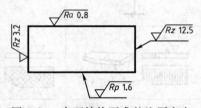

图 9-24　表面结构要求的注写方向

（2）**表面结构要求在图样上的标注位置**　见表9-9。

表9-9　表面结构要求在图样上的标注位置

项目	示例	项目	示例
表面结构要求可以标注在轮廓线或轮廓延长线上，其符号应从材料外指向并接触表面	Rz 12.5　Rz 6.3　Ra 1.6　Ra 1.6　Rz 12.5　Rz 6.3	若每个棱柱表面的表面结构要求不同，则应分别单独标注	Ra 3.2　Rz 1.6　Ra 6.3　Ra 3.2

续表

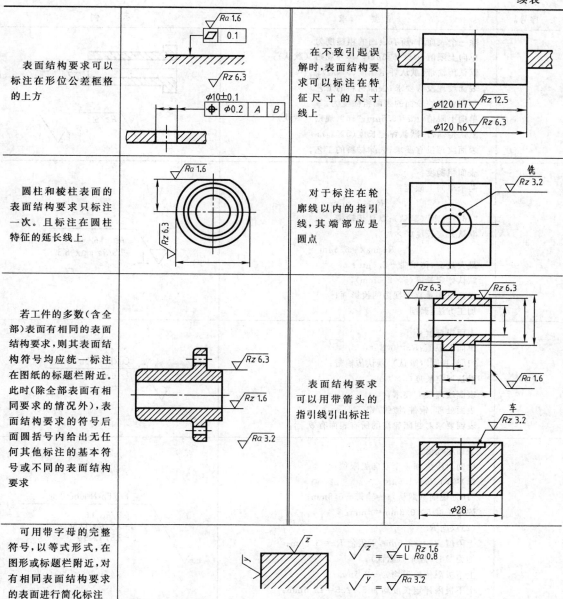

（3）表面结构要求的标注示例　见表 9-10。

表 9-10　表面结构要求的标注示例

序号	要　　求	示　　例
1	表面粗糙度 Ra： 双向极限值，上限值 $50\mu m$，下限值 $6.3\mu m$； 均为"16％规则"（默认）； 两个传输带均为 $0.008\text{-}4mm$； 默认的评定长度 $5\times4mm=20mm$；加工方法为铣； 表面纹理呈近似同心圆且圆心与表面中心相关。 注：因不会引起争议，不必加 U 和 L，加上也行。	铣 $\sqrt{\begin{array}{l}0.008\text{-}4/Ra\ 50\\0.008\text{-}4/Ra\ 6.3\end{array}}$

序号	要　　求	示　　例
2	除一个表面外,所有表面的粗糙度为: 单向上限值,$Rz=6.3\mu m$,"16％规则"(默认); 默认传输带;默认评定长度($5\times\lambda_c$); 表面纹理没有要求;去除材料的工艺。 不同要求的表面的表面粗糙度为: 单向上限值,$Ra=0.8\mu m$,"16％规则"(默认); 默认传输带;默认评定长度($5\times\lambda_c$); 表面纹理没有要求;去除材料的工艺。	
3	表面粗糙度: 两个单向上限值: $$Ra=1.6\mu m$$ "16％规则"(默认);默认传输带; 默认评定长度($5\times\lambda_c$); $$Rz\ max=6.3\mu m$$ 最大规则,传输带－$2.5\mu m$; 默认评定长度($5\times2.5mm$); 表面纹理垂直于视图的投影面; 加工方法:磨削	磨 $Ra\ 1.6$ $-2.5/Rz\ max\ 6.3$
4	表面粗糙度: 单向上限值:$Rz=0.8\mu m$ "16％规则"(默认);默认传输带; 默认评定长度($5\times\lambda_c$); 表面纹理没有要求; 表面处理:铜件,镀镍/铬 表面要求对封闭轮廓的所有表面有效	Cu/Ep·Ni5bCr0.3r $Rz\ 0.8$
5	表面粗糙度: 单向上限值和一个双向极限值: (1)单向 $Ra=1.6\mu m$ "16％规则"(默认);传输带－$0.8mm$; 评定长度 $5\times0.8mm=4mm$; (2)双向 Rz 上限值 $Rz=12.5\mu m$,下限值 $Rz=3.2\mu m$; 均为"16％规则"(默认); 上下极限传输带均为－$2.5mm$; 上下极限评定长度均为 $5\times2.5=12.5mm$; 表面处理:铜件,镀镍/铬	Fe/Ep·Ni10bCr0.3r $-0.8/Ra\ 1.6$ $U-2.5/Rz\ 12.5$ $L-2.5/Rz\ 3.2$
6	表面结构和尺寸可以标注在同一尺寸线上: 键槽侧壁的表面粗糙度: 一个单向上限值;$Ra=6.3\mu m$; "16％规则"(默认);默认传输带; 默认评定长度($5\times\lambda_c$); 表面纹理没有要求;去除材料的工艺 倒角的表面粗糙度: 一个单向上限值;$Ra=3.2\mu m$; "16％规则"(默认);默认传输带; 默认评定长度($5\times\lambda_c$); 表面纹理没有要求;去除材料的工艺	$C2$ A $Ra\ 6.3$ A $A-A$ $Ra\ 3.2$

续表

序号	要 求	示 例
7	表面结构、尺寸和表面处理的标注： 示例是三个连续的加工工序。 第一道工序： 单向上限值；$Rz=1.6\mu m$；"16％规则"（默认）； 默认传输带；默认评定长度（$5\times\lambda_c$）； 表面纹理没有要求；去除材料的工艺。 第二道工序： 镀铬，无其他表面结构要求。 第三道工序： 一个单向上限值，仅对长为50mm的圆柱表面有效； $Rz=6.3\mu m$；"16％规则"（默认）； 默认传输带；默认评定长度（$5\times\lambda_c$）； 表面纹理没有要求；磨削加工工艺。	

5. 表面结构要求图样标注新旧国标对比

表面结构要求图样标注新旧国标对比见表 9-11。

表 9-11　表面结构要求图样标注新旧国标对比

序号	GB/T 131 版本		说明主要问题的示例
	1993（第二版）[①]	2006（第三版）[②]	
1	1.6　　1.6	Ra 1.6	Ra 只采用"16％规则"
2	R_y 3.2　R_y 3.2	Ra 3.2	除了 Ra"16％规则"的参数
3	1.6 max	Ra max 1.6	"最大规则"
4	1.6　0.8	−0.8/Ra 1.6	Ra 加取样长度
5	—[③]	0.025−0.8/Ra 1.6	传输带
6	R_y 3.2　0.8	−0.8/Rz 6.3	除 Ra 外其他参数及取样长度
7	1.6　R_y 6.3	Ra 1.6　Rz 6.3	Ra 及其他参数
8	R_y 3.2	Rz3 6.3	评定长度中的取样长度个数如果不是5
9	—[③]	L Ra 1.6	下限值
10	3.2　1.6	U Ra 3.2　L Ra 1.6	上、下限值

① GB/T 131—1993 中存在着参数代号书写不一致问题。标准正文要求参数代号第二个字母标注为下标，但在所有的图表中，第二个字母都是小写，而当时所有的其他表面结构标准都使用下标。

② 新的 Rz 为原 R_y 的定义，原 R_y 的符号不再使用。

③ 表示没有该项。

三、极限与配合（GB/T 1800—2009）

1. 零件的互换性

在日常生活中，自行车零件坏了，买一个同规格、同型号的零件换上去就能使用；装配线上的工人在同样零件中任取一个，不经修配，就可以装到机器上，并能满足性能、质量和使用要求。这种"在相同零件中任取一件，不经修配就能装配使用，并保持原有性能的性质"称为零件的互换性。零件具有互换性，便于产品的设计、制造、检测和维修，为大规模现代化生产提供可能，有利于提高产品的质量和效率。

零件的互换性主要由零件的尺寸、形状、位置以及表面质量等方面的精确度决定。零件在加工过程中受机床、刀具、测量等因素的影响，其尺寸不可能做到绝对准确。要保证零件的互换性，必须允许尺寸在一定范围内变化。

2. 尺寸公差

下列公差术语如图 9-25 所示。

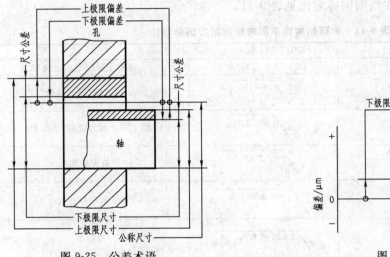

图 9-25　公差术语

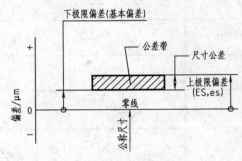

图 9-26　公差带图

（1）尺寸要素　由一定大小的线性尺寸或角度尺寸确定的几何形状。

（2）尺寸　以特定单位表示线性尺寸值的数值。如物体的长、宽，圆的直径等。

（3）公称尺寸　由图样规范确定的理想形状要素的尺寸，即设计计算的尺寸。公称尺寸可以是一个整数或一个小数值。

（4）实际组成要素　由接近实际组成要素所限定的工件实际表面的组成要素部分。

（5）提取组成要素　按规定方法，由实际组成要素提取有限数目的点所形成的实际组成要素的近似替代。

（6）极限尺寸　尺寸要素允许的尺寸的两个极端。极限尺寸分为上极限尺寸（尺寸要素允许的最大尺寸）和下极限尺寸（尺寸要素允许的最小尺寸）。提取组成要素的局部尺寸应位于其中，也可达到极限尺寸。

（7）偏差　某一尺寸减其公称尺寸所得的代数差。

（8）极限偏差　极限尺寸减其公称尺寸所得的代数差。极限偏差是指上极限偏差和下极限偏差。

上极限偏差（ES，es）＝上极限尺寸－公称尺寸

下极限偏差（EI，ei）＝下极限尺寸－公称尺寸

偏差的数值可以是正值、负值或零，轴的上、下极限偏差用小写字母 es、ei 表示，孔的上、下极限偏差用大写字母 ES、EI 表示。

（9）尺寸公差（简称公差）　允许尺寸的变动量。公差总是正值。

$$尺寸公差＝上极限尺寸－下极限尺寸＝上极限偏差－下极限偏差$$

例如，一孔径的公称尺寸为 $\phi20$，若上极限尺寸为 $\phi20.01$，下极限尺寸为 $\phi19.98$，则：

$$上极限偏差＝20.01－20＝＋0.01$$
$$下极限偏差＝19.98－20＝－0.02$$
$$公差＝20.01－19.98＝0.01－（－0.02）＝0.03$$

书写极限偏差时，采用小一号字体，上极限偏差注在公称尺寸右上方，下极限偏差应与公称尺寸注在同一底线上。上下极限偏差的小数点必须对齐，小数点后的有效数字位数也必须相等。当某一偏差为零时，数字"0"应与另一偏差的小数点前的个位数对齐。例如：

$\phi20^{+0.006}_{-0.015}$　　　$\phi20^{+0.021}_{0}$　　　$\phi20^{+0.028}_{+0.007}$　　　$\phi20^{-0.007}_{-0.028}$　　　$\phi20\pm0.01$

（10）零线　在极限与配合图解中，表示公称尺寸的一条直线，以其为基准确定偏差和公差。通常，零线沿水平方向绘制，正偏差位于其上，负偏差位于其下。

（11）公差带　在公差带图解中，由代表上极限偏差和下极限偏差或上极限尺寸和下极限尺寸的两条直线所限定的区域。它是由公差大小和其相对零线的位置如基本偏差来确定。如图 9-26 所示。

① 标准公差　极限与配合制中，所规定的任一公差。字母"IT"表示国际公差。标准公差等级是同一公差等级对所有公称尺寸的一组公差被认为具有同等精确程度。标注公差分为 20 个等级，即 IT01、IT0、IT1～IT18，其中 IT01 公差值最小，尺寸精度最高，从 IT01 到 IT18 精度依次降低。

公差值大小还与公称尺寸有关，同一公差等级下，公称尺寸越大，公差值越大。标准公差数值见附录附表 3-1。

② 基本偏差　确定公差带相对零线位置的那个极限偏差称为基本偏差，一般为靠近零线的那个极限偏差。当公差带位于零线上方时，基本偏差为下极限偏差；当公差带位于零线下方时，基本偏差为上极限偏差。

国家标准对孔和轴分别规定了 28 种基本偏差，用拉丁字母表示，孔用大写字母表示，轴用小写字母表示。

③ 公差带代号及极限偏差的确定　公差带代号由其基本偏差代号（字母）和标准公差等级（数字）组成，如 H8、f7。由公称尺寸和公差带代号可查表确定其基本偏差和标准公差。

3. 配合

公称尺寸相同，相互结合的孔和轴公差带之间的关系称为配合。这里所说的孔和轴，通常指工件的圆形内外表面，也包括非圆形的被包容面和包容面，如键槽和键。

孔的尺寸减去相配合的轴的尺寸之差，为正时称为间隙，为负时称为过盈，如图 9-27 所示。

根据不同的使用要求，配合有松有紧。工程中使用的配合有三种，如图 9-28 所示。

① 间隙配合：孔的最小极限尺寸大于或等于轴的最大极限尺寸，孔的公差带位于轴的公差带之上。

② 过盈配合：孔的最大极限尺寸小于或等于轴的最小极限尺寸，孔的公差带位于轴的

公差带之下。

③ 过渡配合：孔的公差带与轴的公差带相互交叠，孔和轴间可能具有间隙或过盈。

4. 极限与配合的标注与识读

① 配合代号在装配图中用分数形式标注，如图 9-29 所示。

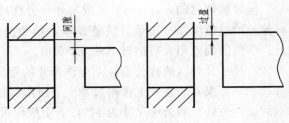

图 9-27　间隙和过盈

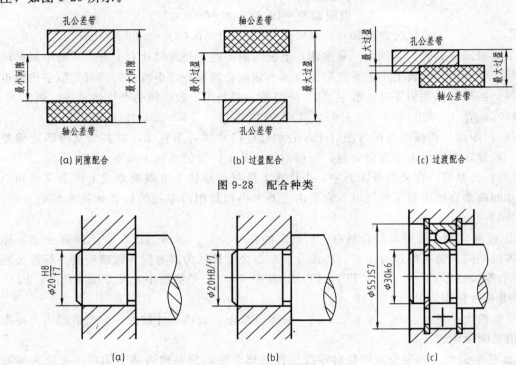

(a) 间隙配合　　　　　(b) 过盈配合　　　　　(c) 过渡配合

图 9-28　配合种类

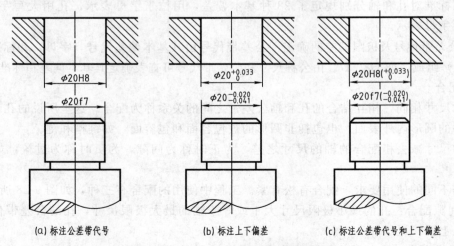

(a)　　　　　　　　(b)　　　　　　　　(c)

图 9-29　配合代号在装配图中的标注

② 尺寸公差在零件图中的标注形式有三种，如图 9-30 所示。

(a) 标注公差带代号　　　(b) 标注上下偏差　　　(c) 标注公差带代号和上下偏差

图 9-30　尺寸公差在零件图中的标注

四、几何公差

零件在加工过程中其实际形状和位置与理论形状和位置不会绝对一样，两者之间会产生或大或小的尺寸误差，即零件的形状和位置精度。其精度值越小，加工成本越高；其值越大，影响该零件的质量和互换性，甚至成为废品。故在加工零件时，为了满足使用要求，用尺寸公差对误差加以限制。

1. 几何要素及分类（GB/T 18780.1—2002、GB/T 17851—2010）

构成机械零件几何特征的若干点、线、面统称为几何要素，简称要素。

（1）几何要素按结构特征分类

① 组成要素（轮廓要素）　构成零件外形的表面、表面上的线或点。它分为：公称组成要素、实际组成要素、提取组成要素、拟合组成要素四类。

公称组成要素　由技术制图或其他方法确定的理论正确组成要素。

拟合组成要素　按规定的方法由提取组成要素形成的并具有理想形状的组成要素。

② 导出要素（中心要素）　由一个或几个组成要素（面或面上的线）的对称中心得到的中心点、中心线或中心面。它分为：

公称导出要素　由一个或几个公称组成要素导出的中心点、轴线或中心平面。

提取导出要素　由一个或几个提取组成要素得到的中心点、中心线或中心面。

拟合导出要素　由一个或几个拟合组成要素导出的中心点、轴线或中心平面。

（2）几何要素按存在状态分类

① 公称要素（理想要素）　具有几何学意义的点、线、面。一般在图样上给出，实际上并不存在。

② 实际要素　零件上实际存在的要素，包括轮廓要素和中心要素。由加工形成。在测量和评定几何误差时，用由有限测点组成的测得要素（亦称提取要素）代替实际要素。

（3）几何要素按检测关系分类

① 基准要素　用来确定被测要素的方向或位置关系的要素。同时，该要素也是被测要素。如：一条边、一个表面或一个孔。

② 被测要素　在图样上注有几何公差要求的要素。

（4）被测要素按功能关系分类

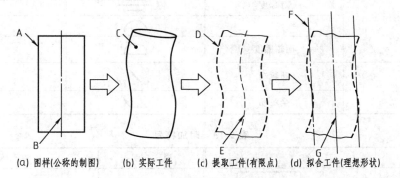

(a) 图样(公称的制图)　(b) 实际工件　(c) 提取工件(有限点)　(d) 拟合工件(理想形状)

图 9-31　几何要素间的关系

A—公称组成要素；B—公称导出要素；C—实际要素；D—提取组成要素；

E—提取导出要素；F—拟合组成要素；G—拟合导出要素

① 单一要素　对自身有形状公差要求的被测要素

② 关联要素　相对于基准要素有方向或位置公差要求的被测要素。

以上要素之间的关系如图 9-31 所示。

2. 几何公差及标注

几何公差是被测提取要素对其拟合要素的变动量。几何公差包括尺寸公差、形状公差和位置公差。

（1）几何公差的几何特征、符号见表 9-12，附加符号见表 9-13。

表 9-12　几何公差的几何特征、符号

公差类型	几何特征	符　号	有无基准
形状公差	直线度	——	无
	平面度	▱	无
	圆度	○	无
	圆柱度	⌀	无
	线轮廓度	⌒	无
	面轮廓度	◠	无
方向公差	平行度	//	有
	垂直度	⊥	有
	倾斜度	∠	有
	线轮廓度	⌒	有
	面轮廓度	◠	有
位置公差	位置度	⊕	有或无
	同心度（用于中心点）	◎	有
	同轴度（用于轴线）	◎	有
	对称度	=	有
	线轮廓度	⌒	有
	面轮廓度	◠	有
跳动公差	圆跳动	↗	有
	全跳动	⌰	有

表 9-13　附加符号

说　明	符　号	说　明	符　号
被测要素	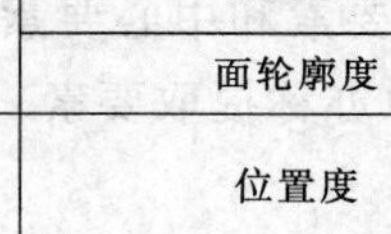	基准要素	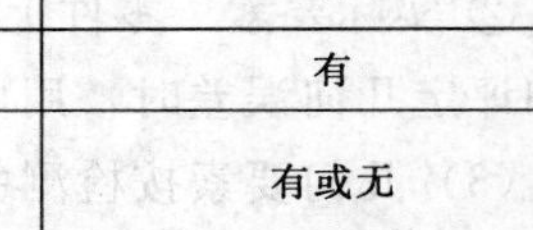

续表

说　明	符　号	说　明	符　号
基准目标	$\frac{\phi2}{A1}$	全周（轮廓）	⊙→
理论正确尺寸	50	延伸公差带	Ⓟ
最大实体要求	Ⓜ	最小实体要求	Ⓛ
线素	LE	不凸起	NC
任意横截面	ACS	公共公差带	CZ

（2）几何公差框格和基准符号（GB/T 1182—2008）。

几何公差用公差框格标注时，公差要求注写在划分成两格或多格的矩形框格内。其含义如图 9-32 所示，各框格自左至右顺序标注几何特征符号、公差值和基准。公差值是以线性尺寸单位表示的量值。圆形或圆柱形公差带，公差值前加注符号"ϕ"，圆球形公差带，公差值前应加注符号"$S\phi$"。

图 9-32　几何公差框格含义

① **基准**　与被测要素有关的基准用一个或多个大写字母表示，字母标注在基准方格内，与一个涂黑或空白的三角形相连。无论基准位置如何，字母必须水平书写。如图 9-33 所示。

图 9-33　基准符号

② **指引线**　用带箭头的指引线将框格与被测要素相连。当被测要素为轮廓线或轮廓面时，箭头指向该要素的轮廓线或其延长线，基准三角形放置在该要素的轮廓线或其延长线，并与尺寸线明显错开；当被测要素为中心线、中心面或中心点时，箭头应位于相应尺寸线的延长线上，基准三角形应放置在该尺寸线的延长线上。如图 9-34 所示。

（3）几何公差标注示例见表 9-14。

表 9-14　几何公差标注示例

公差名称	示 例	释 义	公差名称	示 例	释 义
直线度	(—│∅0.08)	外圆柱面的提取（实际）中心线应限定在直径等于∅0.08mm的圆柱面内	圆度	(○│0.02, 40±0.2)	提取（实际）轮廓面应限定在直径等于0.02mm，球心位于被测要素理论正确几何形状上的一系列圆球的两等距包络面之间
直线度	(—│0.1)	提取（实际）的棱边应限定在间距等于0.1mm的两平行平面之间	平面度	(//│∅0.03│A)	提取（实际）中心线应限定在平行于基准轴线A，直径等于∅0.03mm的圆柱面内
圆柱度	(⌭│0.1)	提取（实际）圆柱面应限定在间距等于0.1mm的两同轴圆柱面半径之间	平行度	(//│0.1│C)	提取（实际）表面应限定在间距等于0.1mm，平行于基准轴线C的两平行平面之间

续表

公差名称	示例	释义	公差名称	示例	释义
圆度	⊙ 0.03	在圆柱面和圆锥面的任意横截面内,提取(实际)圆周应限定在半径差等于0.03mm的两共面同心圆之间	位置度	⌖ φ0.08 C A B · 100 68	提取(实际)中心线应限定在直径等于φ0.08mm的圆柱面内。该圆柱面的轴线的位置应处于由基准平面C,A,B和理论正确尺寸100,68确定的理论正确位置上
平面度	⏥ 0.08	提取(实际)表面应限定在间距等于0.08mm的两平行平面之间	同轴度	◎ φ0.08 A—B	大圆柱面的提取(实际)中心线应限定在直径等于φ0.08mm,以公共基准轴线A—B为轴线的圆柱面内
垂直度	⊥ φ0.01 A	圆柱面的提取(实际)中心线应限定在直径等于φ0.01mm,垂直于基准平面A的圆柱面内	对称度	⌓ 0.08 A—B	提取(实际)0.08,对称于公共基准中心平面A—B的两平行平面之间

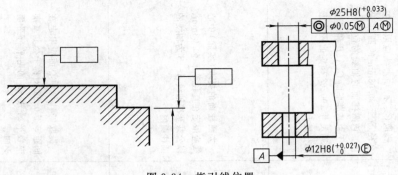

图 9-34　指引线位置

第五节　零件的测绘

零件测绘是根据现有零件，进行分析画出草图，测量出它的各部分尺寸，确定技术要求，再根据草图画出零件图的过程。在仿制机器、修配损坏的零件或改造旧机器时，都要进行零件测绘。

一、测量工具和测量方法

（1）常用的测量工具　有钢板尺、游标卡尺、内卡钳、外卡钳、千分尺等，如图 9-35 所示。

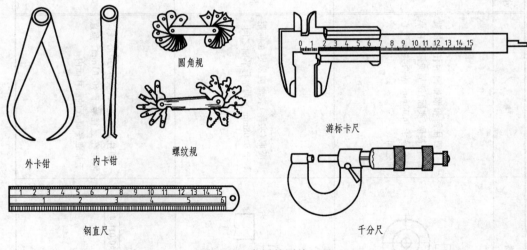

图 9-35　常用的测绘工具

（2）测量方法　见表 9-15。

二、零件的测绘步骤

① 分析零件。了解零件的名称、材料、用途及各部分结构形状和加工方法及要求等。

② 确定表达方案。在上述分析的基础上，选取主视图，根据零件的结构特征确定其他视图及表达方法。

③ 画零件草图。画零件草图一般在测绘现场进行，无比例，但零件各部分的比例要协调。

表 9-15 测量方法

测量类别	图　　例	说　　明
直线尺寸		
孔中心距的测量	 (a) $D=K+d$　　　(b) $L=A+(D_1+D_2)/2$	用直尺和卡钳或游标卡尺测量
回转面外径的测量		
孔直径的测量		
壁厚尺寸	 (a)　　　　　　　(b)	图（a）中 $Y=C-D$ 图（b）中 $X=A-B$
轴线到基准面的距离		$H=A+D/2=b+d/2$

测量类别	图　例		说　明
平面曲线和回转曲面的半径测量	(a) 拓印法	(b) 铅丝法	（a）用纸拓印其轮廓，得到如实的平面曲线，然后判定该曲线的圆弧连接情况，测量其半径 （b）对于曲线回转面，可用铅丝弯成实形后，得到如实的平行曲线，再判定曲线的圆弧连接情况，用中垂线法求得各段圆弧的中心，测量其半径 （c）一般的曲线和曲面都可用直尺和三角板定出曲面上各点的坐标，在图上画出曲线，或求出曲率半径
	(c) 坐标法		
螺纹螺距	(a) 用拓印法测量螺距	(b) 用螺纹规测量螺距	可用螺纹规（或拓印法）测得螺距，用游标卡尺测大径；由测得的螺距和外径查表确定标准螺纹的参数

④ 用量具测量尺寸，在尺寸线上填写尺寸数字、注写技术要求和标题栏。

第六节　读 零 件 图

一、读零件图的方法及步骤

1. 概括了解

读图时首先从标题栏了解零件的名称、材料、画图比例等，并粗看视图大致了解该零件的结构特点和大小。

2. 分析表达方案，搞清视图间的关系

要看懂共选用了几个视图，哪个是主视图，哪些是基本视图。对于局部视图、斜视图、断面图及局部放大图等非基本视图，要根据其标注找出它们的表达部位和投射方向。对于剖视图要搞清楚其剖切位置、剖切面形式和剖开后的投射方向。

3. 分析零件的结构，想像整体形状

在看懂视图关系的基础上，运用形体分析法和线面分析法分析零件的结构形状，并注意分析零件各部件的功用。

4. 分析尺寸

先分析零件长、宽、高三个方向的尺寸基准，搞清楚哪些是主要基准和功能尺寸，然后从基准出发，找出各组成部分的定位尺寸和定形尺寸。

5. 读技术要求

对零件图上标注的表面粗糙度、尺寸公差、形位公差、热处理等要逐项识读，明确主要加工面，以便于确定合理的加工方法。

6. 综合归纳

在以上分析的基础上，对零件的形状、大小和技术要求进行综合归纳，形成一个清晰的认识。有条件时还应参考有关资料和图样，如产品说明书、装配图和相关零件图等，以对零件的作用、工作情况及加工工艺作进一步了解。

二、读图示例

1. 轴套类零件

图 9-36 所示为传动轴的零件图。该轴主要由七段直径不同的圆柱体组成（称为阶梯轴）。传动轴是用来传递动力和运动的，其材料为 45 钢。从总体尺寸看，最大直径 44mm，总长 400mm，属于较小的零件。

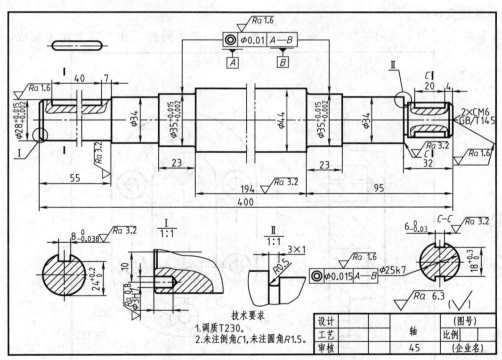

图 9-36　轴的零件图

该轴采用了 1 个主视图、2 个移出断面图和 2 个局部放大图来表达其结构。主视图采用断开画法和局部剖视图，表达轴线方向上轴的结构形状及轴上键槽的形状，轴的两端安装轮子，$\phi35$ 轴段安装轴承。轴的两端有倒角，以便于安装轴承和轮子。右侧 $\phi25k7$ 轴肩处有砂轮越程槽，以方便磨削加工并保证轮子轴向定位；左侧 $\phi28$ 轴段没有设砂轮越程槽，通过圆角过渡形成轴肩，实现左轮子的轴向定位。

两个移出断面图表达了键槽的深度、宽度及公差尺寸。两个局部放大图分别表达轴左端光孔和右端砂轮越程槽的结构尺寸。

以轴的轴线为径向尺寸基准，标注了各段轴的直径尺寸；以直径为 $\phi44$ 的轴段右端面为长度方向的主要尺寸基准，标注了该轴段的长 194mm、与右轴承配合的轴段长 23mm 及与轴右端面的距离 95mm；以直径为 $\phi44$ 的轴段左端面为长度方向辅助基准，标注了与左轴承配合的轴段长 23mm；以轴的右端面为长度方向辅助基准，标注了轴的总长 400mm 和右侧安装轮子的轴长 32mm；以左端面为长度方向辅助基准，标注了轴左侧安装轮子的轴长 55mm。

$\phi35$ 两圆柱面的提取（实际）中心线应限定在直径等于 $\phi0.01$mm、以公共基准轴线 A—B 为轴线的圆柱面内，$\phi25k7$ 圆柱面的提取（实际）中心线应限定在直径等于 $\phi0.015$mm、以公共基准轴线 A—B 为轴线的圆柱面内。所有表面都是用去除材料的方法得到的，"16％规则"（默认）。轴左端 $\phi3$mm 的孔内表面质量要求最高，Ra 单向上限值为 $0.8\mu m$；轴与轴承、轮子内孔配合，属于重要配合面，Ra 单向上限值为 $1.6\mu m$。$\phi44$ 两侧轴肩、$\phi25k7$、$\phi28$ 轴肩分别为轴承和轮子的定位面，Ra 单向上限值为 $3.2\mu m$。键槽侧面为配合工作面，Ra 单向上限值为 $3.2\mu m$，轴上其余表面不与其他零件接触，属于自由表面，Ra 上限值为 $6.3\mu m$。

零件加工好后要进行调质处理，未注圆角半径为 1.5mm，未注倒角为 $C1$。

2. 盘盖类零件

图 9-37 所示为泵盖的零件图。泵盖为扁平形状，整体铸造后在车床上加工而成，材质

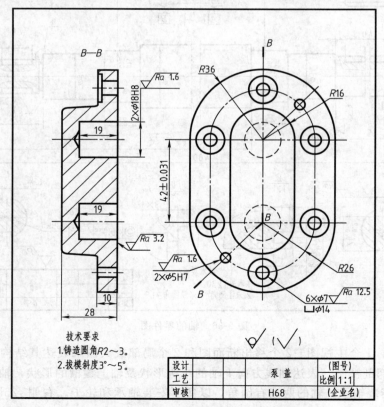

图 9-37 泵盖的零件图

H68 为普通黄铜，可切削加工性能好。采用主视图和左视图两个基本视图表达泵盖的结构。主视图按轴线水平画出，符合泵盖的主要加工位置和工作位置。主视图采用旋转剖的全剖视图，表达了泵盖上轴孔、定位销孔和螺栓孔的结构及轴线方向泵盖的形状。左视图表达了泵盖垂直于轴线方向的外形（长圆形）及各种孔的周向位置。

泵盖的右端面为安装定位面，是长度方向的尺寸基准，径向尺寸基准为轴线。两轴线间的定位尺寸要求比较高，为（42±0.031）mm，圆盘外半径为 36mm，内半径为 16mm，螺栓孔定位半径为 26mm，泵盖总高 28mm，盘高 10mm。泵盖上有 2 个 ϕ5H7 的定位销孔，6 个 ϕ7 的螺栓孔，2 个 ϕ18H8 的轴孔。轴孔、定位销孔的粗糙度要求最高，R 轮廓，单向上限值算术平均偏差为 1.6μm，"16％规则"；泵盖右端面的粗糙度要求次之，Ra 上限值为 3.2μm；螺栓孔面的 Ra 上限值为 12.5μm。其他表面为不去除材料的面。铸造圆角为 R2～3mm，拔模斜度为 3°～5°。

3. 叉、架类零件

如图 9-38 所示为支架零件图。从标题栏可知，支架毛坯为铸件，材料为灰口铸铁 HT200。

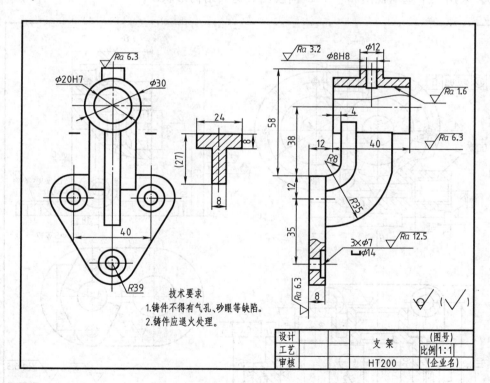

图 9-38　支架的零件图

支架采用主视、左视两个基本视图及一个移出断面表达。从视图分析可知，支架的结构分为上、中、下三部分：上部为圆筒结构，其上部有凸台，用以支撑轴；下部为带圆角的三角形托板，其上有三个阶梯孔，用以实现和其他零件的连接，故下部为安装部分；中部的 J 形板将上、下两部分连成整体。

主视图主要表达支架上轴孔、托板的形状及其上三个阶梯孔的分布。左视图按工作位置放置并表示支架的形状特征，图中上部的局部剖视图表达轴孔及凸台的内部结构，下部的局部剖视图表达托板上阶梯孔的内部结构及板厚。移出断面图表达 J 形肋板的断面形状。

ϕ20H7 圆柱面为重要配合面，其轴线为支架高度方向的主要基准，由此注出下部托板的定位尺寸 38，及托板上阶梯孔高度方向的定位尺寸 12、35；由于支架为左右对称结构，故以左右对称面为长度方向的尺寸基准，标注了托架上阶梯孔的定位尺寸 40。托板左表面为重要结合面，应作为宽度方向主要尺寸基准，标注了圆筒定位尺寸 12，考虑到加工及测量的方便，将圆筒左端面作为宽度方向的辅助基准，标注了 J 形板的定位尺寸 4 及圆筒高度 40。

ϕ20H7 圆柱面（重要配合面）的粗糙度要求最高，Ra 上限值为 $1.6\mu m$；ϕ8H8 圆柱面（重要配合面）的 Ra 上限值为 $3.2\mu m$；托板左表面（重要结合面）、凸台上表面及圆筒两端面的 Ra 上限值为 $6.3\mu m$，阶梯孔的 Ra 上限值为 $12.5\mu m$，支架未注粗糙度的表面保持毛坯状态。铸件不能有气孔、沙眼等缺陷，加工好后应退火处理。

4. 箱体类零件

图 9-39 所示为泵体零件图，从标题栏可知，泵体毛坯为铸件，材料为灰口铸铁HT200。采用三个基本视图和一个 D 向视图表达其结构形状。

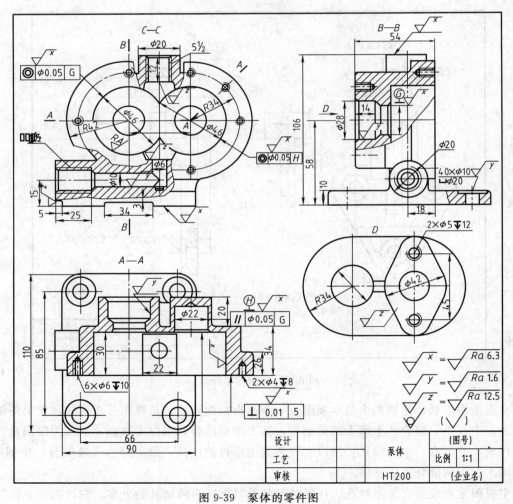

图 9-39　泵体的零件图

主视图按工作位置放置，采用局部剖视图分别表达泵体上方注油螺孔、下方排油螺孔的内部结构，以及泵体前部的外部形状；俯视图表达泵体底座外形（带圆角的四边形）及螺栓孔的形状和分布，并用 $A—A$ 旋转剖表达泵体内腔轴孔的结构以及销钉孔和内螺纹孔结构；左视图表达高度方向上泵体的外形、下方排油螺孔的形状，并用沿 $B—B$ 的局部剖视图进一步表达泵体内轴孔的结构形状，采用局部剖视表达了箱体底板上安装孔的内部结构。D 向视图表达了泵体后侧面的外形。

泵体是非对称形体，以上部箱体的左右对称面作为长度方向的主要尺寸基准，由此标注出两轴孔的左右定位尺寸 41，并确定了底板左右对称面的位置，以此对称面为长度方向的辅助尺寸基准，标注了底板上螺栓孔的定位尺寸及泵体底板的长。以底板的下底面为高度方向的尺寸基准，标注了下方排油螺孔、轴孔轴线高度方向的定位尺寸，以及泵体的总高。以泵体上部的前端面为宽度方向的主要尺寸基准，标注了下方排油螺孔轴线及底板对称面的位置，又以此为宽度方向的辅助尺寸基准标注了底板上螺栓孔宽度方向的定位尺寸及泵体底板的宽。

泵体底板下端面、排油孔表面为重要配合面，其粗糙度 Ra 上限值为 $1.6\mu m$。泵体内腔、上方注油螺孔端面、下方排油螺孔端面的粗糙度 Ra 上限值均为 $6.3\mu m$。注油螺孔、下方排油螺孔的内腔端面及箱体后侧面，其粗糙度 Ra 上限值均为 $12.5\mu m$；箱体未注粗糙度的表面保持毛坯状态，铸造圆角为 $R2\sim3$。

图中还注出了两轴孔的同轴度误差，以及轴孔的轴线与上部前端面的垂直度误差。

第十章 装　配　图

第一节　装配图的内容和作用

装配图是表示产品及其组成部分的连接、装配关系及其技术要求的图样。

一、装配图的内容

图 10-1 为螺旋千斤顶装配图。从图中可看出，一张完整的装配图，具有下列内容。

（1）一组视图　用于表达机器或部件的工作原理、零件间的装配关系及主要零件的结构形状。

（2）必要的尺寸　根据装配和使用的要求，标注出反映机器的性能、规格、零件之间相对位置、配合要求和安装等所需的尺寸。

（3）技术要求　用文字或符号说明装配体在装配、检验、调试及使用等方面的要求。

（4）零（部）件序号和明细栏　根据生产和管理的需要，将每一种零件编号并列成表格，以说明各零件的序号、名称、材料、数量、备注等内容。

（5）标题栏　用以注明装配体的名称、图号、比例及责任。

二、装配图的作用

任何机器（或部件），都是由若干零件按照一定的装配关系和技术要求装配而成的。装配图是用于表示产品及其组成部分的连接、装配关系的图样。装配图和零件图一样，都是生产中的重要技术文件。零件图是表达零件的形状、大小和技术要求，用于指导零件的加工制造；而装配图是表达装配体（即机器或部件）的工作原理，零件间的装配关系及基本结构形状，用于指导装配体的装配、检验、安装及使用和维修。

第二节　装配图的表达方法及视图的选择

零件图的各种表达方法，如视图、剖视图、断面图、局部放大图及简化画法等对装配图同样适用。此外装配图还有一些规定画法和特殊表达方法。

一、装配图的规定画法

装配图中为了清楚地表达零件之间的装配关系，应遵循如下规定画法。

① 两零件的接触面或配合面只画一条线；而非接触、非配合表面，即使间隙再小（基本尺寸不同），也应画两条线，如图 10-1 中底座和螺套的圆柱面接触，画一条线。

② 相邻零件剖面线的方向应相反，或方向一致但间隔不等。而同一零件在不同部位或不同视图上剖面线的方向和间隔必须一致。如图 10-3 中的座体，在主、左视图中共有四个剖面区域，其剖面线方向和间隔应相同。

③ 对一些连接件（如螺栓、螺母、垫圈、键、销等）及实心件（如轴、杆、球等），若剖切平面通过其轴线或对称平面剖切，这些零件按不剖绘制，如图 10-1 中的螺杆、螺钉和

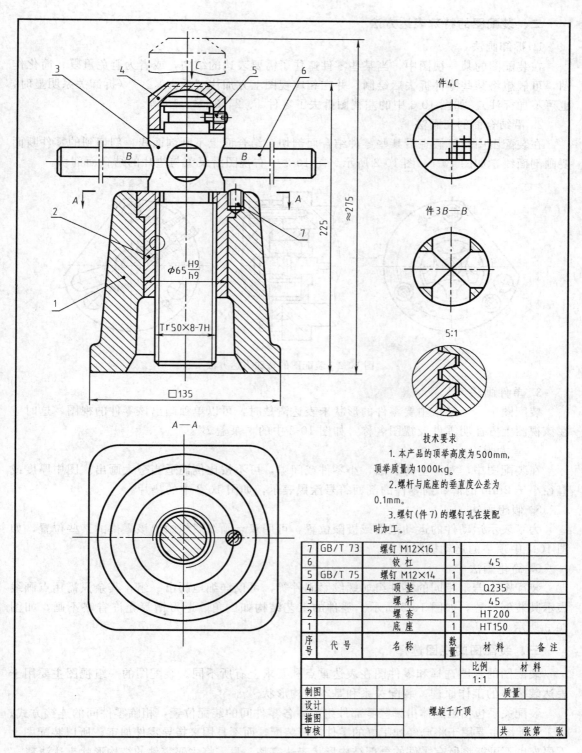

件4C

件3B—B

5:1

技术要求
1. 本产品的顶举高度为500mm，顶举质量为1000kg。
2. 螺杆与底座的垂直度公差为0.1mm。
3. 螺钉(件7)的螺钉孔在装配时加工。

序号	代号	名称	数量	材料	备注
7	GB/T 73	螺钉 M12×16	1		
6		铰杠	1	45	
5	GB/T 75	螺钉 M12×14	1		
4		顶垫	1	Q235	
3		螺杆	1	45	
2		螺套	1	HT200	
1		底座	1	HT150	

比例	材料
1:1	

制图		质量	
设计			
描图	螺旋千斤顶		
审核		共　张第　张	

图 10-1　螺旋千斤顶装配图

铰杠等。当这些零件有局部的内部结构需要表达时，可采用局部剖视，如图10-3中轴的两端用局部剖表达了与螺钉、键的连接情况。

二、装配图的特殊表达方法

1. 拆卸画法

在装配图的某一视图中，当某些零件遮住了需要表达的结构，或者为避免重复、简化作图，可假想将某些零件拆去后绘制。并在相应视图上方加注"拆去××"（拆卸关系明显时，也可不加标注）。如图 10-3 中的左视图拆去了零件 1、2、3、4、13 等。

2. 沿结合面剖切画法

在装配图中，可假想沿某些零件结合面剖切，结合面上不画剖面线，剖切到的零件断面要画剖面线，如图 10-1、图 10-2 所示。图 10-2 中右视图沿泵盖与垫片的结合面剖切。

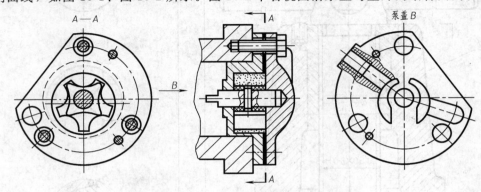

图 10-2　装配图的特殊表达方法

3. 单件画法

装配图中，当某个主要零件的形状未表达清楚时，可以单独画出该零件的视图。这时应在该视图上方注明零件及视图名称，如图 10-2 中的"泵盖 B"。

4. 夸大画法

在装配图中，对一些薄、细、小零件或间隙，可不按比例而适当夸大画出。图中厚度或直径小于 2mm 的薄、细零件的剖面符号涂黑表示，如图 10-2 中的垫片。

5. 假想画法

为了表示运动件的运动范围或极限位置，可用双点画线假想画出该零件的某些位置，如图 10-1 中顶垫的运动极限位置。

6. 简化画法

装配图中若干相同的零件组如螺纹紧固件等，可仅详细地画出一组，其余只需用点画线表示其装配位置，如图 10-2 所示。零件的工艺结构如倒角、退刀槽等允许省略不画，如图 10-3 所示。

三、装配图的视图选择

装配图的视图选择和零件图在表达重点和要求上有所不同。装配图的一组视图主要用于表达装配体的工作原理、装配关系和基本结构形状。

装配关系包括装配体由哪些零部件组成，各零件间的装配位置，相临零件间的连接方式。由于装配图主要用于将已经加工好的零件进行装配，而不是用来指导零件加工，所以装配图上不要求也不可能将所有零件的全部结构形状表达完整，只需将主要零件的结构形状表达清楚。

装配图的主视图一般应符合工作位置，工作位置倾斜时应自然放正。要选取反映主要或较多装配关系的方向作为主视图的投射方向，常采用各种剖视以表达其工作原理和装配关系。再选用一定数量的其他视图把工作原理、装配关系进一步表达完整，并表达清楚主要零件的

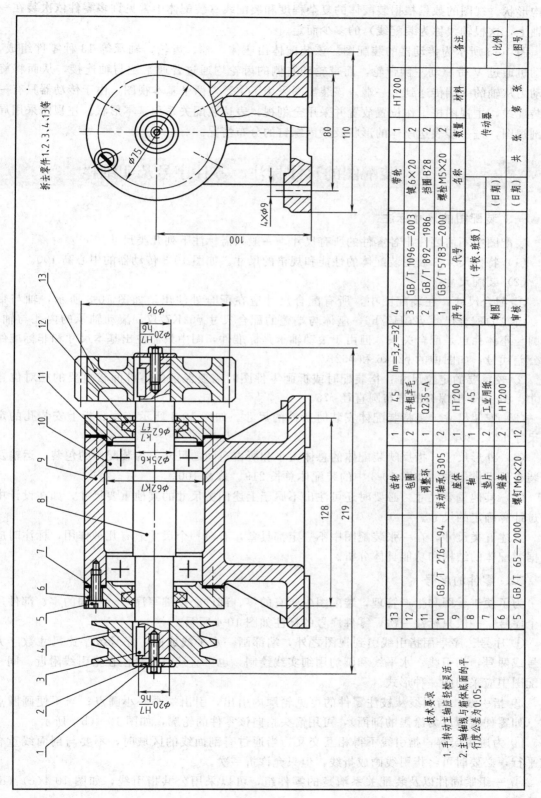

拆去零件1、2、3、4、13等

4×φ9

φ75

100

80

110

φ96

$\phi 20 \frac{H7}{h6}$

$\phi 62 \frac{K7}{f7}$

$\phi 62K7$

$\phi 25k6$

128

219

13
12
11
10
9
8
7
6
5
4
3
2
1

$\phi 20 \frac{H7}{h6}$

技术要求
1.手转动主轴应轻松灵活。
2.主轴轴线与箱体底面的平行度公差为0.05。

备注		
	数量	材料
HT200	1	

13	齿轮	1	45	$m=3,z=32$		带轮	1	HT200	
12	毡圈	2	半粗羊毛		3	键6×20	2	GB/T 1096—2003
11	调整环	1	Q235-A		2	挡圈B28	2	GB/T 892—1986
10	滚动轴承6305	2		GB/T 276—94	1	螺塞M5×20	2	GB/T 5783—2000
9	座体	1	HT200		序号	名称	数量	代号
8	轴	1	45					
7	垫片	2	工业用纸		制图			(学校、班级)
6	端盖	2	HT200		审核			
5	螺钉M6×20	12		GB/T 65—2000				

传动器

共 张 第 张

(日期)

(日期)

(比例)

(图号)

图 10-3 传动器装配图

结构形状。视图的数量根据装配体的复杂程度和装配线（装配体中常见许多零件依次装在一根轴上，这根轴线称为装配线）的多少而定。

图 10-3 所示为传动器的装配图。该装配体由座体、轴、齿轮、轴承等 13 种零件组成，原动机通过 V 带驱动左侧带轮，而带轮和右侧的齿轮均通过普通平键与轴连接，从而将旋转动力从轴的一端传递到另一端。该装配图采用了主、左两个基本视图，由于传动器只有一条装配线，主视图按工作位置放置并采用全剖视，表达装配关系和基本形状。左视图采用局部剖视图，进一步表达座体的形状及紧固螺钉的分布情况。

第三节　装配图的尺寸标注、零件序号及明细栏

一、装配图的尺寸标注

装配图中不需要注出各零件的所有尺寸，一般只需标注下列几类尺寸。

（1）特性尺寸　表明装配体的性能和规格的尺寸。如图 10-3 传动器的中心高 100。

（2）装配尺寸

① 配合尺寸：在装配图中，所有配合尺寸应在配合处注出，如图 10-3 所示，轴与带轮、齿轮的配合尺寸 $\phi20H7/h6$，座体与端盖的配合尺寸 $\phi62K7/f7$，滚动轴承的内孔与轴，外圆与座体孔也是配合关系，但由于滚动轴承是标准件，图中只需注出基本尺寸和非标准件的公差代号，如图中的 $\phi25k6$ 和 $\phi62K7$。

② 较重要的定位尺寸：指装配时或拆画零件图时需要保证的零件间较重要的相对位置尺寸。图 10-3 中螺钉的分布圆直径 $\phi75$。

（3）安装尺寸　是指装配体安装时所需的尺寸。如图 10-3 所示座体底板上安装孔的定位尺寸 128、80。

（4）外形尺寸　指反映装配体的总体大小和所占空间的尺寸，为装配体的包装、运输及安装布置提供依据。如图 10-3 中的装配体总长 219、总宽 100。

（5）其他重要尺寸　必要时还可注出不属于上述四类尺寸的其他重要尺寸，如在设计中经过计算确定的尺寸。

上述五类尺寸，在一张装配图中不一定都具备，有时一个尺寸兼有几种作用，标注时应根据装配体的结构和功能具体分析。

二、零件的序号

为了便于看图和生产管理，装配图中所有的零、部件必须编写序号。相同的零、部件用一个序号，一般只标注一次。零件序号的标注如图 10-4 所示。

① 序号。序号用指引线引到视图之外，端部画一水平线或圆，序号数字比尺寸数字大一号或两号，指引线、水平线和圆均用细实线绘制，也可直接将序号注在指引线附近。同一装配图中应采用同一种形式。

② 指引线。指引线从被注零件的可见轮廓内引出，引出端画一小圆点；当不便画圆点时（如零件很薄或为涂黑的剖面），可用箭头指向该零件的轮廓，如图 10-4（b）所示。

③ 为避免误解，指引线不得相互交叉，当通过有剖面线的区域时，不要与剖面线重合或平行，必要时可将指引线画成折线，但只允许折一次。

④ 一组紧固件以及装配关系清楚的零件组，可以采用公共指引线，如图 10-4（c）、（d）所示。

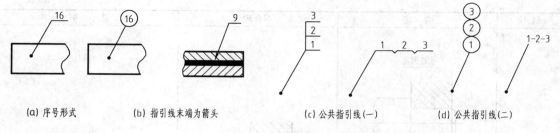

<table>
<tr><td>(a) 序号形式</td><td>(b) 指引线末端为箭头</td><td>(c) 公共指引线(一)</td><td>(d) 公共指引线(二)</td></tr>
</table>

图 10-4　零部件序号的标注及指引线

序号应沿水平或竖直方向排列整齐，并按顺时针或逆时针方向依次编写。

三、明细栏

装配图中应画出标题栏和明细栏。明细栏一般绘制在标题栏上方，按由下而上的顺序填写，当延伸位置不够时，可紧靠在标题栏的左边自下而上延续。

明细栏的内容一般包括图中所编各零、部件的序号、代号、名称、数量、材料和备注等。明细栏中的序号必须与图中所编写的序号一致，对于标准件，在代号一栏要注明标准号，并在名称一栏注出规格尺寸，标准件的材料无特殊要求时可不填写。

制图作业中，装配图中标题栏和明细栏的格式见第一章。

第四节　常见的合理装配结构

为了保证装配质量和便于装拆，在装配图上应正确表达零件间合理的连接方式和装配结构，常见的装配结构见表 10-1。熟悉装配体上常用的装配结构，对绘制和阅读装配图都十分有利。

表 10-1　常见的装配结构

结构	合　理	不合理	说　明
接触面的合理结构			两零件以平面接触时，在同一方向上只能有一对接触面
			两锥面配合时，不允许同时再有任何端面接触（两配合件的端部必须留有间隙），否则不能保证配合的可靠性

结 构	合 理	不 合 理	说 明
接触面的合理结构	孔边倒角 轴上切槽		两零件以圆柱面接触时,接触面转折处必须制有倒角、圆角或退刀槽,以保证接触良好
		轴肩过高 孔径过小	滚动轴承以轴肩或孔肩定位时,要考虑便于拆卸
装配工艺的合理结构		距离过小	考虑维修、安装和装拆方便,还应留出装拆工具的位置
			为使两零件拆装时易于定位,并保证一定的装配精度,常采用定位销。在销连接中,为便于加工和装拆,在条件许可下,最好将销孔加工成通孔

续表

结构	合 理	不合理	说 明
防松装置	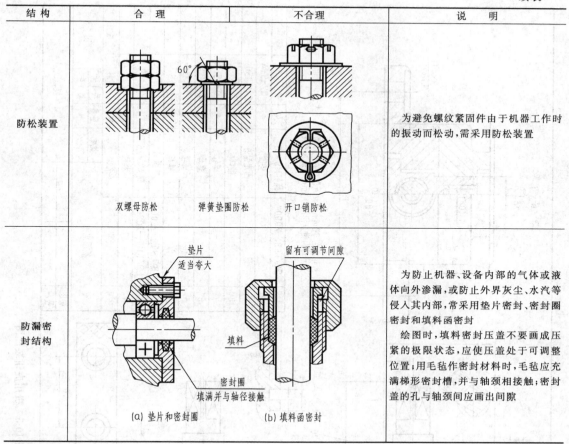双螺母防松　　　弹簧垫圈防松	开口销防松	为避免螺纹紧固件由于机器工作时的振动而松动,需采用防松装置
防漏密封结构	(a) 垫片和密封圈	(b) 填料函密封	为防止机器、设备内部的气体或液体向外渗漏,或防止外界灰尘、水汽等侵入其内部,常采用垫片密封、密封圈密封和填料函密封 　绘图时,填料密封压盖不要画成压紧的极限状态,应使压盖处于可调整位置;用毛毡作密封材料时,毛毡应充满梯形密封槽,并与轴颈相接触;密封盖的孔与轴颈间应画出间隙

第五节　读装配图

一、读装配图的方法、步骤

下面以图 10-5 为例,说明读装配的方法和步骤。

1. 概括了解

首先看标题栏,了解装配体的名称、画图比例等;看明细栏及零件编号,了解装配体有多少种零部件构成,哪些是标准件;粗看视图,大致了解装配体的结构形状及大小。

图 10-5 所示装配体为机用虎钳,是一种通用夹具。机用虎钳共有 11 种零件,其中 3 种为标准件,主要零件有固定钳身、活动钳身、螺杆、螺母等,绘图比例为 1∶2。

2. 分析视图

通过视图分析,了解装配图选用了哪些视图,搞清楚各视图间的投影关系、视图的剖切方法以及表达的主要内容等。

机用虎钳选用了三个基本视图,主视图采用全剖视,表达了装配体的主要装配关系和连接方式;俯视图主要表达固定钳身和活动钳身外形,采用局部剖视,表达了钳口板与固定钳身间的螺钉连接结构;左视图采用了半剖视,剖视图侧主要表达固定钳身与活动钳身、螺

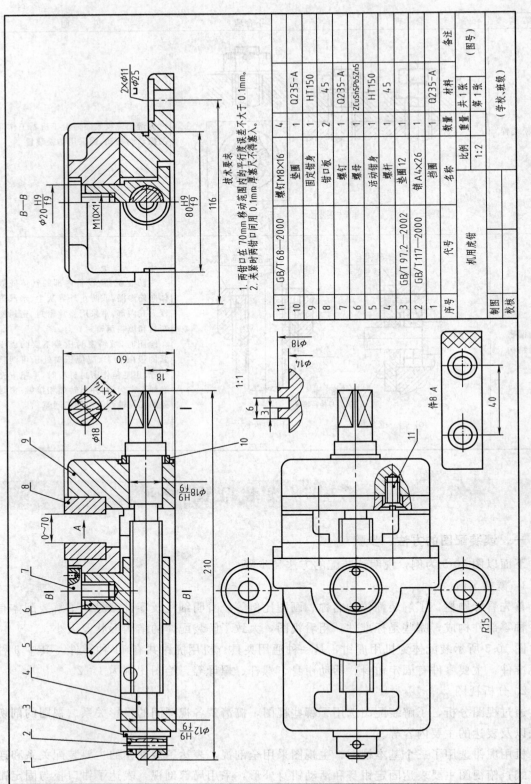

技术要求

1. 两钳口在在 70mm 移动范围内的平行度误差不得大于 0.1mm。
2. 夹紧时两钳口同用 0.1mm 厚塞尺不得塞入。

序号	代号	名称	数量	材料	备注
11	GB/T 68—2000	螺钉 M8×16	4	Q235-A	
10		垫圈	1		
9		固定钳身	1	HT150	
8		钳口板	2	45	
7		螺钉	1	Q235-A	
6		螺母	1	ZCuSn5Pb5Zn5	
5		活动钳身	1	HT150	
4		螺杆	1	45	
3	GB/T 97.2—2002	垫圈 12	1		
2	GB/T 1117—2000	销 A4×26	1		
1		挡圈	1	Q235-A	

机用虎钳		比例	1:2	材料	第 1 张 共 1 张
					(图号)
制图					(学校、班级)
校核					

图 10-5 机用虎钳装配图

母、螺杆间的装配连接关系，视图侧主要表达固定钳身和活动钳身的部分外形。除基本视图外，采用了一个移出断面图和一个局部放大图，分别表达了螺杆右端的方形结构和其上矩形螺纹的牙型，A 向局部视图表达钳口板的外形。

3. 分析装配线，明确装配关系和工作原理

分析装配关系是读装配图的关键，应搞清楚各零件间的位置关系，相关联零件间的连接方式和配合关系，并分析出装配体的装拆顺序。

通过机用虎钳的主视图，可以看到以螺杆为主的一条装配干线，固定钳身、螺杆、螺母、活动钳身及垫圈、挡圈、圆锥销等沿螺杆轴线依次装配。通过主、左视图，可以看到以螺母为主的另一条装配线，螺杆、螺母、活动钳身及螺钉沿螺母对称线依次装配。

通过对机用虎钳两条装配线的分析可知，固定钳身为基础件，螺杆作旋转运动时，螺母带动活动钳身作往复直线运动，实现工件的夹紧和松开，钳口的最大开度由螺母左端与固定钳身左侧内壁接触时的极限位置确定。螺母下端的凸肩与固定钳身内侧凸台的下端接触，以承受活动钳身夹紧时的侧向力。

螺杆与固定钳身左、右内孔的配合尺寸分别为 $\phi12H9/f9$ 和 $\phi18H9/f9$，固定钳身与活动钳身的配合尺寸为 $\phi80H9/f9$，螺母与活动钳身的配合尺寸为 $\phi20H9/f9$，四处配合均为基孔制间隙配合。

机用虎钳的装配顺序是：先用螺钉 11 将钳口板 8 紧固在固定钳身 9 和活动钳身 5 上，将螺母 6 放在固定钳身的槽中，然后将套上垫圈 10 的螺杆 4 先后装入固定钳身 9 和螺母 6 的孔中，再在螺杆左端装上垫圈 3、挡圈 1，配作锥销孔并装入圆锥销 2，最后将活动钳身 5 的内孔对准螺母上端圆柱装在固定钳身上，用螺钉 7 旋紧。机用虎钳的拆卸顺序与上述过程相反。

4. 分析零件

分析零件时，一般可按零部件序号顺序分析每一零件的结构形状及在装配体中的作用，主要零件要重点分析。分析某一零件形状时，首先要从装配图的各视图中将该零件的投影正确的分离出来。分析零件的方法，一是根据视图间的投影关系，二是根据剖面线进行判别。对所分析的零件，通过零部件序号与明细栏联系起来，从中了解零件的名称、数量、材料等。

图 10-5 所示机用虎钳中的零件 6，在主视图上根据剖面线可把它从装配图中分离出来，再根据投影关系和剖面线方向找出左视图中的对应投影，可知其基本形状为上圆下方，底部有倒 T 形凸肩，中间有螺纹孔，牙型与螺杆外螺纹相同，顶部中心有 M10×1 螺纹孔。查明细栏可知其名称为螺母，材料为铸造锡青铜，牌号为 ZCuSn5Pb5Zn5。它的作用是与螺杆旋合并带动活动钳身移动。

5. 归纳总结

通过以上分析，综合起来对装配体的装配关系、工作原理、各零件的结构形状及作用有一个完整、清晰的认识，并想象出整个装配图的形状和结构。机用虎钳的轴测图如图 10-6 所示。

以上所述是看装配图的一般方法和步骤，实际读图时这些步骤不能截然分开，而是交替进行，综合认识、不断深入。

【例】 读图 10-3 所示传动器的装配图

图 10-3 所示装配体为传动器，是一种传动装置。传动器共有 13 种零件，其中 5 种为标

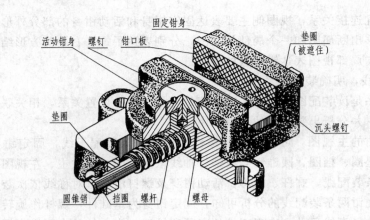

图 10-6 机用虎钳轴测图

准件，主要零件有座体、轴、带轮等。

传动器选用了两个基本视图，主视图采用全剖视，表达了装配体的主要装配关系、连接方式及各零件的轴向位置；左视图采用局部剖视图，主要表达座体和端盖的外形及座体的内部结构和通孔结构。

通过传动器的主视图，可以看到以轴为主的一条装配干线，带轮、端盖、轴承等沿轴线依次装配。带轮 4 通过键 3 与轴周向固定，通过挡圈 2 和螺栓 1 轴向固定在轴上；端盖通过螺钉 5 与座体连接。传动器的装配顺序是：先在轴 8 上装两个轴承 10，再将轴 8 自左向右装入座体中，接着将左端盖 6 用螺钉 5 套上垫片 7 固定，再将左带轮 4、右齿轮 13 装入，用螺栓 1 和挡圈 2 固定。拆卸顺序与上述过程相反。

根据剖面线的方向和间隔将座体从装配图中分离出来。传动器的工作原理是，原动机带动皮带轮转动，轴和齿轮随皮带轮一起转动，再由齿轮将动力和运动传递到工作机。

二、由装配图拆画零件图

产品设计过程中，一般先画出装配图，然后再根据装配图画出零件图。因此，由装配图拆画零件图是设计过程中的一个重要环节。

拆画零件图时首先要全面看懂装配图，将所要拆画的零件的结构、形状和作用分析清楚，然后按零件图的内容和要求选择表达方案，画出视图，标注尺寸及技术要求。由装配图拆画零件图要注意以下几个问题。

1. 表达方案的确定

拆画零件图时，零件的表达方案不能简单照抄装配图上该零件的表达模式，因为装配图的表达方案是从整个装配体来考虑的，很难符合每个零件的要求，因此在拆画零件图时应根据零件自身的加工、工作位置及形状特征选择主视图，综合其形状特点确定其他视图数量及表达方法。

2. 零件结构形状的完善

零件上的一些工艺结构，如倒角、退刀槽、圆角等，在装配图上往往省略不画，但在画零件图时应根据工艺要求予以完善。

由于装配图主要用于表达装配关系和工作原理，因此对某一零件，特别是形状复杂的零件往往表达不完全，这时需要根据零件的功用，合理地加以完善和补充。

3. 零件尺寸的确定

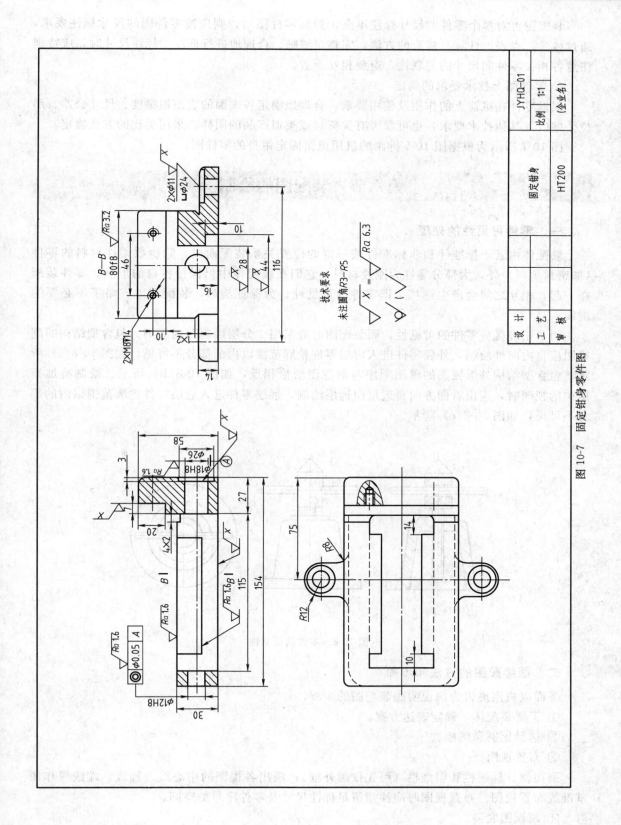

技术要求

未注圆角R3~R5

$\sqrt{}$ $= \sqrt{Ra\,6.3}$

$\sqrt{}$ $\sqrt{(\,\sqrt{\,}\,)}$

JYHQ-01

比例 1:1

(企业名)

固定钳身

HT200

设　计

工　艺

审　核

图 10-7 固定钳身零件图

　　装配图上对单个零件的尺寸标注不全，拆画零件图时，则应按零件图的尺寸标注要求，通过抄注、查表、计算、量取的方法，完整、清晰、合理地进行标注。标注尺寸时，应特别注意各相关零件间尺寸的关联性，避免相互矛盾。

　　4. 零件图上技术要求的确定

　　根据零件在机器上的作用及使用要求，合理地确定各表面的表面粗糙度、尺寸公差、形位公差以及其他技术要求，也可参考有关资料或类似产品的图样，采用类比的方法确定。

　　图 10-7 所示为根据图 10-5 拆画的机用虎钳固定钳身的零件图。

第六节　装配图的绘制

一、零件可见性的处理

　　装配体由若干标准件和非标准件按一定的位置关系装配而成，除少数柔性材料的零件（如密封填料）外，大部分零件为刚性材料，它们在装配体中仍保持各自的形状。零件装配在一起，相互之间会产生遮挡，即零件的可见性，为保证清晰，装配图中省略了不必要的虚线。

　　为了正确区分零件的可见性，画装配图时应采用"分层绘制"的原则。包含型结构的剖视图应自内向外绘制，外层零件进入内层零件轮廓范围以内的部分不可见，如图 10-8(a) 所示；包含型结构外形视图的画图顺序与剖视图恰恰相反，如图 10-8(b) 所示。绘制叠加型结构的视图时，应由看图方向自近层向远层绘制，远层零件进入近层零件轮廓范围以内的部分不可见，如图 10-8(c) 所示。

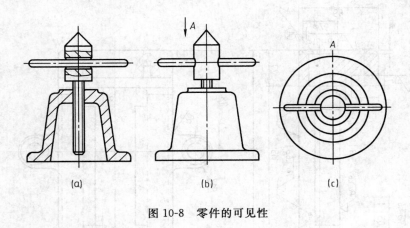

图 10-8　零件的可见性

二、画装配图的方法和步骤

　　下面以机用虎钳为例说明画装配图的步骤。

　　① 了解装配体，确定表达方案。

　　② 选择比例和图幅。

　　③ 布置视图。

　　画图框、标题栏和明细栏（可先仅画外框）；画出各视图的中心线、轴线、端线等作图基准线布置视图。布置视图时应注意留足标注尺寸及零件序号的空间。

　　④ 画视图底稿。

　　装配图一般比较复杂，为方便零件定位，一般先画对整体起定位作用的大的基准件（如螺杆）轮廓，即先大后小；先画主要轮廓结构，后画次要及细部结构，即先主后次。

　　⑤ 检查、描深。

　　底稿完成后，需经校核修正再加深，画剖面线，注意各零件剖面线的方向和间隔要符合装配图的要求。

　　⑥ 标注尺寸，编写零部件序号，注写技术要求，填写明细栏和标题栏，完成全图。

第十一章　化工设备图

化工设备是用于化工产品生产过程中的合成、分离、结晶、过滤、吸收、干燥等生产单元的装置和设备。常用的典型化工设备有储罐（或槽）、反应釜（或罐）、换热器、塔器等。表示化工设备的结构、形状、大小、性能和制造安装等技术要求的图样，称为化工设备装配图，简称化工设备图，如图 11-1 所示。从图中可以看出，它除了具有与一般机械装配图相同的内容，即一组视图、必要的尺寸、技术要求、明细栏及标题栏外，还有技术特性表、管口表以及图纸目录等内容，以满足化工设备图样特定的技术要求及严格的图样管理的需要。为了完整、正确、清晰地表达化工设备，常使用的图纸有化工设备总图、装配图、部件图、零件图、管口方位图、表格图及预焊接件图等。本章简要介绍化工设备图的表达方法和阅读。

第一节　化工设备的结构特点及表达方法

一、化工设备的结构特点

常见的几种典型化工设备的直观图如图 11-2 所示。这些化工设备虽然结构形状、尺寸大小以及安装方式各不相同，但构成设备的基本形状以及所采用的许多通用零部件却有共同的特点。

1. 基本形体以回转体为主

设备的主体（筒体、封头）和零部件（人孔、手孔、接管等）的结构形状，大部分以圆柱、圆锥、圆球等回转体为主，一般由钢板卷制而成。

2. 尺寸大小相差悬殊

设备的总高（或总长）与直径、设备的总体尺寸与壳体壁厚或其他细部结构尺寸大小相差悬殊。如图 11-1 中管壳式换热器的筒体高度尺寸（5996mm）与壁厚尺寸（6mm）相差悬殊。

3. 壳体上开孔和接管多

在设备壳体上，有较多的开孔和接管，用以安装各种零部件、连接仪表（如压力表、温度计、液位计等）及物料进出设备。

4. 大量采用焊接结构

设备中许多零部件采用焊接成型，如筒体、封头、支座等；零部件间的连接也广泛采用焊接方法，如筒体与封头、接管、支座、人孔的连接。

5. 广泛采用标准化零部件

化工设备上一些常用的零部件，大多已实现了标准化、系列化和通用化，如封头、支座、设备法兰、人（手）孔、视镜、液面计、补强圈等。一些典型设备中，部分常用零部件如填料箱、搅拌器、膨胀节、浮阀等也有相应的标准。因此在设计时可根据需要直接选用。

6. 防泄露安全结构要求高

在处理有毒、易燃、易爆的介质时，要求密封结构好，安全装置可靠，以免发生"跑、

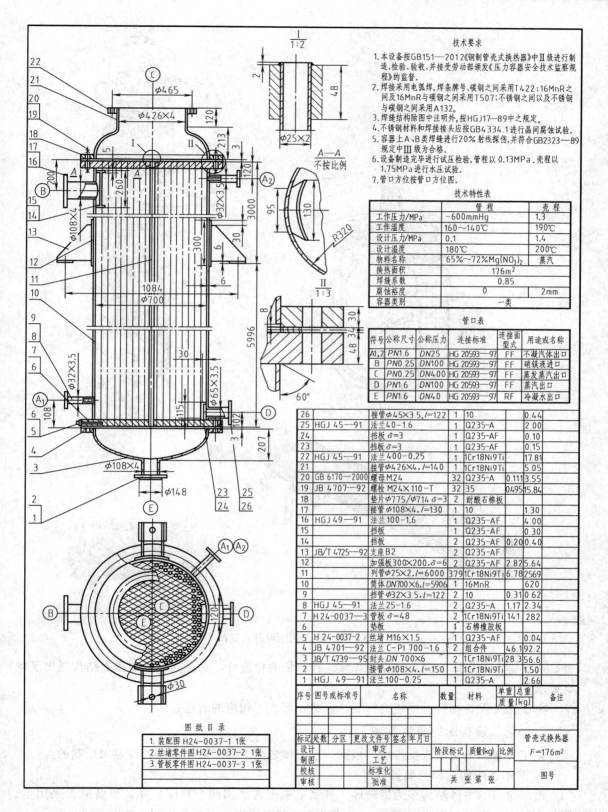

技术要求
1. 本设备按GB151—2012《钢制管壳式换热器》中Ⅱ级进行制造、检验、验收，并接受劳动部颁发《压力容器安全技术监察规程》的监督。
2. 焊接采用电弧焊，焊条牌号，碳钢之间采用T422；16MnR之间及16MnR与碳钢之间采用T507；不锈钢之间以及不锈钢与碳钢之间采用A132。
3. 焊缝结构除图中注明外，按HGJ17—89之规定。
4. 不锈钢材料和焊接接头应按GB4334.1进行晶间腐蚀试验。
5. 容器上A、B类焊缝进行20%射线探伤，并符合GB2323—89规定中Ⅲ级为合格。
6. 设备制造完毕进行试压检验，管程以0.13MPa、壳程以1.75MPa进行水压试验。
7. 管口方位按管口方位图。

技术特性表

	管　程	売　程
工作压力/MPa	−600mmHg	1.3
工作温度	160～140℃	190℃
设计压力/MPa	0.1	1.4
设计温度	180℃	200℃
物料名称	65%～72%Mg(NO₃)₂	蒸汽
换热面积	176m²	
焊缝系数	0.85	
腐蚀裕度	0	2mm
容器类别	一类	

管口表

符号	公称尺寸	公称压力	连接标准	连接面型式	用途或名称
A1,2	PN1.6	DN25	HG 20593—97	FF	不凝汽体出口
B	PN0.25	DN100	HG 20593—97	FF	硝镁液进口
C	PN0.25	DN400	HG 20593—97	FF	蒸发蒸汽出口
D	PN1.6	DN100	HG 20593—97	FF	蒸汽出口
E	PN1.6	DN40	HG 20593—97	RF	冷凝水出口

26		接管φ45×3.5,l=122	1	10		0.44
25	HGJ 45—91	法兰40-1.6	1	Q235-A		2.00
24		挡板δ=3	1	Q235-AF		0.10
23		挡板δ=3	1	Q235-AF		
22	HGJ 45—91	法兰400-0.25	1	1Cr18Ni9Ti		17.81
21		接管φ426×4,l=140	1	1Cr18Ni9Ti		5.05
20	GB 6170—2000	螺母M24	32	Q235-A	0.111	3.55
19	JB 4707—92	螺栓M24×110-T	32	35	0.495	15.84
18		垫片φ775/φ714 δ=3	2	耐酸石棉板		
17		接管φ108×4,l=130	1	10		1.30
16	HGJ 49—91	法兰100-1.6	1	Q235-AF		4.00
15		挡板	1	Q235-AF		
14		挡板	2	Q235-AF	0.20	0.40
13	JB/T 4725—92	支座B2	2	Q235-AF		
12		加强板300×200,δ=6	2	Q235-AF	2.82	5.64
11		列管φ25×2,l=6000	379	1Cr18Ni9Ti	6.78	2569
10		筒体DN700×6,l=5906	1	16MnR		620
9		挡管φ32×3.5,l=122	2	10	0.31	0.62
8	HGJ 45—91	法兰25-1.6	2	Q235-A	1.17	2.34
7	H 24-0037-3	管板δ=48	2	1Cr18Ni9Ti	141	282
6		垫板	1	石棉橡胶板		
5	H 24-0037-2	丝堵M16×1.5	1	Q235-AF		0.04
4	JB 4701—92	法兰C-PI 700-1.6	2	组合件	46.1	92.2
3	JB/T 4739—95	封头DN 700×6	2	1Cr18Ni9Ti	28.3	56.6
2		接管φ108×4,l=150	1	1Cr18Ni9Ti		2.66
1	HGJ 49—91	法兰100-0.25	1	Q235-A		
序号	图号或标准号	名称	数量	材料	单重 总重 质量(kg)	备注

标记	处数	分区	更改文件号	签名 年月日				管壳式换热器 F=176m²
设计			审定					
制图			工艺					
校核			标准化					图号
审核			批准		共　张 第　张			

图纸目录
1. 装配图 H24-0037-1 1张
2. 丝堵零件图 H24-0037-2 1张
3. 管板零件图 H24-0037-3 1张

图 11-1　化工设备图

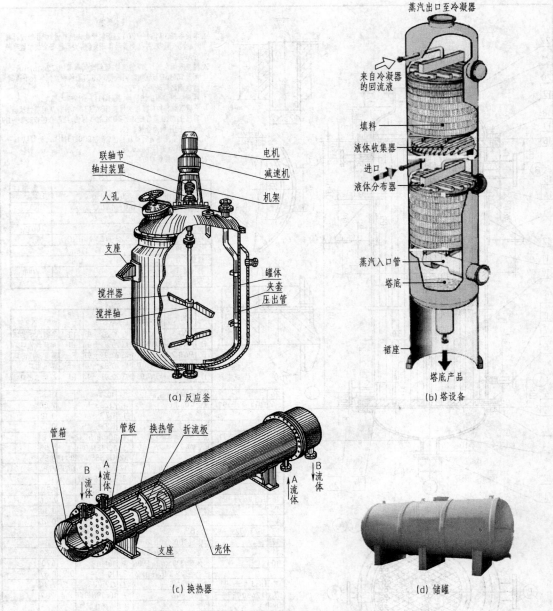

图 11-2 典型化工设备直观图

冒、滴、漏"及爆炸。因此,除对焊接进行严格的检验外,对各连接面的密封结构提出了较高要求。

由于化工设备具有上述结构特点,因此,形成了相应的表达方法。

二、化工设备图的表达方法

化工设备图是利用正投影法,根据一般机械装配图的画法和自身的特点来绘制的。

1. 基本视图的选择与配置

由于设备的主体结构多为回转体,其基本视图常采用两个视图。立式设备通常采用主、俯两个基本视图,如图 11-1 所示;卧式设备通常采用主、左两个视图,如图 11-26 所示。

主视图一般应按设备的工作位置选择，并采用剖视的表达方法，以使主视图能充分表达其工作原理、主要装配关系及主要零部件的结构形状。

对于形体狭长的设备，当主、俯（或主、左）视图难于安排在基本视图位置时，可以将俯（左）视图配置在图样的其他位置，并按照向视图的标注方法进行标注，如图 11-28 所示，也允许画在另一张图纸上，并分别在两张图纸上注明视图关系。

某些结构形状简单，在装配图上易于表达清楚的零件，其零件图可与装配图画在同一张图样上，注明件号××的零件图。

2. 细部结构的表达方法

由于化工设备的各部分结构尺寸相差悬殊，按总体尺寸所选定的绘图比例画出的基本视图，很难将细部结构表达清楚。因此，在设备图中较多采用局部放大图和夸大画法来表达这些细部结构并标注尺寸。

（1）局部放大图（亦称"节点详图"）　用局部放大图表达细部结构时，可画成局部视图、剖视或剖面等形式。图形可按比例画图，也可不按比例作适当放大，但均须标注，如图 11-1 中所示的Ⅰ、Ⅱ、A—A 局部放大图。

（2）夸大画法　对于设备的壳体、垫片、挡板、折流板及接管等的厚度，在按总体比例缩小较多时，其厚度一般无法画出，对此可采用夸大画法，即不按比例，适当夸大地画出它们的厚度。其余细小结构或较小的零部件，也可采用夸大画法。图 11-1 中壳体厚度、垫片及管板厚度、丝堵和接管法兰等，均采用了夸大画法。

3. 断开画法和分段画法

对于过高和过长的化工设备，如塔器、换热器等，当沿其轴线方向有相当部分的形状和结构相同或按一定规律变化时，可采用断开画法。即用双点画线将设备中重复出现的结构或相同结构断开，使图形缩短，简化作图，便于选用较大的作图比例，合理使用图纸幅面。图 11-1 中列管及壳体采用了断开画法。

对于较高的塔设备，在不适于采用断开画法时，可采用分段的表达方法。即把整个塔体分成若干段画出，以利于绘图时的图面布置和比例选择，如图 11-3 所示。

4. 多次旋转的表达方法

设备壳体上分布有众多的管口及其他附件，为了在主视图上表达它们的结构形状和位置高度，可使用多次旋转的表达方法。即假想将设备周向分布的接管及其他附件，分别按不同方向旋转到与主视图所在的投影面平行，然后再进行投影，得到反映它们实形的视图或剖视图。如图 11-4 所示，图中液位计接管（LG_1、LG_2）是按顺时针方向旋转 45°，人孔 M 是按逆时针方向旋转 45°后画出的。

为了避免混乱，在不同的视图中，同一接管或附件应用相同的大写英文字母编号。对于规格、用途相同的接管或附件可共用同一字母，并用阿拉伯数字作脚标，以示个数，如图 11-4 中液位计接管用 LG_1、LG_2 表示。

在设备图中采用多次旋转的画法时，允许不作任何标注，但这些结构的周向方位必须以管口方位图或俯、左视图为准。

5. 管口方位的表达方法

化工设备壳体上管口和附件方位的确定，在设备制造、安装等方面都是至关重要的，必须表达清楚。图 11-1 中俯视图已将各管口方位表达清楚，可不必画出管口方位图。否则，需要单独画出管口方位图，如图 11-5 所示。

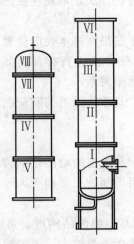

图 11-3　分段画法

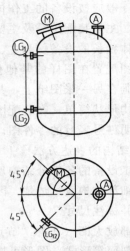

图 11-4　多次旋转的表达方法

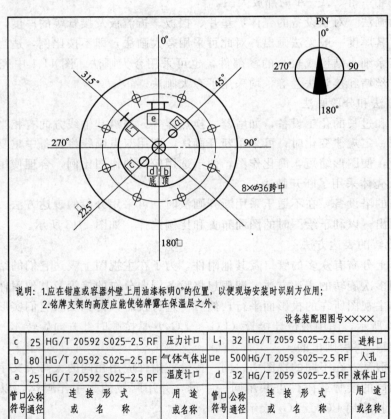

说明：1.应在钳座或容器外壁上用油漆标明0°的位置，以便现场安装时识别方位用；
　　　2.铭牌支架的高度应能使铭牌露在保温层之外。

设备装配图图号××××

管口符号	公称通径	连接形式或名称	用途或名称	管口符号	公称通径	连接形式或名称	用途或名称
c	25	HG/T 20592 S025-2.5 RF	压力计口	L_1	32	HG/T 2059 S025-2.5 RF	进料口
b	80	HG/T 20592 S025-2.5 RF	气体气体出口	e	500	HG/T 2059 S025-2.5 RF	人孔
a	25	HG/T 20592 S025-2.5 RF	温度计口	d	32	HG/T 2059 S025-2.5 RF	液体出口

工程名称			年	区号
设计项目			设计阶段	
编制		T××××	×××塔	
校核				
审核		管口方位图	第　页	共　页	版版

图 11-5　管口方位图

在管口方位图中，用细点画线表明管口的轴线及中心位置，用粗实线示意画出设备管口。管口方位图应表示出设备管口、支腿、接地板、塔裙座底部加强筋等方位，地脚螺栓孔的位置和数量，并标注管口符号（与设备图上的管口符号一致）。

三、化工设备图中的简化画法

1. 标准零部件的简化画法

标准零部件已有标准图，在设备图中不必详细画出，可按比例用粗实线画出反映其外形特征的简图，如图11-6所示；并在明细栏中注明其名称、规格、标准号等。

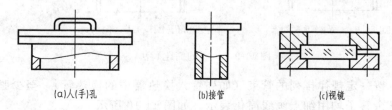

| (a)人(手)孔 | (b)接管 | (c)视镜 |

图11-6 标准零部件的简画

2. 外购零部件的简化画法

外购零部件在设备图中，只需根据主要尺寸按比例用粗实线画出其外形轮廓简图，如图11-7所示。并在明细栏中注明其名称、规格、主要性能参数和"外购"字样等。

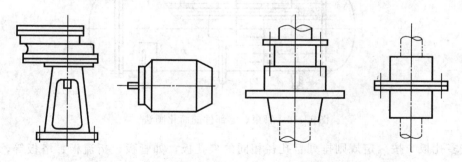

图11-7 外购零部件的简化画法

3. 重复结构的简化画法

（1）螺纹连接件组 零件图中螺栓孔可以省略圆孔的投影，用中心线和轴线表示，如图11-8（a）所示。装配图中的螺纹连接件可用符号"×"（粗实线）表示，若数量较多且均匀分布时，可以只画出几个符号表示其分布方位，如图11-8（b）所示。

（2）填料 当塔设备中装有同种材料、同一规格和同一堆放方法的填料时，在剖视图中，可用相交的细实线表示，同时注写有关的尺寸和文字说明（规格和堆放方法），如图11-9（a）所示；对装有不同规格或堆放方法的填充物，必须分层表示，分别注明填充物的规格和堆放方法，如图11-9（b）所示，其中"50×50×5"表示瓷环的

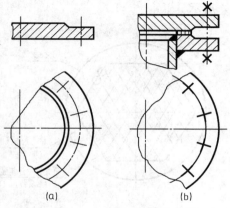

| (a) | (b) |

图11-8 螺纹孔、螺纹连接的简化画法

"直径×高×壁厚" 尺寸。

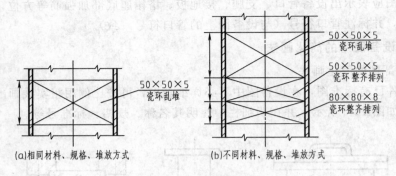

图 11-9　填料的简化画法

（3）管束　按一定规律排列的管束（如列管式换热器中的换热管），至少画出其中一根或几根管子，其余管子均用细点画线简化表示，如图 11-10 所示。

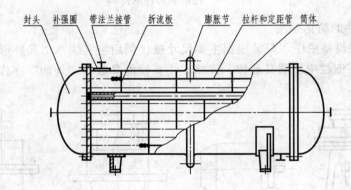

图 11-10　管束、零部件的简化画法

（4）多孔板　按一定规则排列且孔径相同的多孔板，如管板、折流板、塔板等，用细实线按一定的角度交错来表示孔的中心位置，用粗实线表示钻孔的范围，同时画出几个孔并注明孔数和孔径，如图 11-11（a）所示；若孔径相同且以同心圆的方式排列时，其简化画法如图11-11（b）所示；若多孔板用剖视表达时，则只画出孔的中心线，省略孔的投影，如图11-11（c）所示。

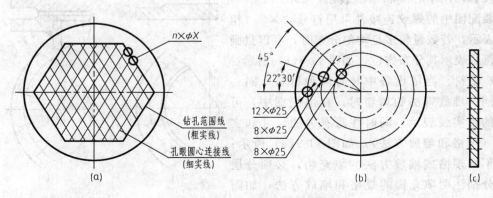

图 11-11　多孔板的简化画法

4. 管法兰的简化画法

在装配图中，不论管法兰的连接面是什么形式（平面、凹凸面、槽面），其画法均可简化为图 11-12 所示的方法画出，其连接面形式及焊接形式（角焊、对焊等），可在明细栏及管口表中注明。

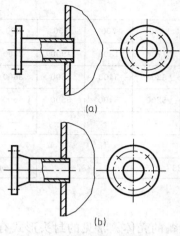

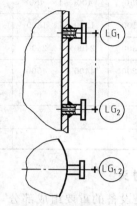

图 11-12　管法兰的简化画法　　　　　图 11-13　液面计的简化画法

5. 液面计的简化画法

在装配图中，带有两个接管的玻璃管液面计，可用细点画线和符号"＋"（粗实线）示意性地简化表示，如图11-13所示。在明细栏中要注明液面计的名称、规格、数量及标准号等。

6. 设备结构用单线表示的简化画法

设备上的某些结构，已有零部件图或局部放大图等表达清楚时，装配图上允许用粗实线单线表示。如图 11-10 中的折流板、挡板、拉杆、定距管、膨胀节、筒体、封头等。

第二节　化工设备常用的标准零部件

虽然不同设备的工艺要求不一样，结构形状也有差异，但是往往都有一些作用相同的零部件。例如图 11-14 所示的容器，它有筒体、封头、人孔、管法兰、支座、液面计、补强圈等零部件组成。这些零部件都有相应的标准，并在各种容器上通用。

一、筒体

筒体是设备的主体部分，一般由无缝钢管（直径小于 500mm）或钢板卷焊而成。筒体的主要尺寸是公称直径、高度（或长度）和壳体厚度。公称直径和高度（或长度）根据工艺要求确定，壳体厚度由强度计算决定。卷焊而成的筒体，其公称直径是指筒体的内径；采用无缝钢管作筒体时，其公称直径是指钢管的外

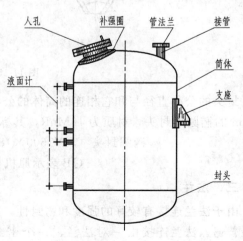

图 11-14　化工设备常用零部件

径。公称直径的选取应符合国家标准的规定，见表 11-1。

公称直径为 1200mm，厚度 10mm，高 2000mm 的筒体，其标记为：

"筒体　$DN1200×10$，$H=2000$" GB/T 9019—2001

表 11-1　压力容器的公称直径　　　　　　　　　　　　　　mm

钢板卷焊（内径）											
300	350	400	450	500	550	600	650	700	750	800	900
1000	1100	1200	1300	1400	1500	1600	1700	1800	1900	2000	2100
2200	2300	2400	2500	2600	2800	3000	3200	3400	3500	3600	3800
4000	4200	4400	4500	4600	4800	5000	5200	5400	5500	5600	5800
6000	—	—	—	—	—	—	—	—	—	—	—

无缝钢管（外径）					
159	219	273	325	337	426

二、封头

封头是设备的重要组成部分，它与筒体一起构成设备的壳体。常见的封头形式有：椭圆形、球形、碟形、锥形及平板形等，如图 11-15 所示。封头和筒体可以直接焊接，形成不可拆连接；也可以分别焊上设备法兰，用螺栓连接，构成可拆连接。

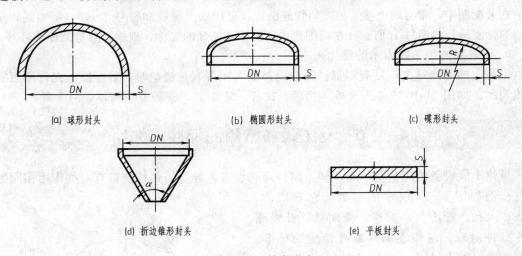

(a) 球形封头　　　　　　(b) 椭圆形封头　　　　　　(c) 碟形封头

(d) 折边锥形封头　　　　　　　　(e) 平板封头

图 11-15　封头形式

封头的公称直径与和它相连的筒体的公称直径相同。公称直径为 1600mm，名义厚度为 18mm 的椭圆形封头，材质为 16MnR，其标记为：

椭圆封头　$DN1600×18-16MnR$　JB/T 4746—2002

（JB 表示原机械工业部）

三、法兰

由于法兰连接有较好的强度和密封性，而且适用尺寸范围较广，因此，在化工设备中应用最普遍。法兰连接由一对法兰、一个密封垫片和数个螺栓、螺母、垫圈所组成，如图 11-16 所示。

化工设备用的标准法兰有两类：管法兰和压力容器法兰（又称设备法兰）。标准法兰的主要参数是公称直径（DN）和公称压力（PN）。管法兰的公称直径为所连接管子的外径，压力容器法兰的公称直径为所连接筒体（或封头）的内径。

1. 压力容器法兰

压力容器法兰用于设备筒体与封头的连接。压力容器法兰的结构形式有三种：甲型平焊法兰、乙型平焊法兰和长颈对焊法兰。压力容器法兰的密封面形式有平面型密封面、凹凸型密封面和榫槽型密封面等，如图11-17所示。密封面的代号见表11-2。

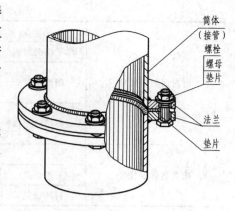

图 11-16　法兰连接

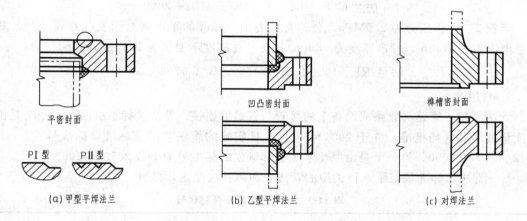

图 11-17　压力容器法兰的结构及密封面形式

法兰标记如下：

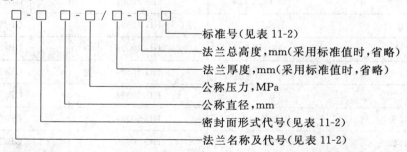

标准号（见表11-2）
法兰总高度,mm（采用标准值时,省略）
法兰厚度,mm（采用标准值时,省略）
公称压力,MPa
公称直径,mm
密封面形式代号（见表11-2）
法兰名称及代号（见表11-2）

示例1　公称压力 1.6MPa，公称直径 800mm 的衬环榫槽密封面乙型平焊法兰的榫面法

表 11-2　压力容器法兰

法 兰 类 别		标 准 号
法兰标准号	甲型平焊法兰	JB/T 4701—2000
	乙型平焊法兰	JB/T 4702—2000
	长颈对焊法兰	JB/T 4703—2000

续表

	密 封 面 形 式			代　号
密封面形式代号	平面密封面			RF
	凹凸密封面		凹密封面	FM
			凸密封面	M
	榫槽密封面		榫密封面	T
			槽密封面	G
法兰名称及代号	法 兰 类 型			名称及代号
	一般法兰			法兰
	衬环法兰			法兰 C

兰，其标记为：

法兰 C-T　800-1.6　JB/T 4702—2000

示例 2　公称压力为 2.5MPa，公称直径为 1000mm 的平面密封面长颈对焊法兰，其中法兰厚度改为 78mm（标准厚度为 68mm），法兰总高度不变仍为 155mm，其标记为：

法兰-RF　1000-2.5/78-155　JB/T 4703—2000

2. 管法兰

管法兰用于管路与管路或设备上的接管与管路的连接。管法兰标准有两个：一个是由国家质量技术监督局批准，并于 2001 年 7 月 1 日实施的管法兰国家标准，标准号为：GB/T 9112～9124—2000。另一个是由原化学工业部颁发的标准号为 HG 20592～20635—97。

HG 管法兰标准规定了八种类型的管法兰和两种法兰盖，见表 11-3。

表 11-3　管法兰类型及类型代号

法兰类型	法兰类型代号	HG 标准号	GB/T 标准号
板式平焊法兰	PL	HG 20593	GB/T 9119
带颈平焊法兰	SO	HG 20594	GB/T 9116
带颈对焊法兰	WN	HG 20595	GB/T 9115
整体法兰	IF	HG 20596	GB/T 9113
承插焊法兰	SW	HG 20597	GB/T 9117
螺纹法兰	Th	HG 20598	GB/T 9114
对焊环松套法兰	PJ/SE	HG 20599	GB/T 9122
平焊环松套法兰	PJ/PR	HG 20600	GB/T 9121
法兰盖	BL	HG 20601	GB/T 9123
衬里法兰盖	BL(S)	HG 20602	

注：本书法兰名称及法兰类型代号均取自 HG 管法兰标准，在 GB/T 法兰标准中部分法兰名称略有差异，且无法兰代号。

管法兰结构类型如图 11-18 所示。

管法兰密封面形式有全平面（FF）、突面（RF）、凹凸面（MFM）、凸面（M）、凹面（FM）、榫槽面（TG）、榫面（T）、槽面（G）、环连接面（RJ）。管法兰标记规定如下：

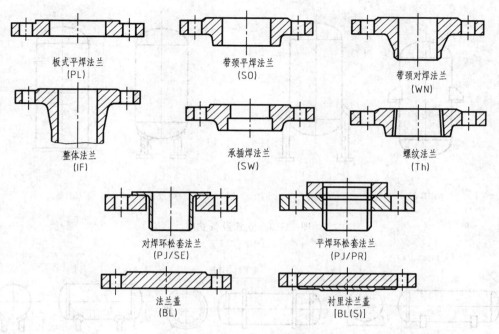

图 11-18 管法兰结构类型

HG 20592 法兰
（或法兰盖）

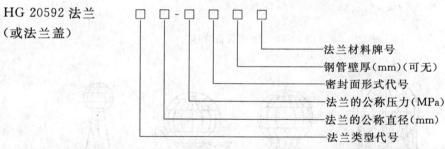

法兰材料牌号
钢管壁厚（mm）（可无）
密封面形式代号
法兰的公称压力（MPa）
法兰的公称直径（mm）
法兰类型代号

示例 1 公称直径 150mm，公称压力 0.6MPa，配用公制管的突面板式平焊法兰，法兰材料为 Q235-B，其标记为：

HG 20592 法兰 PL150—0.6 RF Q235-B

示例 2 公称直径 100mm，公称压力 2.5MPa，配用公制管的凹面带颈对焊法兰，材料 16Mn，钢管壁厚为 6mm，其标记为：

HG 20595 法兰 WN100—2.5 FM 6 16Mn

四、支座

支座用于支承设备的重量和固定设备的位置。设备支座分为立式设备支座、卧式设备支座和球形容器支座三大类。立式设备支座可分为耳式、支承式、腿式和裙式支座四种（见图 11-19），卧式设备支座可分为鞍式、圈式和支腿式支座三种（见图 11-20），球形容器支座有柱式、裙式、半埋式和高架式四种（见图 11-21）。下面仅介绍常用支座。

1. 耳式支座

耳式支座，又称悬挂式支座，广泛用于立式设备。它的结构是由肋板、底板、垫板焊接

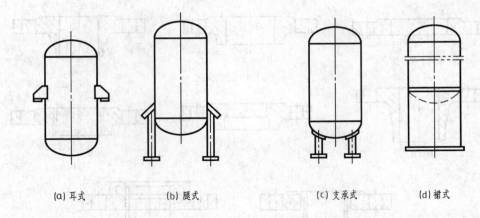

(a) 耳式　　　　　(b) 腿式　　　　　(c) 支承式　　　　　(d) 裙式

图 11-19　立式设备支座

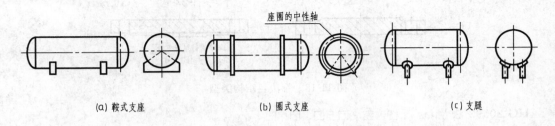

座圈的中性轴

(a) 鞍式支座　　　　　(b) 圈式支座　　　　　(c) 支腿

图 11-20　卧式设备支座

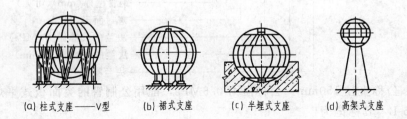

(a) 柱式支座——V型　　　(b) 裙式支座　　　(c) 半埋式支座　　　(d) 高架式支座

图 11-21　球形容器支座

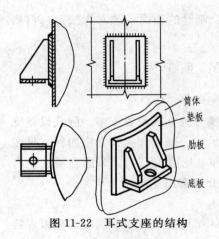

筒体
垫板
肋板
底板

图 11-22　耳式支座的结构

而成，然后焊接在设备的筒体上，如图 11-22 所示。支座的底板放在楼板或钢梁的基础上，用螺栓固定。在设备周围，一般均匀分布四个耳式支座，安装后使设备成悬挂状。小型设备也可用三个或两个支座。

耳式支座有带垫板与不带垫板（N）之分，按肋板宽度又有短臂（A）和长臂（B）之分，因此，耳式支座有 A 型、AN 型（不带垫板）、B 型、BN 型（不带垫板）四种。长臂适用于带保温层的立式设备。耳式支座的主要参数为支座允许载荷和支座型式。可根据载荷的大小，从标准中选用。

耳式支座的标记为：

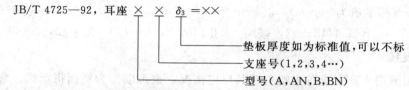

支座和垫板材料的表示：支座材料/垫板材料，无垫板时只标注支座材料。

标记示例　A 型、3 号耳式支座，不带垫板，支座材料为 Q235-A·F，其标记为：

$$\text{JB/T } 4725\text{—}92，耳座 AN3$$

$$\text{材料：Q235-A·F}$$

2. 鞍式支座

鞍式支座是卧式设备常用的一种支座。其结构如图 11-23 所示。卧式设备一般用两个鞍式支座支撑，当设备过长，超过两个支座允许的支撑范围时，应增加支座数目。

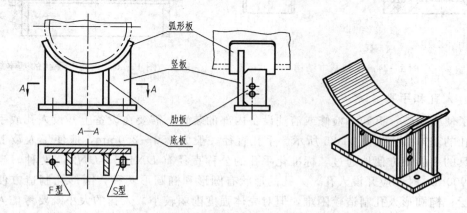

图 11-23　鞍式支座的结构

鞍式支座分为轻型（A 型）、重型（B 型）两种。其中重型鞍座又根据包角、制作方式及附带垫板等不同情况，分为 BⅠ、BⅡ、BⅢ、BⅣ、BⅤ五种型号。

每种鞍座又分固定式（F 型）和活动式（S 型）两种，F 型与 S 型配对使用。S 型的地脚螺栓孔是长圆形，以使鞍座能在基础面上自由滑动，容器不受附加应力的作用。

鞍座标记

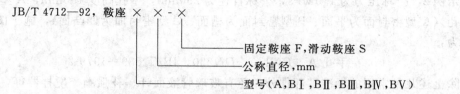

当鞍座高度 h，垫板厚度 δ_4，滑动鞍座底板上的螺栓孔长度 l 与列于尺寸表和结构图上的数值不一致时，应在上述标记后，依次加标：h，δ_4 和 l 值。

示例 1　容器的公称直径为 800mm，支座包角为 120°，重型，不带垫板、标准高度的固定式弯制支座，其标记为：

$$\text{JB/T } 4712\text{—}92，鞍座　BⅤ800\text{-}F}$$

示例 2　容器的公称直径为 1600mm，支座包角为 150°，重型活动鞍座，鞍座高度为 400mm（标准值为 250mm），垫板高度为 12mm（标准值为 10mm），底板上长螺栓孔的 l 值等于 60mm（标准值为 40mm），其标记为：

$$JB/T\ 4712—92，鞍座\quad BⅡ1600\text{-}S，h=400，\delta_4=12，l=60$$

五、视镜

视镜主要用来观察设备内物料及其反应情况，也可以作为料面指示镜。常用的视镜有不带颈视镜、带颈视镜和压力容器视镜（分别有不带颈视镜和带颈视镜两种），其结构如图11-24 所示。

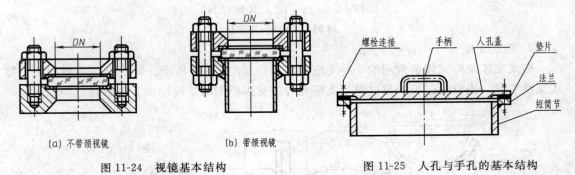

(a) 不带颈视镜　　　　　(b) 带颈视镜

图 11-24　视镜基本结构　　　　　图 11-25　人孔与手孔的基本结构

六、人孔和手孔

为了便于安装、拆卸、检修或清洗设备内部的装置，需要在设备上开设人孔或手孔。人孔与手孔的基本结构如图 11-25 所示。手孔直径一般为 $150\sim250$mm，应使工人戴上手套并握住工具的手能很方便地通过，标准化手孔的公称直径有 $DN150$、$DN250$ 两种。当设备直径超过 900mm 时，应开设人孔。人孔的形状有圆形和椭圆形两种，圆形孔制造方便，应用较为广泛；椭圆形人孔制造较困难，但对壳体强度削弱较小。人孔的大小既要考虑人的安全进出，又要尽量减少因开孔过大而过多削弱壳体强度。因此，圆形人孔的最小直径为 400mm，最大为 600mm。一般选用直径为 450mm 的人孔；严寒地区的室外设备或有较大内件要从人孔取出的设备，可选用直径为 500mm 和 600mm 的人孔。

标记示例

示例 1　公称直径为 450mm，高度 160mm 的常压人孔，施工图号为 2，其标记为：

$$人孔\quad DN450，JB/T\ 577—1979\text{-}2$$

示例 2　公称压力为 1.0MPa，公称直径为 250mm，手孔高度 190mm，A 型密封面的平盖手孔（A 型密封面为平面、B 型密封面为槽面、C 型密封面为凹凸面），施工图号为 2，其标记为：

$$手孔 A\quad PN1.0，DN250，JB/T\ 589—1979\text{-}2$$

除上述几种常用的标准零部件外，还有玻璃管液面计、补强圈、搅拌器等，需要时请查阅相关标准。

第三节　化工设备图的尺寸标注及技术要求

一、化工设备图的尺寸标注

设备图的尺寸标注，主要反映设备的大小、规格、零部件之间的装配关系及设备的安装定位。和机械装配图相比，化工设备图的尺寸数量稍多，有的尺寸较大，尺寸精度要求不是很高，并允许标注成封闭的尺寸链。在尺寸标注中，除遵守技术制图和机械制图国家标准的有关规定外，还要结合设备的特点，使尺寸标注做到正确、完整、清晰、合理，以满足化工设备制造、检验和安装的要求。

1. 尺寸种类

化工设备图一般包括以下几类尺寸（见图 11-26）。

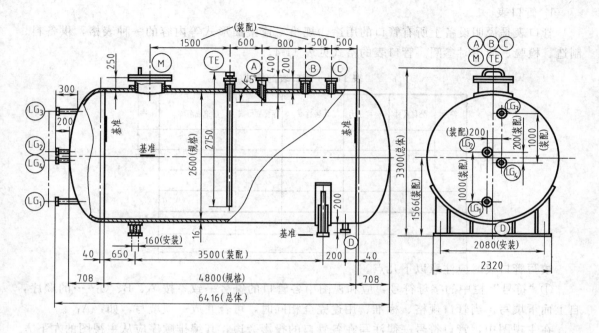

图 11-26　尺寸的种类

（1）规格性能尺寸　反映化工设备的规格、性能、特征及生产能力的尺寸。如容器内径 $\phi2600$、筒体长度 4800 等。

（2）装配尺寸　反映零部件之间的相对位置尺寸，它们是制造化工设备时的重要依据。如接管间的定位尺寸（1500、1000、800、200）等、接管伸出的长度尺寸（250、200）等、支座的定位尺寸（3500）等。

（3）外形（总体）尺寸　表示设备总长、总高、总宽（或外径）的尺寸。这类尺寸对于设备的包装、运输、安装及厂房设计等，是十分必要的。如容器的总长 6416、总高 3300、总宽为筒体外径 $\phi2632$（需计算筒体内径加壁厚得出）。

（4）安装尺寸　化工设备安装在基础或其他构件上所需要的尺寸。如支座上地脚螺栓孔的相对位置尺寸 2080、160 等。

（5）其他尺寸　设备零部件的规格尺寸（如接管的直径、壁厚）、设计计算确定的尺寸（如筒体壁厚 16）、焊缝的结构形式尺寸等。

2. 尺寸基准

化工设备图中标注的尺寸，既要保证设备在制造和安装时达到设计要求，又要便于测量和检验。常用的尺寸基准有如下几种：

① 设备筒体和封头焊接时的环焊缝；

② 设备筒体和封头的轴线；

③ 设备容器法兰的端面；

④ 设备支座的底面等。

二、化工设备图的技术要求

技术要求包括设备在制造、安装、检验、使用等方面的要求。可以用文字或表格的形式表述，具体包括以下内容。

1. 管口表

管口表是说明设备上所有管口的用途、规格、连接面形式等内容的一种表格，供备料、制造、检验、使用时参阅。管口表的格式见表 11-4。

表 11-4　管口表的格式

符号	公称尺寸	公称压力	连接标准	连接面形式	用途或名称

（尺寸标注：12，7；列宽 10、15、15、20、15、25，总宽 100）

填写管口表时应注意以下几点。

①"符号"栏中的字母符号，应和视图中各管口的符号一致，按 A、B、C……的顺序，自上而下填写。当管口规格、标准、用途完全相同时，可合并成一项填写，如：A_{1-2}。

在主视图中，管口符号一律注写在各管口的投影旁边，其编排顺序应从主视图的左下方开始，按顺时针方向依次编写。其他视图上的管口符号，则应根据主视图中对应的符号进行注写。

②"公称尺寸"和"公称压力"栏按管口的公称直径和公称压力填写。对于带衬里的管口，公称直径按实际内径填写；带薄衬里的钢接管，填写钢管的公称直径；无公称直径的管口，则按管口实际内径填写。

③"连接标准"栏填写对外连接管口（包括法兰）标准号。不对外连接的管口，不填写。

④"连接面形式"栏填写法兰的密封面形式，如平面、凹面等；螺纹连接填写"内螺纹"；不对外连接的管口，如人孔、检验孔等，用从左下至右上的细斜线表示。

⑤"用途或名称"栏填写管口的标准名称、习惯性名称或简明的用途术语。

2. 技术特性表

技术特性表是表明该设备技术特性指标的一种表格。技术特性表的格式有两种，适用于不同类型的设备，见表 11-5 和表 11-6。

表 11-5 所示样式一用于一般化工设备，表 11-6 所示样式二用于带换热管的设备。同时，根据不同类型的设备，增加相应的内容。比如，对容器类，增加全容积（m^3）；对反应器类，增加全容积（m^3）、搅拌转速（r/min）、电动机功率（kW）；对换热器类，增加换热面积（m^2）、且技术特性的内容分别按管程和壳程填写；对塔器类，增加设计风压（N/m^2）、地震烈度（级）；对专用塔器，则增加填料体积、气量、喷淋量等。

表 11-5　技术特性表样式一

规范			
介质及基特性		焊后热处理	
工作温度/℃		无损检测	
设计温度/℃		全容积	
工作压力/MPa(G)		压力容器类别	
设计压力/MPa(G)			
水压实验压力/MPa(G)		基本风压/(N/m²)	
气密实验压力/MPa(G)		地震烈度　度	
腐蚀裕度/mm		场地土类别　类	
焊缝接头系数		防腐要求	

25　25　25　25　100

表 11-6　技术特性表样式二

规范						
		壳程	管程		壳程	管程
介质及其特性				程数		
工作温度/℃				焊后热处理		
设计温度/℃				无损检测		
工作压力/MPa(G)				保温层/防火层/(m/m)		
设计压力/MPa(G)				管子与管板连接		
水压实验压力/MPa(G)				换热面积		
气密实验压力/MPa(G)				压力容器类别		

20　15　15　20　15　15　100

3. 技术要求

技术要求是用文字说明在图中不能（或没有）表示出来的内容，包括设备在制造、试验和验收时应遵循的标准、规范或规定，以及对于材料、表面处理及涂饰、润滑、包装、运输等方面的特殊要求，作为制造、装配、验收等过程中的技术依据。

4. 管口表、技术特性表和技术要求的位置

一般情况下，管口表画在明细栏的上方、技术特性表放在管口表的上方、技术要求写在技术特性表的上方。若位置不够时，可将技术要求、技术特性表和管口表移到明细栏的左侧，但其上下位置保持不变。

第四节　化工设备图的阅读

化工设备图是化工生产中设备设计、制造、安装、使用和维修的重要技术文件。从事化工生产的技术人员，都必须能够熟练阅读化工设备图。

一、阅读化工设备图的基本要求

在读设备图的过程中，应着重注意设备图的表达特点、简化表示法、管口方位、技术要求等与机械图的区别。通过对化工设备图的阅读，应主要了解以下基本内容。

① 设备的性能、作用和工作原理。

② 设备中各零部件之间的装配关系、装拆顺序和有关尺寸。

③ 各零部件的主要结构形状、数量、材料及作用，进而了解整个设备的结构。

④ 设备的开口方位，以及在制造、检验和安装等方面的技术要求。

二、阅读化工设备图的方法和步骤

1. 读图的方法、步骤

（1）概括了解

① 看标题栏，了解设备的名称、规格、材料、质量及绘图比例等内容；

② 看明细栏，了解设备各零部件和接管的名称、数量等内容，了解哪些是标准件和外购件；

③ 看管口表、技术特性表及技术要求等，了解其基本情况。

（2）视图分析 通过读图，分析设备图上共有多少个视图？哪些是基本视图？哪些是其他视图？各视图采用了哪些表达方法及主要表达的内容等等。

（3）零部件分析 从主视图入手，结合其他视图，对照明细栏中的序号，将零部件逐一从视图中找出，分析其结构、形状、尺寸，与主体或其他零部件的装配关系；对标准化零部件，应查阅相关的标准；同时将设备图上的各类尺寸及代（符）号进行分析，搞清它们的作用和含义；了解设备上所有管口的结构、形状、数目、大小和用途，以及管口的周向方向、轴向距离，外接法兰的规格和形式等。

化工设备的零部件一般较多，一定要分清主次，对于主要的、较复杂的零部件及其装配关系要重点分析。此外，零部件分析最好按一定的顺序有条不紊地进行，一般按先大后小、先主后次、先易后难的步骤，也可按序号顺序逐一地进行分析。

结合管口表，分析每一管口的用途及其在设备上的轴向和径向位置，从而搞清各种物料在设备内的进出流向，即化工设备的主要工作原理。

通过技术特性表和技术要求，明确该设备的性能、主要技术指标以及在制造、检验、安装等过程中的技术要求。

（4）归纳总结想形状 通过对视图和零部件的分析，按零部件在设备中的位置及给定的装配关系，加以综合想像，从而获得一个完整的设备形状；同时结合有关技术资料，进一步了解设备的结构特点、工作特性、物料的进出流向和操作原理等。

2. 读图举例

【例1】 读图 11-27 所示反应釜的装配图。

（1）概括了解 从标题栏可知，该图为反应釜的装配图，反应釜的公称直径（内径）为 1000mm，传热面积 $F=4m^2$，设备容积 $1m^3$，设备的总质量为 1100kg，绘图比例 1：10。

反应釜由 46 种零部件组成，其中有 30 种标准零部件，均附有 GB/T、JB/T、HG/T 等标准号。设备上装有机械传动装置，电动机型号为 Y100L₁-4，功率为 2.2kW，减速机型号为 LJC-250-23。

反应釜罐体内的介质是酸、碱溶液，工作压力为常压，工作温度为 40℃；夹套内的介质是冷冻盐水，工作压力为 0.3MPa，工作温度为 −15℃。反应釜共有 12 个接管。

（2）视图分析 从视图配置可知，图中采用两个基本视图，即主、俯视图。主视图采用剖视和接管多次旋转的画法表达反应釜主体的结构形状、装配关系和各接管的轴向位置。俯视图采用拆卸画法，即拆去了传动装置，表达上、下封头上各接管的位置、壳体器壁上各接管的周向方位和耳式支座的分布。

另有八个局部剖视放大图，分别表达顶部几个接管的装配结构、设备法兰与釜体的装配结构和复合钢板上焊缝的焊接形式及要求。

（3）零部件分析 设备总高为 2777mm，由带夹套的釜体和传动装置两大部分组成。

设备的釜体（件 11）与下部封头（件 6）焊接，与上部封头（件 16）采用设备法兰连接，由此组成设备的主体。主体的侧面和底部外层焊有夹套。夹套的筒体（件 10）与封头（件 5）采用焊接。另有一些标准零部件，如填料箱、手孔、支座和接管等，都采用焊接方法固定在设备的筒体、封头上。

主视图左面的尺寸 106mm，确定了夹套在设备主体上的轴向位置。主视图右面的尺寸 650mm，确定了耳式支座焊接在夹套壁上的轴向位置。

由于反应釜内的物料（酸和碱）对金属有腐蚀作用，为了保证产品质量、延长设备的使用寿命和降低产品成本，设备主体的材料在设计时选用了碳素钢（Q235-A）与不锈钢（1Cr18Ni9Ti）两种材料的复合钢板制作。从Ⅳ、Ⅴ号局部放大图中可以看出，其碳素钢板厚8mm，不锈钢板厚2mm，总厚度为10mm。冷却降温用的夹套采用碳素钢制作，其钢板厚度为10mm。釜体与上封头的连接，为防腐蚀而采用了"衬里乙型平焊法兰"（件15）的结构，Ⅳ号局部放大图表示了连接的结构情况。

从B—B局部剖视中可知，接管F是套管式的结构。由内管（件39）穿过接管（件2）插入釜内。从主视图中可看出搅拌器的大致形状。搅拌器的传动方式为：由电动机带动减速机（件23），经过变速后，通过联轴器（件21）带动搅拌轴（件9）旋转，带动搅拌器（件7）搅拌物料。减速机是标准化的定型传动装置，其详细结构、尺寸规格和技术说明可查阅有关资料和手册。为了防止釜内物料泄露出来，由填料箱（件20）将搅拌轴密封。主视图中的折线箭头表示了搅拌轴的旋转方向。

该设备通过焊在夹套上的四个耳式支座（件12），用地脚螺栓固定在基础上。

（4）归纳总结　反应釜的工作情况是：物料（酸和碱）分别从顶盖上的接管F和G流入釜内，进行中和反应。为了提高物料的反应速度和效果，釜内的搅拌器以200r/min的速度进行搅拌。—15℃的冷冻盐水，由底部接管B_1和B_2进入夹套内，再由夹套上部两侧的接管C_1和C_2排出，将物料中和反应时所产生的热量带走，起到降温的作用，保证釜内物料的反应正常进行。在物料反应过程中，打开顶部的接管D，可随时测定物料反应的情况（酸碱度）。当物料反应达到要求后，即可打开底部的接管A将物料放出。

设备的上封头与釜体采用设备法兰连接，可整体打开，便于检修和清洗。夹套外部用80mm厚的软木保冷。

【例2】　读图11-28所示换热器的装配图。

（1）概括了解　图11-28中的设备名称是换热器，其用途是使两种不同温度的物料进行热量交换，绘图比例1：10。换热器由25种零部件所组成，其中有14种标准件。

换热器管程内的介质是水，工作压力为0.4MPa，工作温度为32～37℃；壳程内介质是丙烯丙烷，工作压力为1.6MPa，工作温度为40～44℃，换热器共有5个接管，其用途、尺寸见管口表。

该设备用了1个主视图、2个剖视图、2个局部放大图以及1个设备整体示意图。

（2）详细分析

① 视图分析。图11-28中主视图采用全剖视表达换热器的主要结构、各个管口和零部件在轴线方向上的位置和装配情况；主视图还采用了断开画法，省略了中间重复结构，简化了作图；换热器管束采用了简化画法，仅画一根，其余用中心线表示。

A—A剖视图表示了各管口的周向方位和换热管的排列方式。B—B剖视图补充表达了鞍座的结构形状和安装等有关尺寸。

局部放大图Ⅰ、Ⅱ表达管板与有关零件之间的装配连接情况。示意图用来表达折流板在设备轴线方向的排列情况。

② 零部件分析。该设备筒体（件14）和管板（件6），封头（件1）和容器法兰（件4）的连接都采用焊接，具体结构见局部放大图Ⅱ；各接管与壳体的连接，补强圈与筒体、封头的连接也都采用焊接。封头与管板用法兰连接，法兰与管板间由垫片（件5）形成密封，防止泄漏，换热管（件15）与管板的连接采用胀接，见局部放大图Ⅰ。

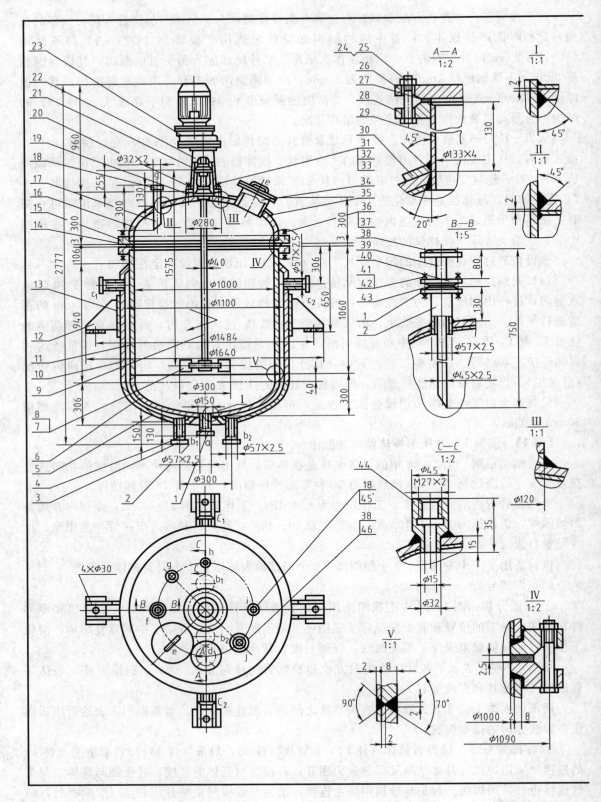

图 11-27 反应

技术要求

1. 本设备的釜体用不锈复合钢板制造。复层材料为1Cr18Ni9Ti，其厚度为2mm。

2. 焊缝结构除有图示以外，其他按GB/T 985—1988的规定。对接接头采用V形，T形接头采用⊿形，法兰焊接按相应标准。

3. 焊条的选用：碳钢与喷钢焊接采用EA4303焊条；不锈钢与不锈钢焊接、不锈钢与碳钢焊接采用E1-23-13-160JFHIS。

4. 釜体与夹套的焊缝应作超声波和X光检验，其焊缝质量应符合有关规定。夹套内应进行0.5MPa水压试验。

5. 设备组装后应试运转，搅拌轴转动轻便自如，不应有不正常的噪声和较大的振动等不良现象。搅拌轴下端的径向摆动量不大于0.75mm。

6. 釜体复层内表面应作酸洗钝化处理。釜体外表面涂铁红色酚醛底漆。并用80mm厚软木作保冷层。

7. 安装所用的地脚螺栓直径为M24。

技术特性表

内容	釜内	夹套内
工作压力/MPa	常压	0.3
工作温度/℃	40	−15
换热面积/m²	4	
容积/m³	1	
电动机型号及功率	Y100L$_1$-4　2.2kW	
搅拌轴转速/(r/min)	200	
物料名称	酸、碱溶液	冷冻盐水

管口表

符号	公称尺寸	连接尺寸，标准	连接面形式	用途或名称
a	50	JB/T 81—1994	平面	出料口
b$_{1-2}$	50	JB/T 81—1994	平面	盐水进口
c$_{1-2}$	50	JB/T 81—1994	平面	盐水出口
d	120	JB/T 81—1996	平面	检测口
e	150	JB/T 589—1979	/	手孔
f	50	JB/T 81—1994	平面	酸液进口
g	25	JB/T 81—1994	平面	碱液进口
h	/	M27×2	螺纹	温度计口
i	25	JB/T 81—1994	平面	放空口
j	40	JB/T 81—1994	平面	备用口

设备总质量: 1100kg

序号	代号	名称	数量	材料	备注
46		接管φ45×2.5	1	1Cr18Ni9Ti	l=145
45		接管φ32×2	1	1Cr18Ni9Ti	l=145
44		接口 M27×2	1	1Cr18Ni9Ti	
43	JB/T87	垫片 50-2.5	1	石棉橡胶板	
42	GB/T41	螺母 M12	8		
41	GB/T5780	螺栓 M12×45	8		
40	JB/T86.1	法兰盖 50-2.5	1	1Cr18Ni9Ti	钻孔φ46
39		接管φ45×2.5	1	1Cr18Ni9Ti	l=750
38	JB/T81	法兰 40-2.5	2	1Cr18Ni9Ti	
37	GB/T41	螺母 M20	36		
36	GB/T5780	螺栓 M20×110	36		
35	GB/T4736	补强圈DN150×8	1	Q235-A	
34	GB/T589	手孔A PN1 DN150	1	1Cr18Ni9Ti	
33	GB/T93	垫圈 12	6		
32	GB/T41	螺母 M12	6		
31	GB/T898	螺柱 M12×35	6		
30	GB/T4736	补强圈DN125×8-C	1	Q235-A	
29		接管φ133×4	1	1Cr18Ni9Ti	l=145
28	JB/T81	法兰 120-2.5	1	Q235-A	
27	JB/T87	垫片 120-2.5	1	石棉橡胶板	
26	JB/T86.1	法兰盖 120-2.5	1	1Cr18Ni9Ti	
25	GB/T41	螺母 M16	8		
24	GB/T5780	螺栓 M16×65	8		
23		减速器LJC-250-23	1		
22		机架	1	Q235-A	
21		联轴器	1		组合件
20	HG/T5019	填料箱DN40	1		组合件
19		底座	1	Q235-A	
18	JB/T81	法兰 25-2.5	2	1Cr18Ni9Ti	
17		接管φ32×2	1	1Cr18Ni9Ti	
16	JB/T4737	椭圆封头DN1000×10	1	1Cr18Ni9Ti(里)Q235(外)	
15	JB/T4702	法兰C-PIII1000-2.5	2	1Cr18Ni9Ti(里)Q235(外)	
14	JB/T4704	垫片1000-2.5	1	石棉橡胶板	
13		垫板 280×180	4	Q235-A	t=10
12	JB/T4725	耳座 AN3	4	Q235-A.F	
11		釜体DN1000×10	1	1Cr18Ni9Ti(里)Q235(外)	
10		夹套DN1100×10	1	Q235-A	l=970
9		轴 φ40	1	1Cr18Ni9Ti	
8	JB/T1096	键φ12×45	1	1Cr18Ni9Ti	
7	HG/T5-221	搅拌器300-40	1	1Cr18Ni9Ti	
6	JB/T4737	椭圆封头DN1000×10	1	1Cr18Ni9Ti(里)Q235(外)	
5	JB/T4737	椭圆封头DN1100×10	1	Q235-A	
4		接管φ57×2.5	4	10	l=55
3	JB/T81	法兰 50-2.5	4	Q235-A	
2		接管φ57×2.5	1	1Cr18Ni9Ti	l=145
1	JB/T81	法兰 50-2.5	2	1Cr18Ni9Ti	

比例	材料
1:10	

制图		质量
设计		
描图	反应釜	S55-3-31
审核	DN1000 V_N=1m³	共 张第 张

釜的装配图

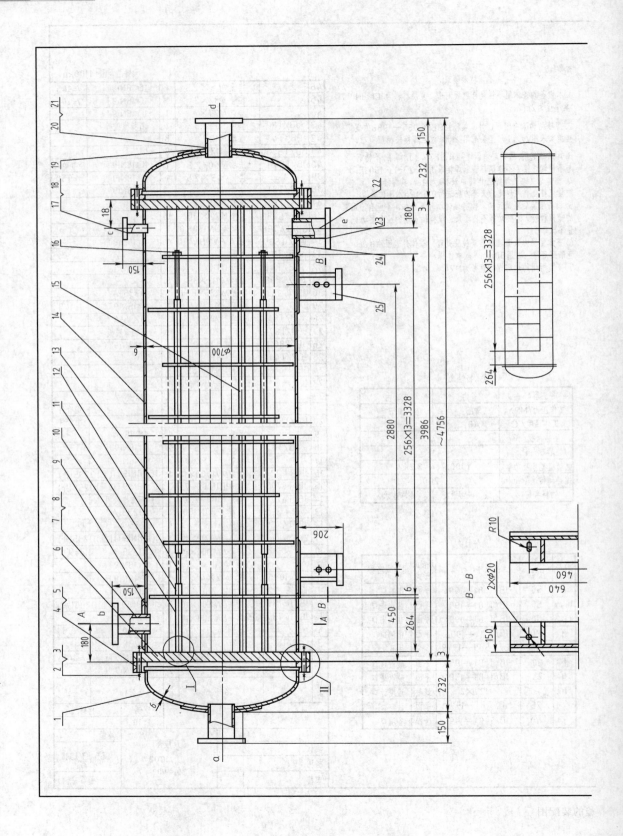

技术特性表

内容	管程	壳程
工作压力/MPa	0.4	1.6
工作温度/℃	32~37	4.0~44
设计压力/MPa	0.6	1.9
设计温度/℃		
物料名称	水	丙烯丙烷
换热面积/m²	116(以中径计算)	
焊缝系数	0.85	
腐蚀裕度/mm	2	
容器类别		

管口表

符号	公称尺寸	连接尺寸标准	连接面形式	用途或名称
a	125	JB/T 81—1994	平面	冷却水进口
b	100	JB/T 81—1994	平面	物料进口
c	20	JB/T 81—1994	榫槽面	手孔
d	125	JB/T 81—1994	榫槽面	冷却水出口
e	70	JB/T 81—1994	榫槽面	物料出口

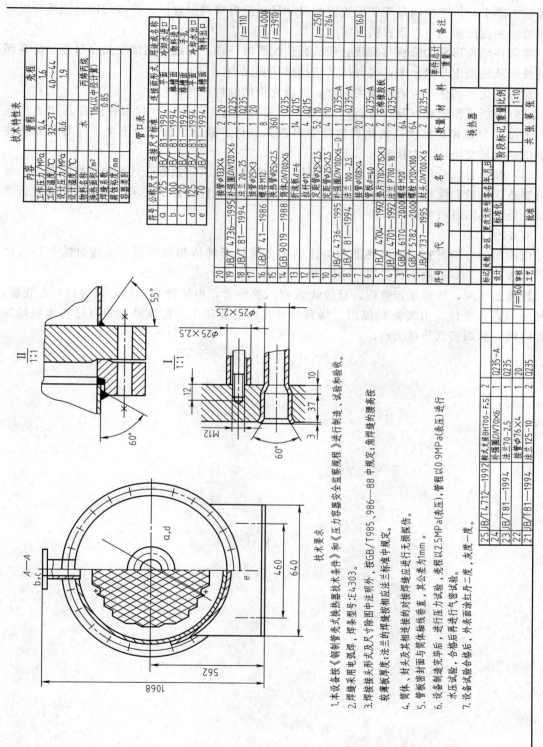

技术要求

1. 本设备按《钢制管壳式换热器技术条件》和《压力容器安全监察规程》进行制造、试验和验收。
2. 焊缝采用电弧焊，焊条型号:E4303。
3. 焊接接头形式及尺寸除图中注明外，按GB/T985,986—88中规定;角焊缝的腰高应按教薄板厚度:法兰及其相连接的焊缝应达兰标准中规定。
4. 筒体、封头制造完毕后，进行对接焊缝线应进行无损探伤。
5. 管板密封面与筒体轴线应垂直，其公差为1mm。
6. 设备制造完毕后，进行压力试验，壳程以2.5MPa(表压)，管程以0.9MPa(表压)进行水压试验，合格后再进行气密性试验。
7. 设备试验合格后，外表面冻红丹一度，灰度上一度。

25	JB/T4.712—1992	鞍式支座BH700-F.S	2	Q235-A	
24			1	Q235	
23	JB/T81—1994	法兰70-2.5	1	20	
22		接管φ76×4	1	Q235	
21	JB/T81—1994	法兰125—10	2	Q235	
20		接管φ133×4	2	20	
19	JB/T4736—1995	补强圈DN120×6	2	Q235	
18	JB/T81—1994	法兰20—25	1	Q235	
17		接管φ25×3	20		
16	GB/T41—1986	螺母M12	8		
15		接管φ25×2.5	360		
14	GB9019—1988	筒体DN700×6	1	Q235	
13		折流板δ=6	14	Q215	
12		拉杆φ12	4	Q215	
11		定距管φ25×2.5	52	10	
10	JB/T4736—1995	补强圈DN100×6-D	1	Q235-A	
9	JB/T81—1994	法兰100—2.5	20	Q235-A	
8		接管φ108×4	1	Q235-A	
7		垫片710×715×3	2	石棉橡胶板	
6		接管φ108×4	2	Q235-A	
5	JB/T4704—1992	垫片710×715×3	1	石棉橡胶板	
4	JB/T4701—1992	法兰P700—16	2	Q235-A	
3	GB6170—2000	螺母M20	64		
2	GB/T5782—2000	螺栓M20×100	64		
1	JB/T737—1995	封头DN700×6	2	Q235-A	
序号	代号	名称	数量	材料	备注

			换热器	单件	总计
标记	处数	分区	更改文件号	重量	比例
设计			姓名 日期		1:10
审核		阶段标记		重量	比例
工艺		标准化	批准		
				共 张 第 张

l=160

φ25×2.5
Ⅱ 1:1　55°　60°
Ⅰ 1:1　φ25×2.5　12　37　3　60°　10

A—A
b、c
460
640
562
1068
a、d
e

图11-28　换热器的阅读

拉杆（件 12）左端螺纹旋入管板，拉杆上套上定距管用以确定折流板之间的距离，见局部放大图 I。折流板间距等装配位置的尺寸见折流板排列示意图。管口的轴向位置与周向方位可由主视图和 A—A 剖视图读出。

零部件结构形状的分析与阅读一般机械装配图时一样，应结合明细栏的序号逐个将零部件的投影从视图中分离出来，再弄清其结构形状和大小。

对标准化零部件，应查阅相关标准，弄清它们的结构形状及尺寸。

（3）分析工作原理（管口分析）　从管口表可知设备工作时，冷却水自接管 A 进入换热管，由接管 D 流出；温度高的物料从接管 B 进入壳体、经折流板转折流动，与管程内的冷却水进行热量交换后，由接管 E 流出。

（4）技术特性分析和技术要求　从图中可知该设备按《钢制管壳式换热器技术条件》等进行制造、试验和验收，并对焊接方法、焊接形式、质量检验提了要求，制造完后除进行水压试验外，还需进行气密性试验。

3. 归纳总结

由前面的分析可知，该换热器的主体结构由圆柱形筒体和椭圆形封头通过法兰连接构成，其内部有 360 根换热管，14 个折流板。

设备工作时，冷却水走管程，自接管 A 进入换热管，由接管 D 流出；高温物料走壳程，从接管 B 进入壳体，由接管 E 流出。物料与管程内的冷却水并向流动，并通过折流板增加接触时间，从而实现热量交换。

第十二章　化工工艺图

以工业生产工艺人员为主导,根据所要生产的产品及其有关技术数据和资料,设计并绘制的反映工艺流程的图样称为工艺图。化工生产中使用的工艺图称为化工工艺图。

化工工艺设计施工图是工艺设计的最终成品,由文字说明、表格和图纸三部分组成。文字说明部分由工艺设计、设备布置、管道布置、绝热、隔声及防腐设计说明构成。表格有设备一览表、管道特性表、特殊阀门和管道附件数据表等。图纸有首页图、管道及仪表流程图、设备布置图、管路布置图和管道轴测图等。

本章根据《化工工艺设计施工图内容和深度统一规定》(标准号为 HG/T 20519—2009)简要介绍化工工艺图的主要内容、表达方法和读图方法。

化工工艺图中图线用法的一般规定见表 12-1。两平行线间距至少要大于 1.5mm,以保证复制件上的图线不会重叠或分不清。

表 12-1　图线用法及宽度

类　别		图线宽度/mm			备　注
		粗线 0.6～0.9	中粗线 0.3～0.5	细线 0.15～0.25	
工艺管道及仪表流程图		主物料管道	其他物料管道	其他	设备、机器轮廓线 0.25mm
辅助管道及仪表流程图 公用系统管道及仪表流程图		辅助管道总管、 公用系统管道总管	支管	其他	
设备布置图		设备轮廓	设备支架 设备基础	其他	动设备(机泵等)如只绘出设备基础,图线宽度用 0.6～0.9mm
设备管口方位图		管口	设备轮廓 设备支架 设备基础	其他	
管道 布置图	单线(实线或虚线)	管道		法兰、阀门及其他	
	双线(实线或虚线)		管道		
管道轴测图		管道	法兰、阀门、承插 焊螺纹连接的 管件的表示线	其他	
设备支架图、管道支架图		设备支架及管架	虚线部分	其他	
特殊管件图		管件	虚线部分	其他	

化工工艺图上的汉字采用长仿宋体或正楷体(签名除外),字体高度见表 12-2。

表 12-2　字体高度

书写内容	推荐高度	书写内容	推荐高度
图名	7mm	图纸中的文字说明及轴线号	5mm
图表中的图名及视图符号	5～7mm	表格中的文字(格高小于 6mm 时)	3mm
工程图名、表格中的文字	5mm	图纸中的数字及字母	2～3mm

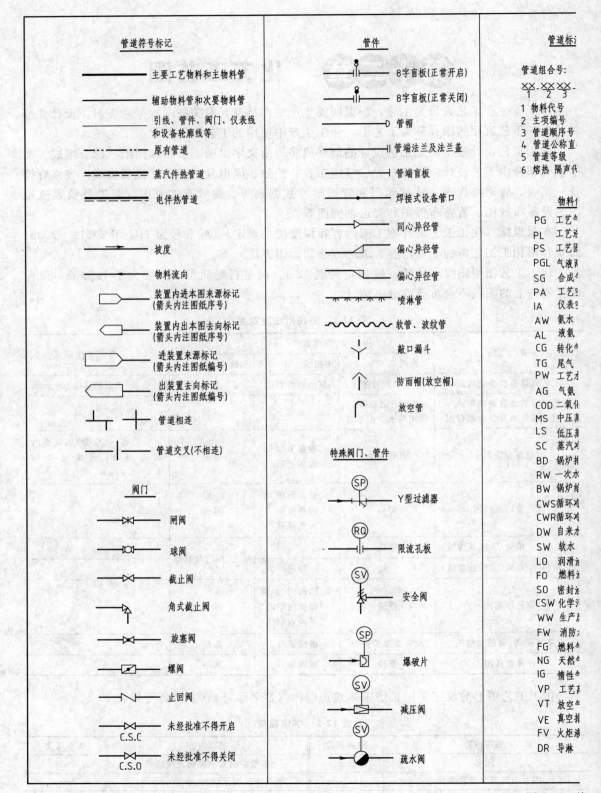

管道符号标记

	主要工艺物料和主物料管
	辅助物料管和次要物料管
	引线、管件、阀门、仪表线和设备轮廓线等
	原有管道
	蒸汽件热管道
	电伴热管道
	坡度
	物料流向
	装置内进本图来源标记(箭头内注图纸序号)
	装置内出本图去向标记(箭头内注图纸序号)
	进装置来源标记(箭头内注图纸编号)
	出装置去向标记(箭头内注图纸编号)
	管道相连
	管道交叉(不相连)

阀门

	闸阀
	球阀
	截止阀
	角式截止阀
	旋塞阀
	螺阀
	止回阀
C.S.C	未经批准不得开启
C.S.O	未经批准不得关闭

管件

	8字盲板(正常开启)
	8字盲板(正常关闭)
	管帽
	管端法兰及法兰盖
	管端盲板
	焊接式设备管口
	同心异径管
	偏心异径管
	偏心异径管
	喷淋管
	软管、波纹管
	敞口漏斗
	防雨帽(放空帽)
	放空管

特殊阀门、管件

SP	Y型过滤器
RO	限流孔板
SV	安全阀
SP	爆破片
SV	减压阀
SV	疏水阀

管道标

管道组合号:

XX-XXXX-
　 1　 2　3

1 物料代号
2 主项编号
3 管道顺序号
4 管道公称直
5 管道等级
6 熔热 隔声代

物料

PG	工艺
PL	工艺
PS	工艺
PGL	气液
SG	合成
PA	工艺
IA	仪表
AW	氨水
AL	液氨
CG	转化
TG	尾气
PW	工艺
AG	气氨
COD	二氧
MS	中压
LS	低压
SC	蒸汽
BD	锅炉
RW	一次水
BW	锅炉
CWS	循环冷
CWR	循环冷
DW	自来水
SW	软水
LO	润滑
FO	燃料
SO	密封
CSW	化学
WW	生产
FW	消防
FG	燃料
NG	天然
IG	惰性
VP	工艺
VT	放空
VE	真空
FV	火炬
DR	导淋

图 12-1　首

主方法

被测变量和仪表功能的字母代号

英文缩写字母

FC	能源中断时阀处于关位置
FL	能源中断时阀处于保持原位
FO	能源中断时阀处于开位置
FH	高
HH	最高(较高)
L	低
LL	最低(较低)

径

号

代号

首位字母 后续字母

字母	被测变量	修饰调	功能
A	分析		报警
C	电导率		控制
D	密度	差	
F	流量	比(分数)	
G	长度		就地观察: 玻璃
H	手动(人工触发)		
I	电流		指示
L	物位		信号
M	水分或湿度		
P	压力或真空		试验点(接头)
Q	数量或件数	积分、积算	积分、积算
R	反射性		记录或打印
S	速度或频率	安全	联惯
T	温度		传递
W	称重		

体

体

相流工艺物料

气

气

玻璃管液面计表示方法

图形符号的表示方法

测量点

设备位号

1	2	3	4

1 设备类别代号
2 主项编号
3 同类设备中的设备顺序号
4 相同的设备尾号

碳
汽
汽
凝水
污
新鲜水
水
却水上水
却水回水
生活用水

表示仪表安装位置的图形符号

安装位置	图形符号
就地安装仪表	
集中仪表盘面安装仪表	
就地仪表盘面安装仪表	
集中送计算机系统	

设备类别代号

C	压缩机、风机
E	换热器
P	泵
L	起重设备
R	反应器
M	其他机械
S	火炬、过滤设备
T	塔
V	容器、槽罐

水
水
水
污水
废水
水
水
气
放气
空气

连接和信号线

过程连接或机械连接线
气动信号线

会签栏			(单位名称)		工程名称	
专业	签名	日期			单项名称	
			项目负责人	月 日 ×××年	设计景段	
			设计	月 日	首页图 (例图)	设计专业
			检核	月 日		图纸比例
			审核	月 日		(图号)
			审定	月 日 工程设计证书(工级)××××××号	第张 共张	版次:

页图

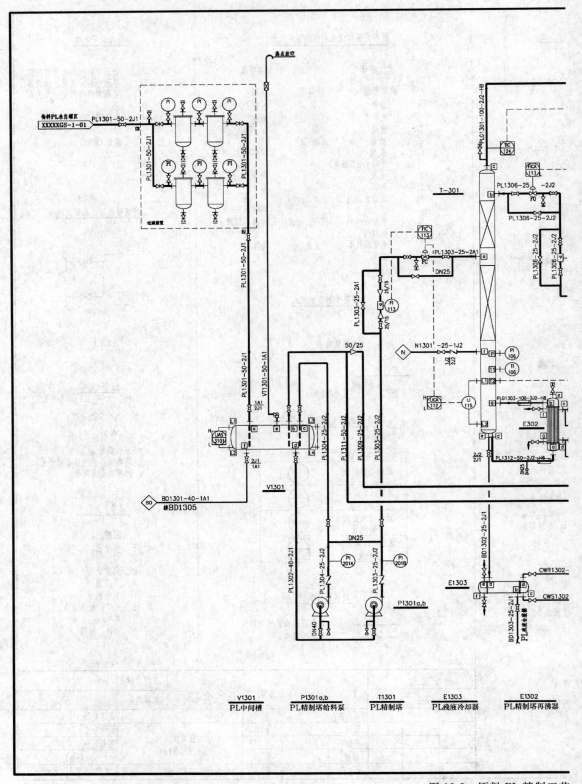

图 12-2 原料 PL 精制工艺

管道及仪表流程图

第一节 首 页 图

在工艺设计施工图中，为了更好地了解和使用各设计文件，将设计中所采用的部分规定以图表形式绘制成首页图，如图 12-1 所示。由图可知，首页图包含以下内容。

① 管道及仪表流程图中所采用的管道、阀门及管件符号标记、设备类别代号和位号、物料代号、绝热和隔声代号、管道的标注等。

② 工艺过程中所采取的检测和控制系统的图例、符号、代号等。

③ 其他有关需说明的事项。

第二节 管道及仪表流程图

管道及仪表流程图是用图示的方法把化工工艺流程和所需的全部设备、机器、管道、阀门及管件和仪表表示出来。适用于化工工艺装置。

管道及仪表流程图分为"工艺管道及仪表流程图"和"辅助及公用系统管道及仪表流程图"。管道及仪表流程图一般以工艺装置的主项（工段或工序）为单元绘制，简单工艺过程也可以装置为单元绘制。

一、管道及仪表流程图的内容及作用

管道及仪表流程图是设计、绘制设备布置图和管道布置图的基础，又是施工安装、生产操作、事故处理及维修、检修的主要依据。图 12-2 所示为原料 PL 精制系统的管道及仪表流程图。从图中可知，管道及仪表流程图的内容主要有：

① 设备示意图——带接管口的设备示意图，接管口一般用单细实线表示，并注写设备位号及名称；

② 管道流程线——带阀门等管件和仪表控制点（测温、测压、测流量及分析点等）的管道流程线，注写管道组合号；

③ 对阀门等管件和仪表控制点的图例符号的说明及标题栏等。

二、管道及仪表流程图的绘制及标注

1. 图幅、绘图比例

管道及仪表流程图不按比例绘制，但应示意出各设备相对位置的高低。整个图面应协调、美观。一般设备（机器）图例只取相对比例，实际尺寸过大者比例可适当缩小，实际尺寸过小者比例可适当放大。

2. 设备、机器的绘制及标注

（1）设备、机器的绘制 用细实线从左至右、按流程顺序依次画出能反映设备大致轮廓的示意图。一般不按比例，但要保持它们的相对大小及位置高低。常用设备的画法见附录表 5-1 设备及管道流程图中常用设备、机器图例。

设备、机器上的人孔、手孔、卸料口等所有接口应全部画出，其中与配管及外界有关的管口，如直连阀门的排液口、排气口、放空口及仪表接口等则必须画出。管口编号用方框内一位英文字母或字母加数字表示。

管口一般用单细实线表示，也可与所连管道线宽度相同，允许个别管口用双细实线绘制。设备管口法兰用细实线表示。

(2) 设备、机器的标注　在流程图上方或下方标注设备的位号和名称，要求排成一行，并尽可能正对设备；当几台设备、机器垂直排列时，其位号和名称可由上而下按顺序标注，也可水平标注。并在设备图内或其近旁注写设备、机器的位号。如图 12-2 所示。

在设备位号线（水平粗实线）的上方注写设备位号、下方注写设备名称。设备位号由设备类别代号（见附录表 5-1）、设备所在主项的编号、主项内同类设备顺序号和相同设备的数量尾号四部分组成，如图 12-3 所示。

每台设备只编一个位号。主项编号可按车间或工段编号，用两位数字表示，从 01 到 99；设备顺序号按同类设备在工艺流程中流向的先后顺序编制，采用两位数字表示，从 01 到 99。两台或两台以上相同设备并联时以大写英文字母 A、B、C 等予以区别。

需绝热的设备、机器应在其相应部位画出一段绝热层图例，必要时标注其绝热厚度；有伴热者应在相应部位画出一段伴热管，必要时注出伴热类型和介质代号。如图 12-4 所示。

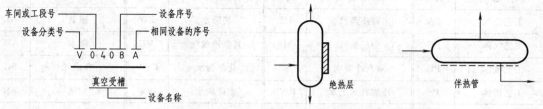

图 12-3　设备位号、名称的注写格式

图 12-4　需绝热和有伴热管的设备机器标注示例

地下或半地下设备、机器图上应表示出一段相关的地面。地面以 ///// 表示。

设备、机器的支承和底（裙）座可以不表示。

3. 工艺管道的绘制及标注

(1) 工艺管道的绘制　管道应包括管子、阀门、管件和管道附件。工艺管道分为正常操作所用的物料管道，工艺排放系统管道，开、停车和必要的临时管道。

用粗实线表示出主要物料管道流程线，用中粗实线表示出辅助物料和公用物料管道流程线，用细实线画出阀门、管件、检测仪表、调节控制系统、分析取样点的符号和代号，其线型要求见表 12-1。每根管道线都应以箭头表示其内物料流向（箭头画在管线上）。管道、管

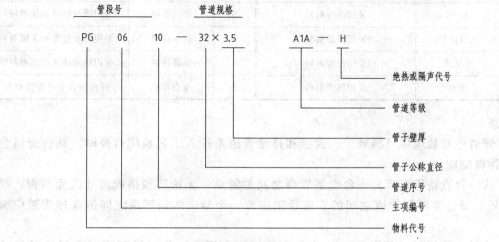

图 12-5　管道组合号格式

件、阀门及管道附件图例见附录附表 5-2 和附表 5-3。

（2）管道的标注　管道及仪表流程图中的每条管道都要标注管道组合号。管道组合号注写在横向管道线的上方，竖向管道线的左侧，字头向左。管道组合号包括管段号、管道规格、管道等级和绝热（或隔声）四部分。管段号和管道规格为一组，用一短横线隔开；管道等级和绝热（或隔声）为另一组，用一短横线隔开；两组间留适当的空隙。其格式如图12-5所示。有时管道等级和绝热（或隔声）部分可以省略。

其中管道代号中的物料代号见表12-3。对无缝钢管或有色金属管的管路，管径为外径；对输送水、煤气的钢管、铸铁管、塑料管等标注公称直径 DN；以毫米（mm）为单位时不标准单位，英制管需标出单位。绝热及隔声的功能类型不同，用不同的大写英文字母表示，见表12-4。

表 12-3　物料名称及代号（摘自 HG/T 20519—2009）

物料名称	代号	物料名称	代号	物料名称	代号	物料名称	代号
工艺空气	PA	高压蒸汽	HS	消防水	FW	液氨	AL
工艺气体	PG	中压蒸汽	MS	真空排放气	VE	氨水	AW
工艺液体	PL	蒸汽冷凝水	SC	化学污水	CSW	合成气	SG
工艺固体	PS	冷冻盐水上水	RWS	生产废水	WW	空气	AR
工艺水	PW	冷冻盐水回水	RWR	燃料气	FG	软水	SW
锅炉给水	BW	原水、新鲜水	RW	天然气	NG	尾气	TG
压缩空气	CA	循环冷却水回水	CWR	润滑油	LO	放空	VT
仪表空气	IA	循环冷却水上水	CWS	密封油	SO	气氨	AG
伴热蒸汽	TS	饮用水、生活用水	DW	惰性气	IG	泥浆	SL

表 12-4　隔热及隔声代号

代号	功能类型	备　注	代号	功能类型	备　注
H	保温	采用保温材料	E	电伴热	采用电热带和保温材料
C	保冷	采用保冷材料	S	蒸汽伴热	采用蒸汽伴管和保温材料
P	人身防护	采用保温材料	W	热水伴热	采用热水伴管和保温材料
D	防结露	采用保冷材料	O	热油伴热	采用热油伴管和保温材料
N	隔声	采用隔声材料	J	夹套伴热	采用夹套管和保温材料

注意：

① 管道序号数应尽可能减少。放空和排液管道系排入工艺系统自身时，其管道组合号按工艺物料编制。

② 从一台设备管口到另一台设备管口之间的管道，无论其规格或尺寸改变与否，都应编一个号；设备管口与管道之间的连接管道应编一个号；两根管道之间的连接管道应编一个号。

③ 管道上的阀门、管道附件的公称通径与所在管道公称通径不同时应标注其尺寸及

型号。

④ 同一个管道号只是管径不同时，可以只注管径。如图 12-6 所示。

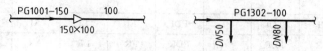

图 12-6　管径不同时的标注

异径管一律以大端公称直径乘以其小端公称直径表示。有分支管道时，图上总管及分支管的位置应准确，且应与管道布置图相一致。

（3）仪表控制点的绘制及标注

① 仪表控制点的绘制。用细实线绘制出所有与工艺有关的检测仪表、调节控制系统、分析取样点和取样阀（组）。

检测仪表按其检测项目、功能、位置（就地或控制室）进行绘制和标注；调节控制系统按其具体组成形式将所包括的管道、阀门、管件、管道附件一一画出，并标注其调节控制的项目、功能和位置。仪表在管道设备上的安装位置用细实线表示的图形符号画出，见表 12-5。

表 12-5　仪表安装位置的图形符号

安 装 位 置	图形符号	安 装 位 置	图形符号
就地安装仪表	○	就地安装仪表（嵌在管道中）	⊖—
集中仪表盘面安装仪表	⊖	集中仪表盘后面安装仪表	⊖
就地仪表盘面安装仪表	⊖	就地仪表盘后面安装仪表	⊜

② 仪表控制点的标注。仪表控制点的标注包括图形符号和仪表位号，它们组合起来表达工业仪表所处理的被测变量和功能，或表示仪表、设备、元件、管线的名称。

图形符号：检测、显示、控制等仪表的图形符号是一直径约为 10mm 的细实线圆，用细实线连到设备轮廓线或工艺管道的测量点上，如图 12-7 所示。

图 12-7　仪表的图形符号　　　　　图 12-8　仪表位号的组成

仪表位号的标注：仪表位号的组成如图 12-8 所示。仪表位号包括分类代号和序号两部分，序号用四位数字表示，前二位为主项编号，后二位为排列顺序号；二位数均从 01 开始，最高为 99。被测变量及仪表功能字母代号见表 12-6。

表 12-6 常见被测变量及仪表功能字母组合示例

被测变量 仪表功能	温度 T	温差 TD	压力 P	压差 PD	流量 F	物位 L	分析 A	密度 D	未分类的量 X
指示 I	TI	TDI	PI	PDI	FI	LI	AI	DI	XI
记录 R	TR	TDR	PR	PDR	FR	LR	AR	DR	XR
控制 C	TC	TDC	PC	PDC	FC	LC	AC	DC	XC
变送 T	TT	TDT	PT	PDT	FT	LT	AT	DT	XT
报警 A	TA	TDA	PA	PDA	FA	LA	AA	DA	XA
开关 S	TS	TDS	PS	PDS	FS	LS	AS	DS	XS
指示、控制	TIC	TDIC	PIC	PDIC	FIC	LIC	AIC	DIC	XIC
指示、开关	TIS	TDIS	PIS	PDIS	FIS	LIS	AIS	DIS	XIS
记录、报警	TRA	TDRA	PRA	PDRA	FRA	LRA	ARA	DRA	XRA
控制、变送	TCT	TDCT	PCT	PDCT	FCT	LCT	ACT	DCT	XCT

在管道及仪表流程图中，仪表位号中表示分类代号的字母填写在圆圈的上半圆中，代表序号的数字填写在下半圆中，如图 12-9 所示。

三、管道及仪表流程图的阅读

集中仪表盘面安装的温度记录控制仪表

图 12-9 仪表位号的标注格式

管道及仪表流程图表达了物料的生产工艺过程，以及为实现这一工艺过程所需要的设备数量、名称、位号，管道的编号、规格以及阀门和控制点的部位、名称等。阅读管道及仪表流程图的任务就是要把图中所给出的这些信息搞清楚，以便在管道安装和工艺操作过程中做到心中有数。因此，阅读管道及仪表流程图至关重要，其阅读步骤如下。

① 看首页图，弄清管道及仪表流程图中各种图形符号和文字代号的含义；看标题栏了解图样的名称和作用；

② 了解主项中所有设备的类型、数量、名称及位号；

③ 了解主要物料的工艺走向，即所通过的设备和管路；

④ 了解辅助介质的工艺走向及在该主项中的作用；

⑤ 了解阀门和仪表控制点的种类、作用、数量等；

⑥ 了解主要管件种类、作用、数量等。

【例 1】 阅读图 12-2 所示的原料 PL 精制工艺管道及仪表流程图。

该系统的主项编号为 13，图中管道的代号分别为：PL——工艺液体，PLG——气液两相流工艺物料，LS——低压蒸汽，CS—— 蒸汽冷凝水，CWS——循环冷却水上水，CWR——循环冷却水回水。

（1）了解该主项中所有设备的类型、数量、名称及位号。

该系统中有 4 类设备，共 11 台。PL 中间槽（V1301）一台，相同型号的精制塔给料泵（P1301）两台，相同型号的精 PL 输送泵（P1302）两台，PL 精制塔（T1301）一台，塔顶冷凝器（E1301）一台，塔底再沸器（E1302）一台，残液冷却器（E1303）一台；精 PL 储槽（V1302）两台。

（2）了解主要物料的工艺流程。

物料 PL（工艺液体）。由罐区来的工艺液体经过滤进入工艺液体中间槽，通过给料泵增压后进入精制塔，精制后的气液共存物由塔顶出来，由上部进入塔顶冷凝器，与循环冷却水逆流换热，冷凝下的工艺液体由冷凝器下部排出；合格的液体一部分由泵打入精制液储槽，进入下一工序，另一部分回流到精制塔；不合格液体返回到液体中间槽。由 PL 精制塔下部排出的高沸点液体经塔底再沸器加热进一步蒸发，蒸发后的残液进入残液冷却器经冷却后去装桶。

（3）了解仪表控制点情况。

原料 PL 精制工艺中检测和控制仪表。在 PL 中间槽装有液位计和液位报警联锁装置，PL 精制塔下部、塔顶冷凝器下部各装有液位计和液位报警控制装置；在两台精制塔给料泵的出口、精制塔底部、塔底再沸器低压蒸汽的入口、两台精 PL 输送泵的出口、两台精 PL 储槽的上部就地安装有 8 个压力指示仪表；在 PL 精制塔的入口、塔顶回流口各装有流量显示控制装置；PL 精制塔的塔顶出口、塔底再沸器入口各在集中仪表盘上安装有温度指示控制装置，PL 精制塔底部、塔顶冷凝器下部就地安装有 2 个温度指示仪表，塔顶冷凝器下部还装有集中进计算机系统的温度指示。

（4）了解阀门种类、作用、数量。

原料 PL 精制系统各管段均装有阀门，对物料进行控制。共使用了七种阀门：截止阀 33 个，闸阀 2 个，止回阀 7 个，球阀 43 个，角式截止阀 3 个，疏水阀 1 个，气动式截止阀 7 个。阻火器 1 个，放空装置 3 个。止回阀防止介质倒流，以保证安全生产。

（5）管件一种：用了 10 个螺纹或承插焊管帽。

第三节　设备布置图

一、设备布置图的内容和作用

1. 设备布置图的内容

设备布置图是采用正投影方法绘制的，是在简化了的厂房建筑图上，增加了设备布置的内容。如图 12-10、图 12-11 为某装置设备布置图，从图中可以看出设备布置图包括以下几方面内容。

① 一组视图。设备布置图包括平面图和剖视图，用以表示装置的界区范围、厂房建筑的基本结构、设备在厂房内外的布置情况以及辅助设施在装置界区内的位置。

② 尺寸及标注。设备布置中一般要标注与设备有关的建筑尺寸，建筑物与设备之间、设备与设备之间的定位尺寸（不标注设备的定形尺寸），标注厂房建筑定位轴线的编号、设备的名称和位号，以及必要的说明。

③ 安装方向标。安装方向标也叫设计北向标志，是确定设备安装方位的基准，一般将其画在图样的右上方。

④ 附注说明。

⑤ 标题栏和修改栏。注写图名、图号、比例、设计者等。

2. 设备布置图的作用

设备布置图是用来表示设备与建筑物、设备与设备之间的相对位置，指导设备安装的图样。它是设备安装、布置、厂房建筑、管道布置的重要技术文件。

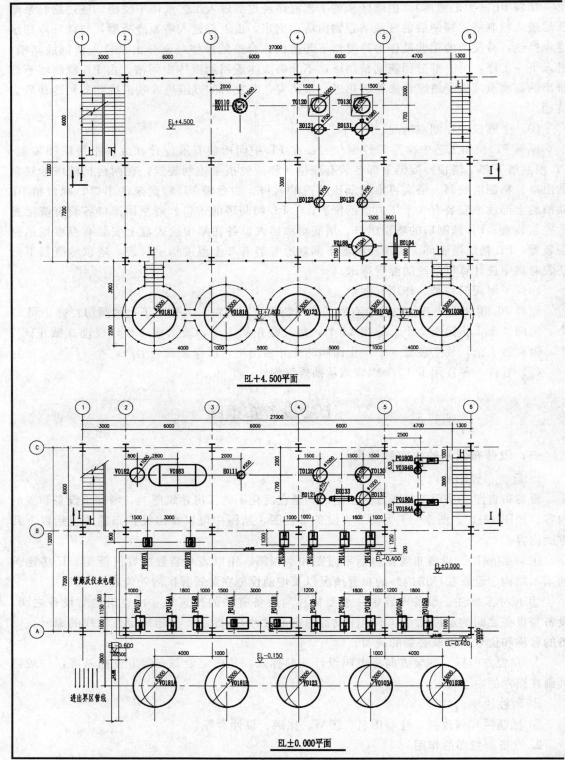

EL＋4.500平面

EL±0.000平面

图 12-10 设备布置

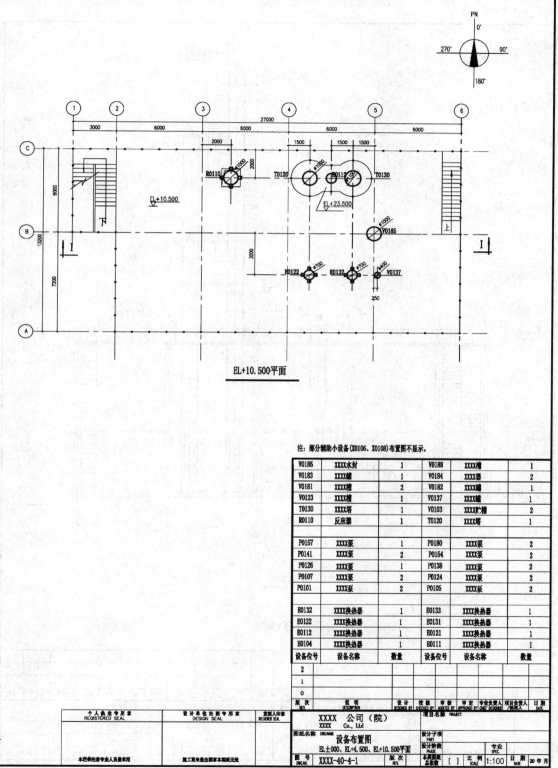

图（平面图）

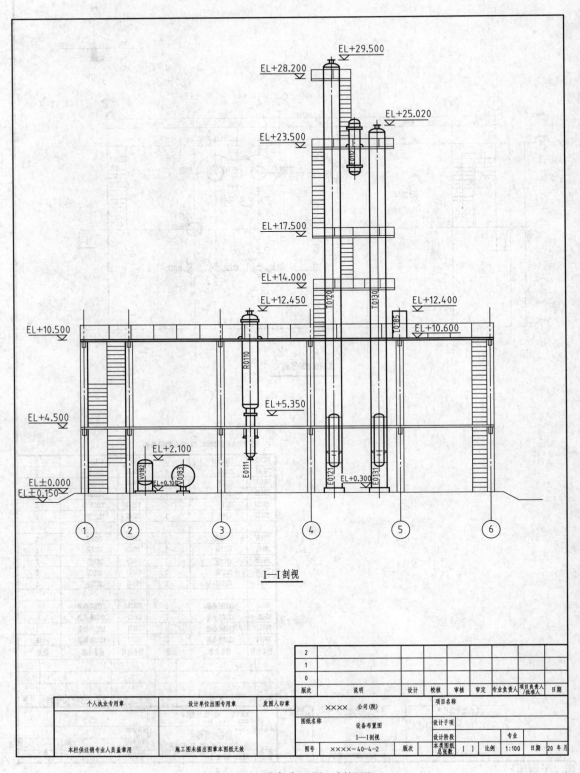

I—I 剖视

图 12-11 设备布置图（剖视图）

二、设备布置图的画法

设备布置图是以管道及仪表流程图、厂房建筑图、设备设计条件清单等原始资料为依据，在充分了解工艺过程的特点、要求，以及厂房建筑的基本结构等的前提下绘制的。下面简要介绍设备布置图的绘图方法和步骤。

1. 布图

平面图和剖视图可以绘制在同一张图纸上，也可以单独绘制。平面图和剖视图画在同一张图纸上时，应按剖视顺序从左到右、从上而下排列。在完全、清楚地反映出设备与厂房高度方向的位置关系的前提下，剖视图的数量应尽可能少。

2. 确定图幅和比例

设备布置图一般采用 A1 图幅。根据装置的设备布置疏密情况和界区的大小确定绘图比例。一般采用 1∶100，也可采用 1∶50 或 1∶200 的比例。

3. 绘制设备布置的平面图和剖视图

按建筑图纸所示位置画出门、窗、墙、柱、楼梯、操作台、吊轨、栏杆、安装孔、管廊架、通道、道路等，按管道及仪表流程图所示位置画出设备轮廓。

（1）平面图　平面图是以上一层的楼板底面水平剖切的俯视图。平面图主要表示厂房建筑的方位、占地大小、内容分隔情况，以及与设备安装定位有关的建筑物的结构形状、设备在厂房内外的布置情况和设备的相对位置。当厂房为多层建筑物或构筑物时，应分层绘制各层的设备布置平面图，并在图形下方注明"EL−××.×××平面"、"EL±0.000平面"、"EL＋××.×××平面"。

（2）剖视图　当平面图表示不清楚时，可绘制多张剖视图或局部剖视图。剖视图是在厂房建筑的适当位置上，垂直剖切后绘出的，用来表达设备沿高度方向的布置安装情况。剖视符号规定用 $A—A$、$B—B$ 等大写英文字母或 Ⅰ—Ⅰ、Ⅱ—Ⅱ 等数字形式表示。

（3）图面安排　设备布置图一般以联合布置的装置或独立的主项为单元绘制，若管道平面布置图按所选的比例不能在一张图纸上绘制完成时，需分区画出。界区以粗双点画线表示，在分区界线的右下角 16mm×16mm 的矩形框内标注用两位数编的分区号。

（4）绘图规定　图线宽度及用法见表 12-1。设备的中心线、建筑物的定位轴线用细点画线画出，表示厂房基本结构的墙、柱、门、窗、楼梯等用细实线画出，设备轮廓用粗实线绘制。对于外形比较复杂的设备，如：机、泵可以只画出基础外形。被遮挡的设备轮廓一般不予画出。

设备图例及简化画法见附录附表 5-1，设备布置图上用的图例见附录附表 6-1，厂房建筑配件及构件图例见附录附表 6-2。当一台设备穿越多层建、构筑物时，在每层平面图上都要画出设备的平面位置。

4. 标注

（1）厂房建筑的标注

① 标注厂房的承重墙、柱子等主要承重构件的定位轴线。

平面图上定位轴线的编号，宜标注在图样的下方与左侧。横向编号用阿拉伯数字从左到右依次编号，竖向编号用大写拉丁字母从下到上依次编号。如图 12-10 所示。

② 标注厂房建筑及其构件的尺寸。

标注建筑物的总长、总宽，承重墙、柱的平面定位尺寸和厂房各层的标高尺寸、室内外的地坪标高。标高符号如图 12-12 所示，符号高度 h 约为 3.5～5mm，线宽 $d=h/10$。地面设计标高为 EL±0.000，正标高前可不加正号（＋），负标高前必须加注负号（—）。标高数值以米为单位，标注至小数点后第三位，其余尺寸的单位一律为毫米，只标注数字，不注单位。

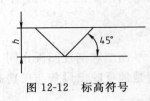

图 12-12　标高符号

（2）设备的标注

① 在设备中心线的上方标注设备位号，下方标注支承点的标高（如 POS EL＋××.×××）或主轴中心线的标高（如 ϕEL＋××.×××）。设备布置图中的所有设备都应标注设备位号（与工艺流程图一致）。

② 设备平面定位尺寸的标注。

设备布置图中一般只标注设备的定位尺寸，不标注定形尺寸。设备的平面定位尺寸尽量以建筑物、构筑物的轴线或管架、管廊的柱中心线为基准进行标注；卧式容器或换热器以设备中心线和固定端或滑动端中心线为基准线，如图 12-13(a) 所示；立式反应器、塔、槽、罐和换热器以设备中心线为基准线，如图 12-13(b) 所示；离心式泵、压缩机、鼓风机、蒸汽透平机以中心线和出口管中心线为基准线；往复式泵、活塞式压缩机以缸中心线和曲轴（或电动机轴）中心线为基准线，板式换热器以中心线和某一出口法兰端面为基准线，如图 12-14 所示。

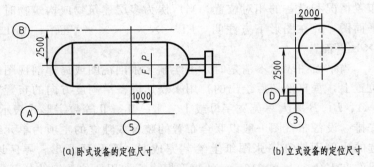

(a)卧式设备的定位尺寸　　　　　　　　　(b)立式设备的定位尺寸

图 12-13　平面图中设备定位尺寸的标注

③ 设备高度方向尺寸的标注。设备高度方向的尺寸以标高来表示。设备布置图中一般要注出设备、设备管口等的标高。标高基准一般选择厂房首层室内地面。基准地面的设计标高为 EL±0.000，高于基准地面往上加，低于基准地面往下减。如：EL12.500，即比基准地面高 12.5m；EL－2.000，即比基准地面低 2 m 。标注设备标高的规定如下：

卧式换热器、槽、罐以中心线标高表示（ϕEL＋××.×××）。反应器、立式换热器、板式换热器和立式槽、罐以支承点标高表示（POS EL＋××.×××）。泵和压缩机以主轴中心线标高表示（ϕEL＋××.×××），或以底盘底面（即基础顶面）标高表示（POS EL＋××.×××）。管廊、管架以架顶的标高表示（TOS EL＋××.×××）。如图 12-14 所示。

5. 绘制方位标

方位标由粗实线画出的直径为 20mm 的圆圈及水平、垂直的两轴线构成，并分别在水平、垂直等方位上注以 0°、90°、180°、270°字样。建筑北向（用"PN"表示），具体画法见附录附表 6-1。

6. 填写标题栏，检查完成图样，注出必要的说明

图名一般分两行，上行写"×××设备布置图"，下行写"EL－××.×××平面"、

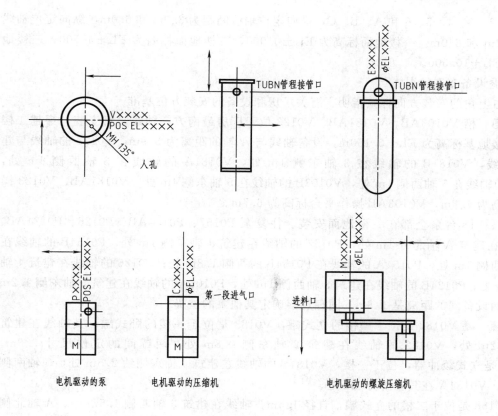

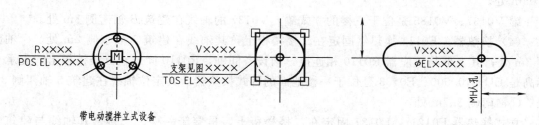

图 12-14　典型设备的标注

"EL±0.000 平面"、"EL+××.×××平面"或"×-×剖视图"。

三、读设备布置图

读设备布置图的目的，是为了了解设备在工段（或车间）的具体布置情况，指导设备的安装施工，以及开工后的操作、维修或改造，并为管道布置建立基础。现以图 12-10 为例，介绍读图的方法和步骤。

1. 概括了解

由标题栏可知，该设备布置图有三个平面图，分别为"EL±0.000 平面图"、"EL+4.500 平面"和"EL+10.500 平面"。图中共绘制了 41 台设备，其中换热器 8 台、泵 18 台、罐槽 12 台、塔 2 台、反应器 1 台。

2. 看懂建筑物的基本结构

该设备布置图属于三层钢柱结构，左右有楼梯可供人员出入。厂房建筑的定位轴线编号分别为1、2、3、4、5、6和A、B、C，横向定位轴线间距为3.0m和6.0m，纵向定位轴线间距为7.2m和6.0m。一楼地面标高为EL±0.000，二楼地面标高为EL＋4.500，三楼地面标高为EL＋10.500。

3. 掌握设备布置情况

图中右上角的安装方向标，指明了有关厂房和设备的安装方位基准。

(1) 槽　槽V0103AB、V0181AB、V0123位于厂房最南方，轴线竖直安装，穿越二楼楼板。一楼地基标高为EL－0.150m，设备轴线与A轴的距离为3.9m，V0123的轴线与建筑4轴同线，V0181B的轴线在3轴东侧1m处，V0181A的轴线在3轴西侧4m处，V0103A的轴线在5轴西侧1m处，V0103B的轴线在5轴东侧4m处。V0181AB、V0123操作平台标高为7.8m，V0103AB操作平台标高为6.7m。

(2) 泵　18台泵全部在一楼地面安装。往复泵P0157、P0154AB、P0126、P0124AB、P0105AB在建筑A轴北方1m处，P0157的轴线在建筑1轴东侧1m处，P0154B的轴线在建筑3轴西侧1m处，P0154A的轴线在P0154B的西侧1.8m处；P0126的轴线在建筑4轴东侧1.2m处；P0124B的轴线在建筑5轴西侧1m处，P0105A的轴线在建筑5轴东侧1.2m处，相同两设备间的距离是1.8m。同理观察确定其他泵的位置。

(3) 罐　罐V0182是位于一楼的立式罐，V0183是位于一楼的卧式罐；其轴线在建筑C轴南侧2m处，V0182的轴线在建筑2轴东侧0.8m处，两罐间的定位尺寸2.8m。V0184AB是立式缓冲器，位于一楼，V0184B的轴线在建筑5轴东侧约2.5m处，C轴南侧1.63m处，V0184A在其正南方3m处。

罐V0188是位于二楼的立式罐，直径1.5m，轴线在建筑5轴西侧1.5m处，A轴北侧1.05m处。

罐V0137、V0185是位于三楼的立式罐，V0137的轴线在建筑B轴南侧3m处。

(4) 换热器　E0111换热器固定在二楼楼板上，其轴线在建筑3轴东侧2m处、C轴南侧2m处；其上部与反应器R0110相连接，两设备同轴，R0110固定在三楼楼板上，支承点标高是EL＋10.500。E0133是位于一楼地面的卧式换热器，其定位轴线在建筑5轴西侧3m处、C轴南侧3.7m处。

立式换热器E0121、E0131固定在二楼楼板上，贯穿于一楼、二楼，其轴线与建筑轴线4、5的距离为1.5m，在建筑C轴南侧3.7m处；

立式换热器E0122、E0132固定在三楼楼板上，贯穿于二、三楼间，其轴线与建筑轴线4、5的距离为1.5m，在建筑B轴南侧3m处；

卧式换热器E0104固定在二楼楼板上，其轴线在建筑5轴东侧0.8m处，在建筑A轴北侧1m处；

立式换热器E0112支承点高度为EL＋23.500m，其轴线在建筑5轴西侧3m处，在建筑C轴南侧2m处。

(5) 塔　塔T0120、T0130固定在一楼地面，高于三层建筑，其轴线与建筑轴线4、5的距离为1.5m，在建筑C轴南侧2m处；

第四节　管道布置图

管道的布置和设计是以管道及仪表流程图、设备布置图及有关土建、仪表、电气、机泵等方面的图纸和资料为依据的。设计首先应满足工艺要求，使管道便于安装、操作及维修，其次应合理、整齐和美观。管道布置设计的图样包括：管道平面布置图（即管道布置图）、管道轴测图、管件图和管架图。根据 HG/T 20519—2009《化工工艺设计施工图内容和深度统一规定》讲述管道布置图。

一、管道布置图的作用和内容

1. 管道布置图的内容

图 12-15 为管道平面布置图。从图中可以看出，管道布置图一般包括以下内容。

① 一组视图。视图按正投影法绘制，包括平面图和剖视图，用以表达整个车间的建筑物和设备的基本结构以及管道、管件、阀门、仪表控制点等的安装、布置情况。

② 尺寸和标注。一般要分别在平面图和剖视图中标注管道和部分管件、控制点的平面定位尺寸和标高，管道和控制点代号，设备位号；厂房建（构）筑物定位轴线的编号等。

③ 安装方向标。安装方向标表示管道安装方位基准的图标，应与设备布置图的工厂北向一致。一般放在平面图的图纸右上角。

④ 管口表。

⑤ 标题栏 标题栏中的图名一般分两行书写，上行写"管道布置图"，下行写"EL××.×××平面"或"A—A、B—B 剖视等"。

2. 管道布置图的作用

管道布置图又称管道安装图或配管图，主要用于表达车间或装置内管道的空间位置、尺寸规格，以及与机器、设备的连接关系。管道布置图是管道安装施工的重要依据。

二、管道布置图的一般规定

1. 图幅和比例

管道布置图的图纸幅面尽量采用 A1，比较简单的也可采用 A2，较复杂的可采用 A0。图幅不宜加长或加宽。

管道布置图常用比例为 1∶50，也可用 1∶25 或 1∶30，但同区的或各分层的平面图，应采用同一比例。

2. 管道布置原则

管道布置不仅要考虑对工艺操作、安全生产、介质流动的能量损耗及管道投资的影响，而且还要美观。因此，在工程中合理布置管道应遵循一定的原则。

（1）集中布管 在保证施工间距的前提下，尽量靠拢集中平行布置管道。大口径管道靠在管架上，支管及管件较多的管道和腐蚀性强的物料管道，布置在平行管道的外侧。引出支管时，气体管或蒸汽管，应从管的上方引出；液体管则从管的下方引出。

（2）便于操作、施工及安全生产 阀门要安装在便于操作的部位，不同物料的管道和阀门，可以涂上不同颜色加以区别。管道布置的空间位置不能妨碍操作设备。

（3）物料因素 对易燃、易爆、有毒及腐蚀性的物料管道，应避免敷设在生活间、楼梯和走廊处，并应配置安全装置（如安全阀、防爆膜及阻火器等），其放空管要引至室外指定地点，并符合规定的高度。腐蚀性强的物料管道，应布置在平行管道的外侧或下方，以防泄漏时腐蚀其他管道。冷、热管道应分开布置，无法避开时，热管在上、冷管在下。管外保温层表面的间距，管子上下并行时，不少于 0.5m，交叉排列时，不少于 0.25m。

为了防止停工时物料积存在管内，管道敷设时一般应有 1/100—5/1000 的坡度。当被输

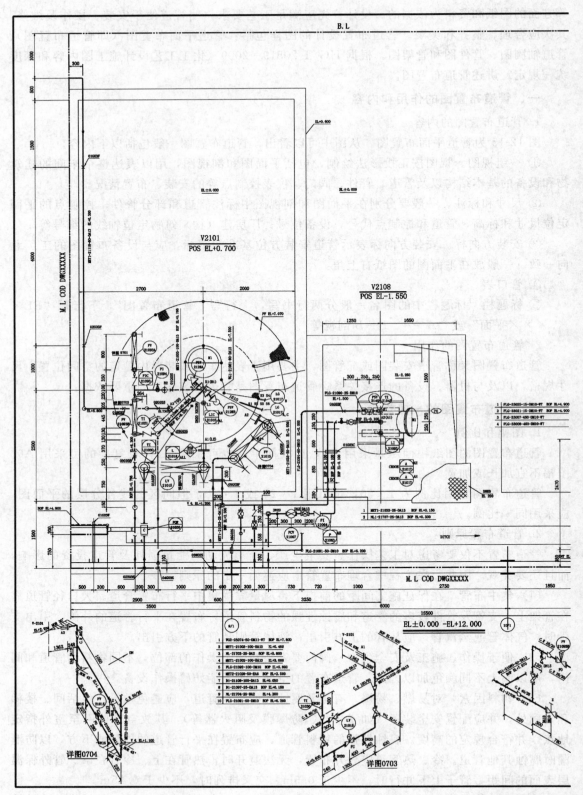

图 12-15　管道

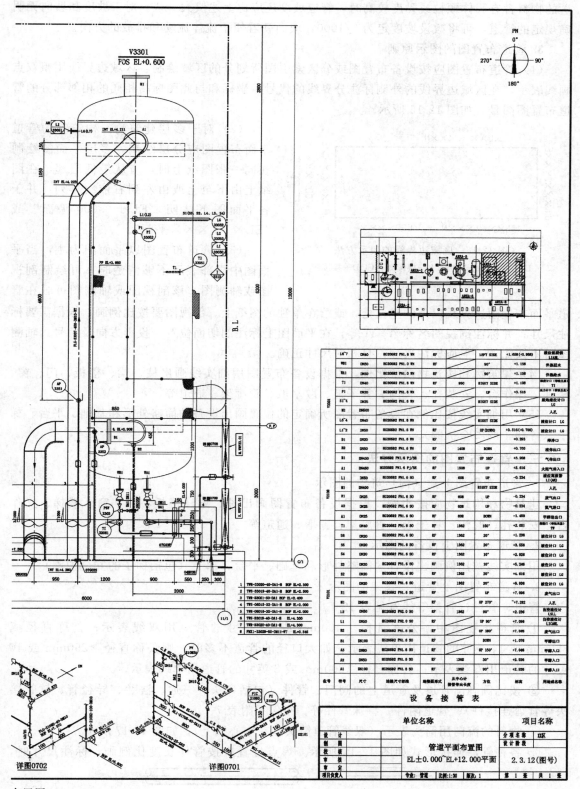

布置图

送的物料含有固体颗粒或黏度较高时，管道坡度还应比上述值大一些。对于坡度和坡向无明确规定的管道，可将敷设坡度定为 2/1000，坡向朝着便于流体流动和排放的方向。

3. 管道布置图的图示原则

（1）管道布置图应按设备布置图或分区索引图所划分的区域绘制，区域边界线用粗双点画线表示。在区域边界线的外侧标注分界线的代号、坐标和与此图标高相同的相邻部分的管道布置图图号，如图 12-16 所示。

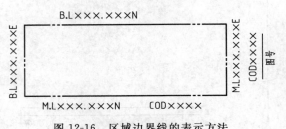

图 12-16　区域边界线的表示方法

B.L—装置边界；M.L—接续线；COD—接续图

（2）对于多层建筑物、构筑物的管道平面布置图应分层绘制。多层平面图绘制在同一张图纸上时，应从最低层起，在图纸上由下至上或由左到右依次排列，并于各平面图下注明"EL±0.000 平面"或"EL××.×××平面"。

（3）管道布置图以平面图为主，当平面图中局部表示不够清楚时，可绘制剖视图或轴测图，该剖视图或轴测图可画在管道平面布置图边界线以外的空白处，或绘在单独的图纸上。剖视图要按比例画，根据需要标注尺寸；并标注剖视图名称 A—A 等，在平面图上标注剖切面位置、投影方向及编号。轴测图可不按比例，但应标注尺寸，且相对尺寸正确。

（4）建筑物和构筑物应按比例，根据设备布置图用细实线画出柱、梁、楼板、门、窗、楼梯、操作台、安装孔、管沟、箅子板、散水坡、管廊架、通道等。

（5）用细实线按比例在设备布置图所确定的位置画出设备的简略外形和基础、平台、梯子（含梯子的安全护圈）。

三、管道布置图的图示方法

1. 管道布置图上建（构）筑物的图示

建筑物和构筑物应按比例，根据设备布置图画出柱、梁、楼板、门、窗、楼梯、操作台、安装孔、管沟、箅子板、管廊架、围堰、通道等。

2. 管道布置图上设备的图示

用细实线按比例画出设备的简略外形和基础、平台、梯子（包括梯子的安全护圈）。

3. 管道布置图上管道、管架的图示

管道、管件、管架等线宽见表 12-1。

① 管道布置图中，公称直径≥400mm 或 16 英寸的管道用双线表示；公称直径≤350mm 或 14 英寸的管道用单线表示。如大口径的管道不多时，则公称直径≥250mm 或 10 英寸的管道用双线表示；公称直径≤200mm 或 8 英寸的管道用单线表示。

② 按比例画出管道及管道上的阀门、管件（包括弯头、三通、法兰、异径管、软管接头等管道连接件）、管道附件、特殊管件等。图例见附表 7-1。

③ 物料的流向用箭头表示（双线管道箭头画在中心线上），如图 12-17 所示。

④ 各种管件连接形式如图 12-18 所示。焊点位置应按管件长度比例画，标注尺寸时，

图 12-17　管道单线、双线及物料流向的表示

应考虑管件组合的长度。管道公称直径≤200mm 或 8 英寸的弯头，可用直角表示，双线管用圆弧弯头表示。

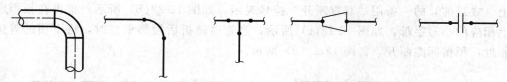

图 12-18　对焊件连接形式

⑤ 管道检测元件（压力、温度、流量、液面、分析等）的画法与管道及仪表流程图一样。按比例用细点画线表示就地仪表盘、电气盘的外轮廓及所在位置，但不必标注尺寸。

⑥ 用细双点画线按比例表示出重型或超限设备的"吊装区"或"检修区"和换热器抽芯的预留空地，但不标注尺寸，如图 12-19 所示。

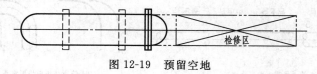

图 12-19　预留空地

⑦ 管道转折的画法，如图 12-20 所示。

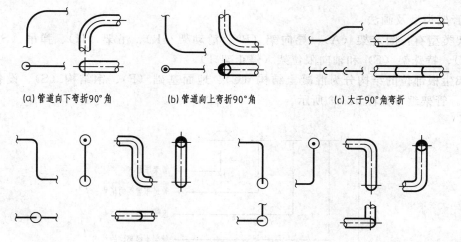

(a) 管道向下弯折90°角　　　(b) 管道向上弯折90°角　　　(c) 大于90°角弯折

(d) 管道两次转折的三视图

图 12-20　管道转折的画法

⑧ 管道交叉画法。当两管道交叉时，可把被遮挡的管道的投影断开，如图 12-21（a）所示；也可将上面管道的投影断开表示，以便看见下面的管道，如图 12-21（b）所示。

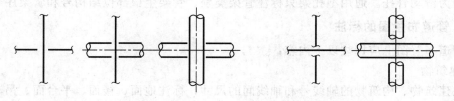

(a) 被遮挡管道断开的画法　　　　　(b) 上面管道断开的画法

图 12-21　流程线交叉的画法

⑨ 管道重叠画法。当管道投影重叠时，将上面（或前面）管道的投影断开表示，下面管道的投影画至重影处，稍留间隙断开，如图 12-22(a) 所示；当多条管道投影重叠时，可将最上（或最前）的一条用"双重断开"符号表示，如图 12-22(b) 所示；也可在投影断开处注上相应的小写字母，如图 12-22(c) 所示；当管道转折后投影重叠时，将下面的管道画至重影处，稍留间隙断开，如图 12-22(d) 所示。

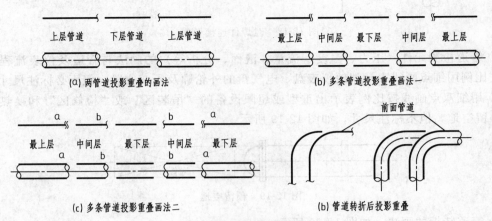

图 12-22 管道重叠的画法

⑩ 管架类型及画法。

管架类型有：固定架（A）、导向架（B）、滑动架（R）、吊架（H）、弹吊（S）、弹簧支座（P）、特殊架（E）和轴向限位架（停止架 T）。

管架生根部位的结构分为混凝土结构（C）、地面基础（F）、钢结构（S）、设备（V）、墙（W）。管架编号如图 12-23 所示。

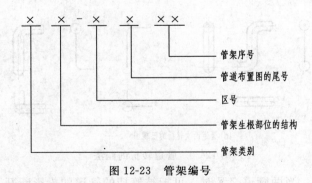

图 12-23 管架编号

管廊及外管上的通用型托架，仅注明导向架及固定架的编号。凡未注明编号，仅有管架图例者均为滑动管托。通用型托架只标注管架类别、管架生根部位结构号和管架序号。

四、管道布置图的标注

在管道布置图上应标注以下内容：

1. 建筑物

标注建筑物、构筑物的轴线号和轴线间的尺寸，标注地面、楼面、平台面、吊车、梁顶面的标高。按比例用细实线标出电缆托架、电缆沟、仪表电缆盒、架的宽度和走向，并标出底面标高。标注生活间及辅助间的组成和名称。标注方法见建筑制图的相关规定。

2. 设备

① 按设备布置图标注所有设备的定位尺寸。立式容器裙座人孔的位置及标记符号。

② 按设备图用 5mm×5mm 的方块标注设备管口符号，管口方位（或角度）、底部或顶部管口法兰标高、侧面管口的中心线标高和斜接管口的工作点标高等，如图 12-24 所示。

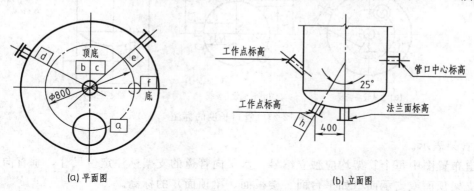

图 12-24　管口方位标注示意图

③ 在管道布置图上的设备中心线上方标注与流程图一致的设备位号，下方标注支承点的标高（如 POS EL××.××××）或主轴中心线的标高（如 φEL××.××××）。剖视图上设备位号标注在设备近侧或设备内。

3. 管道

① 标注所有管道中物料的流动方向，按 PID 在管道上方（双线管道在中心线上方）标注介质代号、管道编号、公称直径、管道等级及绝热型式，下方标注管道标高。标高以管道中心线为基准时，只需标注数字；以管底为基准时，在数字前加注管底代号 BOP，如图 12-25 所示。

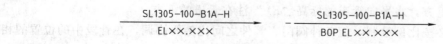

图 12-25　管道的标注

② 管段的长度尺寸不标注，标注所有管道的定位尺寸及管道、阀门、设备管口的标高。管道的定位尺寸标注在平面图上。定位尺寸可以以建筑定位轴线、设备中心线、设备管口中心线、区域界线等为基准进行标注。与设备管口相连的直管段，则不需注定位尺寸。管道的标高标注在剖视图上。管路一般标注管中心的标高，必要时，标注管底的标高；并标注在管路的起始点、末端、转弯及交点处。

③ 异径管应标出前后端管子的公称直径。非 90°的弯管和非 90°的支管连接，应标注角度。水平管道上的异径管以大端定位，螺纹管件或承插焊管件以一端定位。

④ 有坡度要求的管道，应标注坡度（代号 i）和坡向，如图 12-26 所示。

4. 管口表

① 管口表内填写设备位号、管口符号、公称直径、公称压力、密封面型式、连接法兰标准编号、长度、标高和方位（水平角）。

管口符号应与管道布置图一致；长度一般为设备中心到管口端面的距离，如图 12-27 中的"L"。

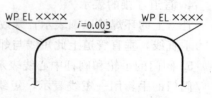

图 12-26　管道坡度的标注

方位：管口的水平角度以方向标为基准标注。特殊方位的管口，在管口表中实在无法表示的，可在图上标注，表中填写"见图"。

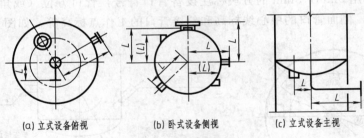

(a) 立式设备俯视   (b) 卧式设备侧视   (c) 立式设备主视

图 12-27   管口长度的标注

② 管架表示。

管道布置图中每个管架均应独立编号。水平向管道的支架标注定位尺寸，垂直向管道支架标注支架顶面或支承面（如平台面、楼板面、梁顶面）的标高。

第五节   管道轴测图

管道轴测图又称空视图，是表达管道及其所附管件、阀门、控制点等布置情况的立体图样。空视图按正等轴测投影绘制，它立体感强，便于阅读，利于管道的预制和安装。

一、管道轴测图的图示方法

1. 图线、比例

管道轴侧图图线的宽度见表 12-1 所示。管道、管件、阀门和管道附件的图例见附录附表 7-1。图中的管道一律用粗实线单线表示，并在管道的适当位置画出流向箭头。管道号和管径标注在管道的上方，水平向管道的标高"EL"注在管道的下方。

管道轴测图不必按比例绘制，但各种阀门、管件之间比例要协调，在管段中的位置的相对比例要协调，如图 12-28 中的阀门应清楚地表示它是紧接弯头而离三通较远。

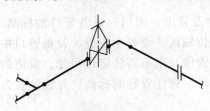

图 12-28   管道轴测图中阀门、管件
大小及相对位置的表示

2. 方向标

方向标是表示安装方位的基准，北（PN）向与管道布置图上方向标的北向一致。其画法如图 12-29 所示。一般放在管道轴测图图面的右上角。

3. 法兰画法

水平走向的管段中的法兰画垂直短线表示，如图 12-28 所示。垂直走向的管段中的法兰，一般是画与邻近的水平走向的管段相平行的短线表示，如图 12-30 所示。

4. 管道连接的表示

管道上的环焊缝以圆表示；螺纹连接与承插焊连接均用一短线表示，在水平管段上此短线为垂直线，垂直管道上此短线与邻近的水平走向的管段相平行，如图 12-30 所示。

5. 阀门的手轮和阀杆中心线表示

阀门的手轮用一短线表示，短线与管道平行。阀杆中心线按所设计的方向画出，如图 12-31 所示。

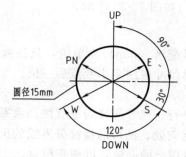

图 12-29　空视图方向标的画法

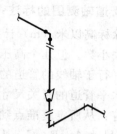

图 12-30　垂直走向管段中法兰的表示

虚线部分可不画出

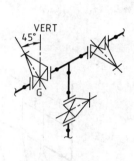

图 12-31　阀门手轮的画法

6. 偏置管的图示（GB/T 6567.5—2008）

① 不平行于坐标轴、平行于直角坐标面的偏置管的表示。

当管路或管段所在平面平行于直角坐标平面时，应同时画出其投影及投射平面。如图 12-32 所示。

管路或管段的投射平面一般用直角三角形表示，也可用长方形或长方体表示。用直角三角形表示平面时，应在投射平面内画出与其相关投影垂直且间距相等的平行线，水平投射平面内的平行线应平行于 X 轴或 Y 轴，其他投射平面内的平行线应平行于 Z 轴。

管路或管段的投影、投射平面及投射平面内的平行线均用细实线绘制。

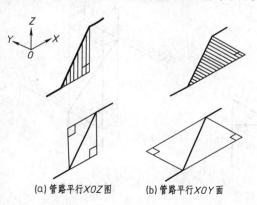

(a) 管路平行 *XOZ* 图　　(b) 管路平行 *XOY* 面

图 12-32　平行于直角坐标面的偏置管

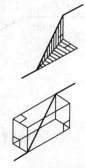

图 12-33　不平行于直角坐标面的偏置管

② 管路或管段不平行于任何直角坐标面的表示，如图 12-33 所示。

二、管道轴测图的标注

（1）除标高以米（m）计外，其余所有尺寸均以毫米（mm）为单位，只注数字，不注单位，略去小数。但几个高压管件直接相连时，其总尺寸应注至小数点后一位。

（2）平行于轴线的管道的尺寸注法。

标注水平管道的有关尺寸的尺寸线应与管道相平行。尺寸界线为垂直线。水平管道要标注的尺寸有：从所定基准点到等径支管、管道改变走向处、图形的接续分界线的尺寸，如图 12-34 中的尺寸 A、B、C。基准点尽可能与管道布置图上的一致，以便于校对。

要标注的尺寸还有：从最邻近的主要基准点到各个独立的管道元件如孔板法兰、异径管、拆卸用的法兰、仪表接口、不等径支管的尺寸，如图 12-34 中的尺寸 D、E、F，这些尺寸不应注封闭尺寸。

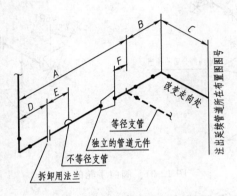

图 12-34　水平管道的尺寸标注

垂直管道不注长度尺寸，而以水平管道的标高"EL"表示。

（3）偏置管尺寸的注法。

对非 45°的偏置管，要注出两个偏移尺寸而省略角度；对 45°的偏置管，要注出角度和一个偏移尺寸，如图 12-35（a）所示。

对立体的偏置管，要画出三个坐标轴组成的六面体，以便于识图，如图 12-35（b）所示。

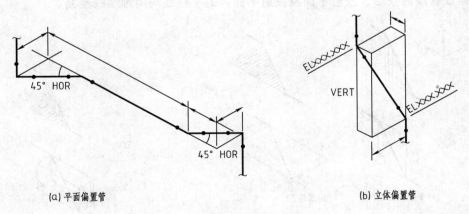

(a) 平面偏置管　　　　　　　　　　　　(b) 立体偏置管

图 12-35　偏置管尺寸的注法

【**例 2**】　已知一段管道的平面图和立面图，绘制该段管道的轴测图，如图 12-36 所示。

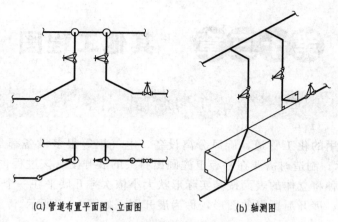

(a) 管道布置平面图、立面图　　　(b) 轴测图

图 12-36　管道轴测图的绘制

第十三章　其他工程图

第一节　展　开　图

工业生产中使用的化工管道、旋风分离设备、电气柜等很多设备都是由板材加工制成的，如图 13-1 所示。制造时需要在平板上先画出有关的展开图（该过程也称为放样），然后下料加工成型。这种将立体的表面按其实际形状大小依次摊开展平在一个平面上的过程，称为立体表面的展开；展开后所得的图形，称为展开图，如图 13-2 所示。

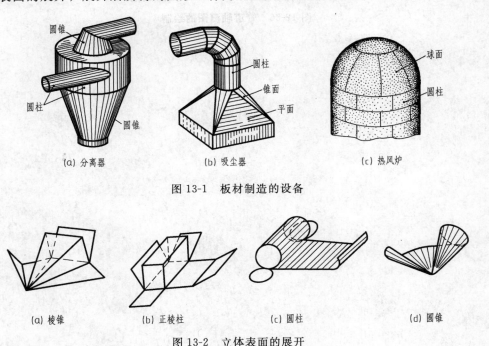

图 13-1　板材制造的设备

(a) 棱锥　　　　(b) 正棱柱　　　　(c) 圆柱　　　　(d) 圆锥

图 13-2　立体表面的展开

一、直角三角形法求线段的实长

立体表面的线段若平行或垂直于某一投影面，则在相应的投影面上的投影反映其实长，而一般位置线段的投影不能反映线段的实长，其实长需根据线段的两个投影用直角三角形法求出。

图 13-3(a) 所示为一般位置直线的立体图，若过点 A 作 $AC /\!/ ab$，则得直角三角形 ABC，在该直角三角形中，AB 为斜边，一直角边 $AC = ab$，另一直角边 BC 等于点 B 和点 A 的高度差，即 $BC = z_B - z_A$，而 ab 和 BC 都可以从线段 AB 的投影图中得到。因此，若利用线段的水平投影 ab 和两端点 B 和 A 的 z 坐标差（$\Delta z = z_B - z_A$）作为两直角边，画出直角三角形，斜边即为线段 AB 的实长。

作图方法：如图 13-3(b) 所示，以 AB 的水平投影 ab 作为一条直角边，过点 b 作直线垂直

于 ab，并在此垂线上量取点 b_1，使 $bb_1 = z_B - z_A$，然后，用直线连接 ab_1，ab_1 即为线段 AB 的实长。

同理，若利用线段的正面投影 $a'b'$ 和两端点 A 和 B 的 y 坐标差（$\triangle y = y_A - y_B$）作为两直角边，画出直角三角形，斜边也表示 AB 的实长 ［见图 13-3(c)］，作图方法见图 13-3(d)。

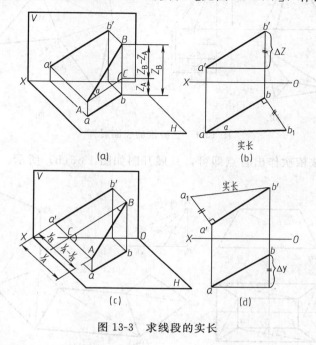

图 13-3　求线段的实长

二、平面立体的表面展开

平面立体的表面是由平面多边形组成的，作平面立体的表面展开图，就是求出这些平面多边形的实形。一般是将平面多边形分割成几个三角形，求出各个三角形边的实长，然后，画出三角形的实形。

【例 1】　如图 13-4(a) 所示，已知三棱锥 $SABC$ 的正面投影及水平投影，试作出该三棱锥的表面展开图。

分析　三棱锥的表面是由三个棱面和底面组成的，分别为三角形 SAB、SBC、SAC 和 ABC。其中，底面 ABC 是水平面，水平投影反映实形，因此，求出三个棱面的实形即可。

作图　以锥顶 S 与点 A 的 z 坐标差为一直角边，SA 的水平投影 sa 为另一直角边，连接斜边 SA 即为实长。同理，可求出 SB、SC 的实长。依次作出底面及各个棱面的实形，即为三棱锥的表面展开图，如图 13-4(b) 所示。

【例 2】　如图 13-5(a) 所示为一空心的截头四棱锥（即四棱台），试画出其展开图。

分析　将截头四棱锥的每个侧面四边形，用对角线划分成两个三角形；棱台的上、下底面为水平面，其水平投影反映实形；四条棱线的长度相等，$AF = CH$，$BG = DE$，求出 AE、AF、BG 的实长，并在图上依次画出每个三角形的实形，即得所求的展开图。这种方法多用于锥顶不在图纸内，或棱线不相交于一点的情况。

作图

① 用直角三角形法求 AE、AF、BG 的实长。

② 作线 a_0e_0，分别以 a_0、e_0 为圆心，以 AF、EF 的实长为半径画弧，两圆弧的交点即

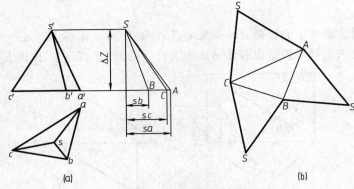

图 13-4　三棱锥的表面展开

为 f_0，用同样的方法依次作出各点即可，其展开图如图 13-5(b) 所示。

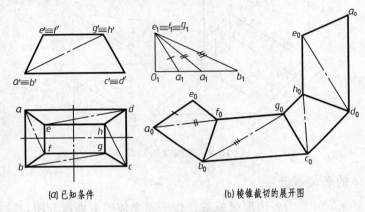

(a) 已知条件　　　　(b) 棱锥截切的展开图

图 13-5　棱锥截切的展开

三、曲面立体的表面展开

曲面立体的表面分为可展表面（如圆柱面、圆锥面）和不可展表面（如球面、圆环面），不可展表面常用近似的方法展开，这里主要讲述可展的曲面。

1. 圆柱管的展开

平口圆柱管的展开图为一矩形，展开图高为管高 H，长为 πD（D 为管子的直径）。斜口圆柱管的展开方法，与平口圆柱管的展开基本相同，只是斜口部分展成曲线，作图过程如图 13-6 所示。

① 将圆柱底圆进行若干等分（例如水平投影中的 12 等分），过各等分点作出相应素线的正面投影，如 $1'a'$、$2'b'$、$3'c'$、…、$7'g'$ 等。

② 展开底圆得一水平线，其长度为 πD，将水平线分成与底圆相同的等分数，使它们间的距离等于底圆上相邻两等分点间的弧长，得 Ⅰ、Ⅱ…Ⅶ等点。

③ 由各等分点画垂线，在其上分别量取相应素线的实长 ⅠA、ⅡB、…、ⅦG 等得端点 A、B、…、G 等点。

④ 用光滑曲线将各端点连接起来，即得所求的展开图。

2. 斜口正圆锥管的展开

在作圆锥的展开图时，可以在表面上引一系列素线，把它当作多棱锥然后用三角形

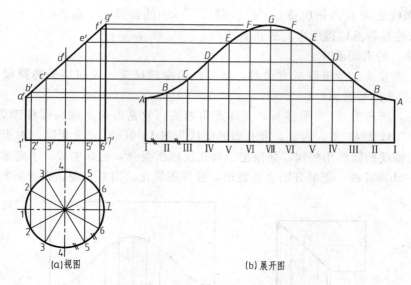

图 13-6 斜口圆柱管的展开

法进行展开。下面以图 13-7 所示的斜口正圆锥为例，讲述正圆锥被截切的展开图画法及其作图步骤。

① 作出整个正圆锥的展开图。由初等几何知道，正圆锥的展开图是一扇形，其半径等于圆锥的素线实长 l。扇形的圆心角为 $\theta = d \times 180° / l$。

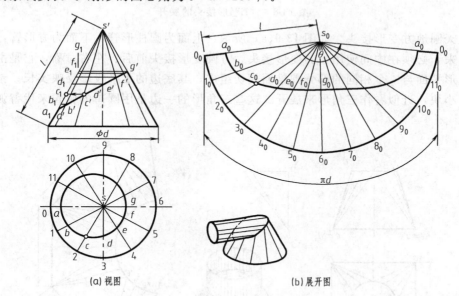

图 13-7 斜口正圆锥管的展开

② 将圆锥底圆分成 n 等份（例如水平投影中的 12 等分）。过各等分点作出相应素线的正面投影，并标出各素线与截面的交点 a'、b'、$\cdots$、g' 等。

③ 用旋转法求出各素线的实长，及其被截去的线段实长 $s'a_1$、$s'b_1$、$s'c_1$、$\cdots$、$s'f_1$ 等。

④ 在展开图上把扇形的圆弧也分成相同的 12 等份，连接圆心 s_0 和各等分点得线 $s_0 0_0$、$s_0 1_0$、$s_0 2_0$、$\cdots$、$s_0 11_0$、$s_0 0_0$。

⑤ 在各条线上由 s_0 点依次量取 $s'a_1$、$s'b_1$、$s'c_1$…的长得 a_0、b_0、c_0、…、g_0、…、a_0 点，依次光滑连接各点即得所求的展开图。

3. 管道接头的表面展开

（1）"L" 形接头　管道改变方向时，需要使用变向接头。变向接头种类很多，这里仅介绍 "L" 形接头的展开。

图 13-8(a) 所示为 "L" 形接头，又称直角弯头。它是由两个截头圆柱面焊接而成的，其截面与圆柱轴线成 45°角。因此，展开图的画法与图 13-6(b) 完全相同。由于两个截头圆柱面的斜口与轴线的倾斜角相同，如果把二者正反依次叠合，恰好构成一个完整的圆筒。因此，按图 13-8(b) 那样，把展开图合并画出，使作图简化，用料合理，方便下料。

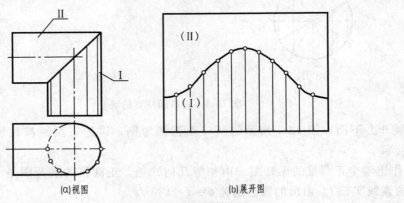

(a)视图　　　　　　　　　　　(b)展开图

图 13-8　"L" 形接头的展开

（2）天圆地方变形接头　如图 13-9(a) 所示，上面为圆柱形管，下面为方形管，若将两管连接起来，必须在中间使用方圆变形接头。方圆变形接头前后、左右对称，它是由 4 个相等的三角形平面与 4 个相同的部分圆锥面相切组成；其底边的水平投影反映实长；锥面可划分为若干小块，近似看作三角形来展开。这些三角形的一边是用圆口的弦长来代替弧长，其

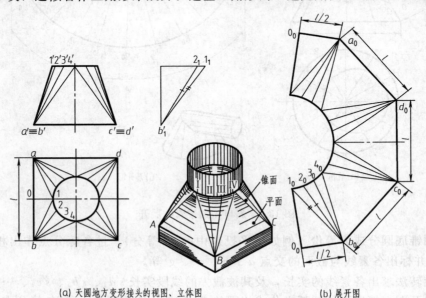

(a) 天圆地方变形接头的视图、立体图　　　　(b) 展开图

图 13-9　天圆地方变形接头的展开

水平投影反映实长；另两边是处于一般位置的素线，需求出实长。

作图步骤

① 用直角三角形法求出 $B\mathrm{I}$、$B\mathrm{II}$ 的实长 $b'_1 1_1$、$b'_1 2_1$（线段的实长 $B\mathrm{I}=B\mathrm{IV}$、$B\mathrm{II}=B\mathrm{III}$）。

② 根据制造工艺的要求，从最短处展开，以减少焊缝长度。所以从 AB 的中点 O 处沿 $O\mathrm{I}$ 线展开。任作一条直线 $0_0 1_0$（$0_0 1_0 = b'1'$），再作 $0_0 1_0$ 的垂线 $0_0 b_0$（$0_0 1_0 = 0b = l/2$）；

③ 连接 b_0、1_0 得 $b_0 1_0$，并分别以 b_0、1_0 为圆心，以 $B\mathrm{II}$ 的实长 $b'_1 2_1$、圆周的 1/12 为半径，圆弧交于 2_0 点，以此类推，求出 3_0、4_0 点；

④ 分别以 b_0、4_0 为圆心，以 bc、$b'_1 1_1$ 的长为半径，画圆弧交于 c_0 点；

⑤ 同理，依次将各面展开即可（或用对折的方法依次将各面展开）。

四、绘制钣金件展开图时应注意的问题

前面介绍的只是画表面展开图的基本方法，而在实际生产中还要考虑金属板的厚度、加工工艺和节约用料等问题。

1. 板厚的处理

金属板弯曲时，外边部分受拉力而变长，内边部分受压力而缩短，在两者之间有一层既不拉长也不缩短的中性层。在画展开图时，应以中性层为依据，如图 13-10 所示。

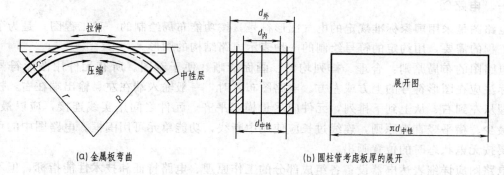

(a) 金属板弯曲　　　　　　　　(b) 圆柱管考虑板厚的展开

图 13-10　板厚的处理

中性层的半径一般取在 $s/2$ 处，即 $R = r + 0.5s$（当 $r/s \geqslant 5$ 时）。若要更准确些，可取 $R = r + xs$，其中系数 x 由表 13-1 选取。

表 13-1　系数 x

r/s	5.0	3.0	2.0	1.2	0.8	0.5
x	0.5	0.45	0.4	0.35	0.3	0.25

2. 接口的处理

① 厚度在 1mm 以下的薄板制件，一般多用咬缝的方式连接（见图 13-11）。

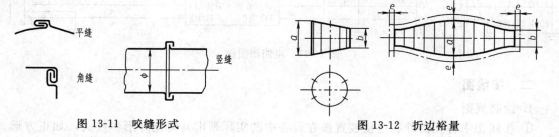

图 13-11　咬缝形式　　　　　　　　图 13-12　折边裕量

在画展开图时，要增加相应的折边裕量 e，如图 13-12 所示。裕量的数值可按制件的尺寸大小和板的厚薄，从钣金工艺手册或有关的工厂规范中查到。

② 较厚钢板的制作，一般都用对接焊，且接口处要修平，因此在展开图上必须留有修整裕量（见表 13-2）。

表 13-2　修整裕量

板厚/mm		≤4	4～8	8～14	14～20
修整裕量	半自动气割	2	3	4	5
	手工气割	3	4.5	5.5	7

3. 节约用料

在金属板上画展开图时，应该尽量排列紧凑，以减少剩余的边角料。

第二节　电子、电气图

电子、电气图是用来描述电路设计内容、设计思想，指导生产的工程用图，是电气产品设计的重要技术文件。本节将着重介绍其画法。

一、电路图

电路图是采用国家标准规定的电气图形符号，按功能布局绘制的一种工程图；是为了研究和工程的需要，用约定的符号绘制的一种表示电路结构的图形。

电路图的布局原则：合理、排列均匀、画面清晰、便于看图。所有元件用图形符号绘制，标注应在图形符号的上方或左方。电路图布置时，一般输入端在左、输出端在右，按工作原理从左到右、从上到下排列，元件应尽量横竖平齐。元件之间用实线连接，应以最短、交叉最少、横平竖直为原则，连线过长应使用中断线，功能单元可用围框。电路图中的可动元件要按无电状态时的位置画出。

电路图应详细表达电器设备各组成部分的工作原理、电路特征和技术性能指标，但不表达电路中元器件的形状和尺寸，也不反映元器件的安装情况；它为电气产品的装配、编制工艺、调试检测、分析故障提供信息；同时还为编制接线图、印制电路板图及其他功能图提供依据。如图 13-13 所示。

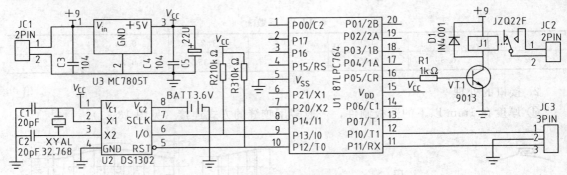

图 13-13　电路图图例

二、接线图

1. 绘制规则

① 接线图中各元器件和连接装置按在设备中的实际画出其简化外形和接头，如正方形、

矩形、圆形，必要时可用图形符号表示。

　　② 接线图中的导线一般用细实线绘制，应参照国家标准 GB 4884—1985《绝缘导线的标记》的规定予以标记。标记方法有两种。

　　顺序法：按接线次序进行编号，各有一个编号，分别写在导线两端接头处，如图13-14所示。

　　等电位法：每根导线编号用两个号码中间加以短划线表示，第一个号码表示等电位号，第二个号码表示相同电位导线的序号，如图 13-15 所示。必要时可用色标补充或代替标记。

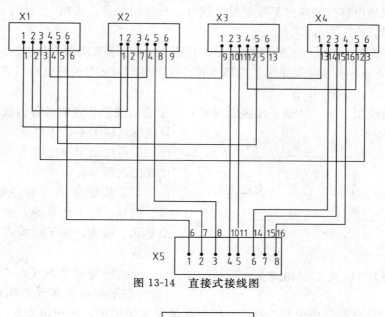

图 13-14　直接式接线图

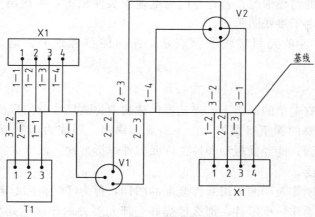

图 13-15　基线式接线图

　　一般应在接线图的右上方画出接线表，列出导线的走向、长度及有关数据。

　　2. 表达形式

　　接线图是用来表示各元器件之间的相对位置和接线的实际位置、连接方式的简图。接线图主要用于接线安装、线路检查、维修和故障处理等。

　　接线图是用符号表示电子产品中各个项目（元器件、组件、设备等）之间电连接以及相对位置的一种简图。将简图的全部内容改用简表的形式表示，就成了接线表。接线图和接线表是表达相同内容的两种不同形式，两者的功能完全相同，可以单独使用，也可以组合在一起使用。它们是在电路图和逻辑图的基础上绘（编）制出来的，是进行整机装配、维修不可缺少的重要条件。

根据表达对象和用途不同，接线图（表）分为单元接线图（表）、互连接线图（表）、端子接线图（表）和电缆配制图（表）。

（1）单元接线图（表）　单元接线图（表）用于表示成套装置或设备中一个结构单元内部的连接情况，不包括单元与单元之间外部连接，但可以给出与之有关的互连图的图号。

单元接线表的内容一般应包括线缆号、线号、导线的型号、规格、长度、连接点号、所属项目的代号和其他说明等。

（2）互连接线图（表）　互连接线图（表）用于表示成套装置或设备内各个不同单元与单元之间的连接情况，不包括所涉及单元的内部连接，可以给出与之有关的电路图或单元接线图的图号。

（3）端子接线图（表）　端子接线图（表）用于表示成套装置或设备的端子及其与外部导线的连接关系。不包括单元或设备的连接，但可以给出与之有关的电路图或单元接线图的图号。

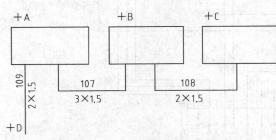

图 13-16　电缆配制图示例

端子接线表的内容一般应包括线缆号、线号、端子代号等，按单元列表，一个单元一张表。端子接线表与端子接线图相对应。

（4）电缆配置图（表）　电缆配置图（表）用于表示各单元之间外部电缆的敷设，也可以表示线缆的路径情况。若是专门为电缆安装使用的，可给出安装用的其他资料，但导线的详细资料由端子接线图提供。

电缆配置图中，各单元用实线线框表示，并标注位置代号。电缆配制图示例见图 13-16。

三、印制板图

在一块表面覆盖有铜箔的薄板上，将元器件按物理封装尺寸及信号流向进行布局，按电路连接要求，将不需要的铜箔腐蚀掉，留下需要的铜箔，即成为印制板。印制板具有体积小、重量轻、接线牢固、能经受振动和冲击，元器件焊拆方便，便于大批生产等优点，在电子产品中应用极其广泛。

指导印制板加工制作及印制板组装件装配的图样，称为印制板图。若将用来插装焊接元器件前的印制电路板看作一个零件，那么已焊好全部元器件的印制电路板就是一个装配体。按照国家标准 GB 5489 的规定，印制电路板图分为印制电路板零件图和印制电路板装配图。它们都是采用视图方法绘制的。

1. 印制电路板零件图

印刷电路板零件图是用于表示导电图形、结构要素、标记符号、技术要求和有关说明的图样。单面印制电路板可以只用一个视图表达，面向导电图形的一面按比例画成即可。双面印制电路板应该有主视、后视两个视图，并在后视图的上方加注"后视"字样。当后视图上的导电图形能够在主视图上表示清楚时，可只绘一个视图，背面的导电图形应用虚线绘制。多层印制电路板的每一层绘制一个视图，视图上应标出层次序号。如有必要，可将结构要素和标记符号分别绘制，并在第一张图上说明。

印制电路板零件图主要有：线路图、字符标记图、机械加工图和阻焊图等。线路图是导电图形和印制元件组成的图形。其中导电图形如图 13-17 所示。

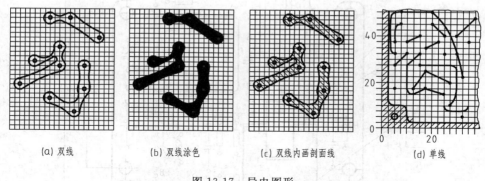

| (a) 双线 | (b) 双线涂色 | (c) 双线内画剖面线 | (d) 单线 |

图 13-17　导电图形

2. 印制电路板装配图

印制电路板装配图是用于表示各种元器件和结构件等与印制电路板连接关系的图样。印制电路板装配图应对有元器件的一面画成视图形式，若印制电路板的两面都有元器件时，应以有较多元器件的一面为主视图，另一面为后视图并加注"后视"字样。

在清楚表达装配关系的前提下，印制电路板装配图中各元器件可以用它们的简化外形表示，也可以用电气图用图形符号表示。只有在必须完整地、详细地表达装配关系时，有关结构件和元器件等需按 GB/T 4458.1《机械制图图样画法》中的规定画出。各元器件和跨接导线都要标注项目代号（即位号）。有极性的元器件应在图样中标出极性。有方向性要求的元器件应标注出定位特征标志，如凸键、缺口、圆点和凹槽等。在印制电路板装配图上，一般不再画出导电图形，不管是正面可见的还是背面不可见的，但是跨接导线必须画出，可见跨接导线用粗实线画出，背面的不可见跨接导线用虚线画出。

（1）一般要求

① 画印制板装配图时，应考虑看图方便，根据所装元、器件和结构特点，选用恰当的表示方法。

② 图样中应有必要的外形尺寸、安装尺寸以及与其他产品连接位置的尺寸。

③ 各种有极性的元器件，应在图样中标出极性。

④ 完整、详细地表示装配关系的结构件和元器件应标注序号，其他元器件可标注其在电原理图和逻辑图的位号。

⑤ 要有必要的技术要求和说明，如图 13-18 所示。

（2）视图选取原则

① 印制板只有一面装有元器件和结构件时，一般只画一个视图，且以装元器件面为主视图。

② 印制板两面均装有元器件时，一般应画两个视图，以元器件和结构件较多的一面为主视图。较少的一面为后视图；当一个视图能表达清楚时，也可只画一个视图，此时应将反面元器件和结构件用虚线绘制；当元器件采用图形符号绘制时，仅引线用虚线绘制，如图 13-19 所示。

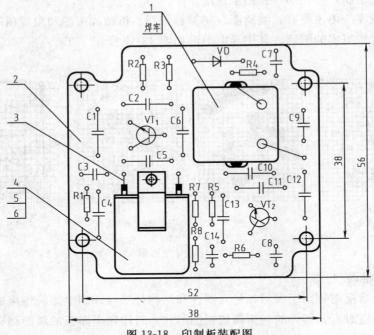

图 13-18　印制板装配图

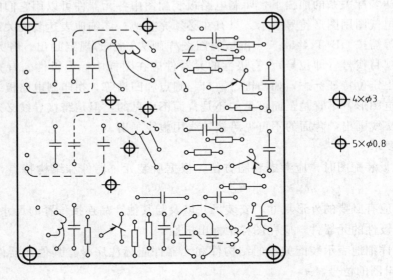

图 13-19　不可见件表示法

（3）元器件和结构件的画法

① 在清楚地表示装配关系的前提下，元器件一般采用简化外形或按《电气图用图形符号》国家标准的规定绘制，如图 13-19 所示。

② 印制板装配图中一般不画出导电图形，如需表示反面导电图形，可用虚线或色线画出，如图 13-20 所示。

③ 简化画法。在印制板装配图中重复出现的单元图形，可以只画出其中一个单元，其余单元可以简化绘制。此时，必须用细实线画出各单元的极限位置，并标出单元顺序号，如

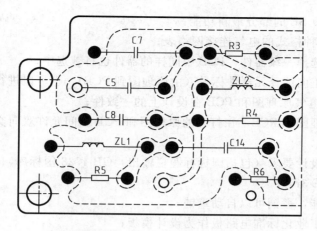

图 13-20　反面导电图形画法

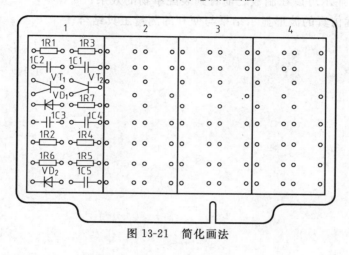

图 13-21　简化画法

图 13-21 所示。

3. 印制电路的计算机绘制简介

使用计算机对印制电路进行辅助设计，是目前印制电路板图设计的主要工具。利用计算机绘制，不仅可以使图面更整洁、标准，而且能够解决手工布线印制导线不能过于细，较窄的间隙不易布线等问题，同时可彻底解决双面焊盘的一一对应问题，并且通过光绘图机可直接地将制版胶片绘制出来。

印制电路的计算机辅助设计软件，从原来的 Smartwork 软件包、Tango 软件包发展到目前较为流行的 Protel 软件包、CRCAD 软件包。Protel 软件包括 DOS 版和 Windows 版，是 Tango 软件包的升级产品，它保持了 Tango 软件的方便、易学、实用、快速和高布通率的特点，同时保持了 Tango 软件的兼容性。Protel 软件 Windows 版正在成为电子工程从设计到输出物理生产数据，以及这之间的所有分析、验证和设计数据管理的工具。因而今天的 Protel 最新产品已不是单纯的 PCB（印制电路板）设计工具，而是一个系统工具，覆盖了以 PCB 为核心的整个物理设计。最新版本的 Protel 软件可以读 Orcad、Pads、Accel（PCAD）等知名 EDA 公司设计文件，以便用户顺利过渡到新的 EDA 平台。

Protel 99 SE 共分 5 个模块，分别是原理图设计、PCB 设计（包含信号完整性分析）、自动布线器、原理图混合信号仿真、PLD 设计。

以下是 Protel 99 SE 的部分最新功能：

① 可生成 30 多种格式的电气连接网络表；

② 在原理图中选择一级器件，PCB 中同样的器件也将被选中；

③ 既可以进行正向注释元器件标号（由原理图到 PCB），也可以进行反向注释（由 PCB 到原理图），以保持电气原理图和 PCB 在设计上的一致性；

④ 同时运行原理图和 PCB，在打开的原理图和 PCB 图间允许双向交叉查找元器件、端子、网络；

⑤ 满足国际化设计要求（包括国标标题栏输出，GB 4728 国标库）；方便易用的数模混合仿真（兼容 SPICE 3f5）；

⑥ 智能覆铜功能，覆铜可以自动重铺；

⑦ 提供大量的工业化标准电路板作为设计模板；

⑧ 独特的 3D 显示可以在制板之前看到装配事物的效果；

⑨ 反射和串扰仿真的波形显示结果与便利的测量工具结合。

附 录

附录一　常用的螺纹紧固件

1. 螺栓（见附表 1-1）

六角头螺栓-C 级（GB/T 5780—2000）　　　六角头螺栓-A 和 B 级（GB/T 5782—2000）

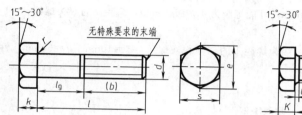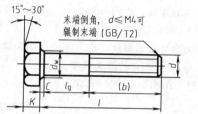

标记示例

螺纹规格 $d=$M12mm，公称长度 $l=$80mm，性能等级为 8.8 级，表面氧化，A 级六角头螺栓：

螺栓　GB/T 5782　M12×80

附表 1-1　螺栓

mm

螺纹规格 d			M3	M4	M5	M6	M8	M10	M12	M16	M20	M24	M30	M36	M42
b 参考	$l\leqslant125$		12	14	16	18	22	26	30	38	46	54	66	—	—
	$125<l\leqslant200$		18	20	22	24	28	32	36	44	52	60	72	84	96
	$l>200$		31	33	35	37	41	45	49	57	65	73	85	97	109
c			0.4	0.4	0.5	0.5	0.6	0.6	0.6	0.8	0.8	0.8	0.8	0.8	1
d_w	产品等级	A	4.57	5.88	6.88	8.88	11.63	14.63	16.63	22.49	28.19	33.61	—	—	—
		B、C	4.45	5.74	6.74	8.74	11.47	14.47	16.47	22	27.7	33.25	42.75	51.11	59.95
e	产品等级	A	6.01	7.66	8.79	11.05	14.38	17.77	20.03	26.75	33.53	39.98	—	—	—
		B、C	5.88	7.50	8.63	10.89	14.20	17.59	19.85	26.17	32.95	39.55	50.85	60.79	72.02
k	公称		2	2.8	3.5	4	5.3	6.4	7.5	10	12.5	15	18.7	22.5	26
r			0.1	0.2	0.2	0.25	0.4	0.4	0.6	0.6	0.8	0.8	1	1	1.2
s	公称		5.5	7	8	10	13	16	18	24	30	36	46	55	65
l（商品规格范围）			20～30	25～40	25～50	30～60	40～80	45～100	50～120	65～160	80～200	90～240	110～300	140～360	160～440
l 系列			\multicolumn{13}{l}{12,16,20,25,30,35,40,45,50,55,60,65,70,80,90,100,110,120,130,140,150,160,180,200,220,240,260,280,300,320,340,360,380,400,420,440,460,480,500}

注：1. A 级用于 $d\leqslant24$ 和 $l\leqslant10d$ 或 $\leqslant150$mm 的螺栓；B 级用于 $d>24$ 和 $l>10d$ 或 >150mm 的螺栓。

　　2. 螺纹规格 d 范围：GB/T 5780 为 M5～M64，GB/T 5782 为 M1.6～M64。

　　3. 公称长度范围：GB/T 5780 为 25～500mm，GB/T 5782 为 12～500mm。

2. 双头螺柱（见附表 1-2）

A 型   B 型

$b_m = 1d$ （GB/T 897—1988） $b_m = 1.25d$ （GB/T 898—1988）

$b_m = 1.5d$ （GB/T 899—1988） $b_m = 2d$ （GB/T 900—1988）

标记示例

两端均为粗牙普通螺纹，$d = 10$mm，$l = 50$mm，性能等级为 4.8 级，B 型，$b_m = d$ 的双头螺柱：

螺柱 GB/T 897   M10×50

旋入机体一端为粗牙普通螺纹、旋入螺母一端为螺距 1 的细牙普通螺纹，$d = 10$mm，$l = 50$mm，性能等级为 4.8 级，A 型，$b_m = 1d$ 的双头螺柱：

螺柱 GB/T 897   AM10-M10×1×50

附表 1-2

mm

螺纹规格		M5	M6	M8	M10	M12	M16	M20	M24	M30	M36	M42
b_m （公称）	GB/T 897	5	6	8	10	12	16	20	24	30	36	42
	GB/T 898	6	8	10	12	15	20	25	30	38	45	32
	GB/T 899	8	10	12	15	18	24	30	36	45	54	65
	GB/T 900	10	12	16	20	24	32	40	48	60	72	84
d_s(max)		5	6	8	10	12	16	20	24	30	36	42
x(max)		$2.5P$										
$\dfrac{l}{b}$		$\dfrac{16\sim22}{10}$ $\dfrac{25\sim50}{16}$	$\dfrac{20\sim22}{10}$ $\dfrac{25\sim30}{14}$ $\dfrac{32\sim75}{18}$	$\dfrac{20\sim22}{12}$ $\dfrac{25\sim30}{16}$ $\dfrac{32\sim90}{22}$	$\dfrac{25\sim28}{14}$ $\dfrac{30\sim38}{16}$ $\dfrac{45\sim120}{26}$ $\dfrac{130}{32}$	$\dfrac{25\sim30}{16}$ $\dfrac{32\sim40}{20}$ $\dfrac{45\sim120}{30}$ $\dfrac{130\sim180}{36}$	$\dfrac{30\sim38}{20}$ $\dfrac{40\sim55}{30}$ $\dfrac{60\sim120}{38}$ $\dfrac{130\sim200}{44}$	$\dfrac{35\sim40}{25}$ $\dfrac{45\sim65}{35}$ $\dfrac{70\sim120}{46}$ $\dfrac{130\sim200}{52}$	$\dfrac{45\sim50}{30}$ $\dfrac{55\sim75}{45}$ $\dfrac{80\sim120}{54}$ $\dfrac{130\sim200}{30}$	$\dfrac{60\sim65}{40}$ $\dfrac{70\sim90}{50}$ $\dfrac{95\sim120}{60}$ $\dfrac{130\sim200}{72}$ $\dfrac{210\sim250}{85}$	$\dfrac{65\sim75}{45}$ $\dfrac{80\sim110}{60}$ $\dfrac{120}{78}$ $\dfrac{130\sim200}{84}$ $\dfrac{210\sim300}{91}$	$\dfrac{65\sim80}{50}$ $\dfrac{85\sim110}{70}$ $\dfrac{120}{90}$ $\dfrac{130\sim200}{96}$ $\dfrac{210\sim300}{109}$
l 系列		16,(18),20,(22),25,(28),30,(32),35,(38),40,45,50,(55),60,(65),70,(75),80,(85),90, (95),100,110,120,130,140,150,160,170,180,190,200,210,220,230,240,250,260,280,300										

注：P 是粗牙螺纹的螺距。

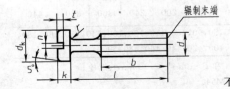

3. 螺钉

(1) 开槽圆柱头螺钉（摘自 GB/T 65—2000）（见附表 1-3）

标记示例

螺纹规格 $d = $ M5，公称长度 $l = 30$mm，性能等级为 4.8 级，不经表面处理的 A 级开槽圆柱头螺钉：

螺钉 GB/T 65 M5×30

附表 1-3　开槽圆柱头螺钉

mm

螺纹规格 d	M4	M5	M6	M8	M10
P(螺距)	0.7	0.8	1	1.25	1.5
b	38	38	38	38	38
d_k	7	8.5	10	13	16
k	2.6	3.3	3.9	5	6
n	1.2	1.2	1.6	2	2.5
r	0.2	0.2	0.25	1.4	0.4
t	1.1	1.3	1.6	2	2.4
公称长度 l	5～40	6～50	8～60	10～80	12～80
l 系列	5,6,8,10,12,(14),16,20,25,30,35,40,45,50,(55),60,(65),70,(75),80				

注：1. 公称长度 $l \leqslant 40$mm 的螺钉，制出全螺纹。

2. 括号内的规格尽可能不采用。

3. 螺纹规格 $d=$M1.6～M10，公称长度 $l=2$～80mm

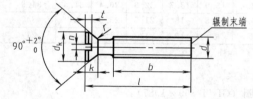

（2）开槽沉头螺钉（摘自 GB/T 68—2000）（见附表 1-4）

标记示例

螺纹规格 $d=$M5，公称长度 $l=40$mm，性能等级为 4.8 级，不经表面处理的 A 级开槽沉头螺钉：

螺钉 GB/T 68 M5×40

附表 1-4　开槽沉头螺钉

mm

螺纹规格 d	M1.6	M2	M2.5	M3	M4	M5	M6	M8	M10
P(螺距)	0.35	0.4	0.45	0.5	0.7	0.8	1	1.25	1.5
b	25	25	25	25	38	38	38	38	38
d_k	3.6	4.4	5.5	6.3	9.4	10.4	12.6	17.3	20
k	1	1.2	1.5	1.65	2.7	2.7	3.3	4.65	5
n	0.4	0.5	0.6	0.8	1.2	1.2	1.6	2	2.5
r	0.4	0.5	0.6	0.8	1	1.3	1.6	2	2.5
t	0.5	0.6	0.75	0.85	1	1.3	1.6	2.3	2.6
公称长度 l	2.5～16	3～20	4～25	5～30	6～40	8～50	8～60	10～80	12～80
l 系列	2.5,3,4,5,6,8,10,12,(14),16,20,25,30,35,40,45,50,(55),60,(65),70,(75),80								

注：螺纹规格 $d=$M1.6～M64。

4. 螺母（见附表 1-5）

六角螺母-C 级（GB/T 41—2000）　　　　　　　　六角薄螺母（GB/T 6172.1—2000）

Ⅰ 型六角螺母-A 和 B 级（GB/T 6170—2000）

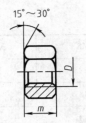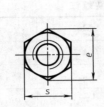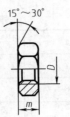

标记示例

螺纹规格 $D=$ M12，性能等级为 5 级，不经表面处理，C 级的六角螺母： 螺母 GB/T 41 M12

螺纹规格 $D=$ M12，性能等级为 8 级，不经表面处理，A 级的 I 型六角螺母： 螺母 GB/T 6170 M12

附表 1-5 螺母   mm

螺纹规格 D		M3	M4	M5	M6	M8	M10	M12	M16	M20	M24	M30	M36	M42
e	GB/T 41			8.63	10.89	14.20	17.59	19.85	26.17	32.95	39.55	50.85	60.79	72.02
	GB/T 6170	6.01	7.66	8.79	11.05	14.38	17.77	20.03	26.75	32.95	39.55	50.85	60.79	72.02
	GB/T 6172.1	6.01	7.66	8.79	11.05	14.38	17.77	20.03	26.75	32.95	39.55	50.85	60.79	72.02
s	GB/T 41			8	10	13	16	18	24	30	36	46	55	65
	GB/T 6170	5.5	7	8	10	13	16	18	24	30	36	46	55	65
	GB/T 6172.1	5.5	7	8	10	13	16	18	24	30	36	46	55	65
m	GB/T 41			5.6	6.1	7.9	9.5	12.2	15.9	18.7	22.3	26.4	31.5	34.9
	GB/T 6170	2.4	3.2	4.7	5.2	6.8	8.4	10.8	14.8	18	21.5	25.6	31	34
	GB/T 6172.1	1.8	2.2	2.7	3.2	4	5	6	8	10	12	15	18	21

注：A 级用于 $D \leqslant 16$，B 级用于 $D > 16$。

5. 弹簧垫圈（见附表 1-6）

标准型弹簧垫圈（GB/T 93—1987）   轻型弹簧垫圈（GB/T 859—1987）

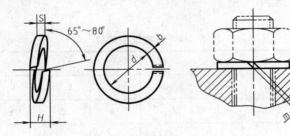

标记示例

规格 16，材料 65Mn，表面氧化的标准型弹簧垫圈：垫圈 GB/T 93 16

附表 1-6 弹簧垫圈   mm

规格（螺纹大径）		3	4	5	6	8	10	12	(14)	16	(18)	20	(22)	24	(27)	30
d		3.1	4.1	5.1	6.1	8.1	10.2	12.2	14.2	16.2	18.2	20.2	22.5	24.5	27.5	30.5
H	GB/T 93	1.6	2.2	2.6	3.2	4.2	5.2	6.2	7.2	8.2	9	10	11	12	13.6	15
	GB/T 859	1.2	1.6	2.2	2.6	3.2	4	5	6	6.4	7.2	8	9	10	11	12
$S(b)$	GB/T 93	0.8	1.1	1.3	1.6	2.1	2.6	3.1	3.6	4.1	4.5	5	5.5	6	6.8	7.5
S	GB/T 859	0.6	0.8	1.1	1.3	1.6	2	2.5	3	3.2	3.6	4	4.5	5	5.5	6
$m \leqslant$	GB/T 93	0.4	0.55	0.65	0.8	1.05	1.3	1.55	1.8	2.05	2.25	2.5	2.75	3	3.4	3.75
	GB/T 859	0.3	0.4	0.55	0.65	0.8	1	1.25	1.5	1.6	1.8	2	2.25	2.5	2.75	3
b	GB/T 859	1	1.2	1.5	2	2.5	3	3.5	4	4.5	5	5.5	6	7	8	9

注：1. 括号内的规格尽可能不采用。

2. m 应大于零。

附录二　键（见附表 2-1）

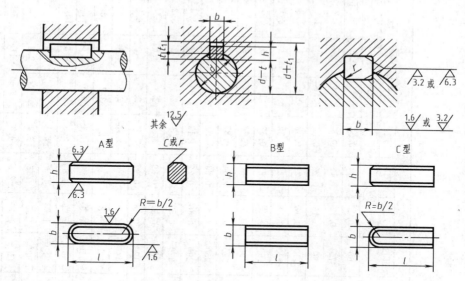

标记示例

圆头普通平键（A 型），$b=16$mm，$h=10$mm，$l=100$mm：键 16×100　GB/T 1096—2003

平头普通平键（B 型），$b=16$mm，$h=10$mm，$l=100$mm：键 B16×100　GB/T 1096—2003

单圆头普通平键（C 型），$b=16$mm，$h=10$mm，$l=100$mm：键 C16×100　GB/T 1096—2003

附表 2-1　键　　　　　　　　　　　　　　　　mm

轴	键		键　槽										
			宽度(b)					深度				半径(r)	
公称直径(d)	公称尺寸($b×h$)	长度(L)	公称尺寸(b)	极限偏差				轴(t)		毂(t_1)			
				较松键连接		一般键连接		较紧键连接					
				轴 H9	毂 D10	轴 N9	毂 JS9	轴和毂 P9	公称	偏差	公称	偏差	最大	最小
>10～12	4×4	8～45	4	+0.030 0	+0.078 +0.030	0 −0.030	±0.015	−0.012 −0.042	2.5	+0.1 0	1.8	+0.1 0	0.08	0.16
>12～17	5×5	10～56	5						3.0		2.3		0.16	0.25
>17～22	6×6	14～70	6						3.5		2.8			
>22～30	8×7	18～90	8	+0.036 0	+0.098 +0.040	0 −0.036	±0.018	−0.015 −0.051	4.0		3.3			
>30～38	10×8	22～110	10						5.0		3.3			
>38～44	12×8	28～140	12	+0.043 0	+0.120 +0.050	0 −0.043	±0.022	−0.018 −0.061	5.0		3.3		0.25	0.40
>44～50	14×9	36～160	14						5.5		3.8			
>50～58	16×10	45～180	16						6.0	+0.2 0	4.3	+0.2 0		
>58～65	18×11	50～200	18						7.0		4.4			
>65～75	20×12	56～220	20	+0.052 0	+0.149 +0.065	0 −0.052	±0.026	−0.022 −0.074	7.5		4.9			
>75～85	22×14	63～250	22						9.0		5.4		0.40	0.60
>85～95	25×14	70～280	25						9.0		5.4			
>95～110	28×16	80～320	28						10		6.4			
L系列	6～22(2 进位)、25、28、32、36、40、45、50、56、63、70、80、90、100、110、125、140、160、180、200、220、250、280、320、360、400、450、500													

注：1. $(d-t)$ 和 $(d+t)$ 两组合尺寸的极限偏差按相应的 t 和 t_1 的极限偏差选取，但 $(d-t)$ 极限偏差应取负号（−）。

2. 键 b 的极限偏差为 h9，键 h 的极限偏差为 h11，键长 L 的极限偏差为 h14。

附录三　极限与配合

标准公差 (GB/T 1800.1—2009)（见附表 3-1）

附表 3-1　标准公差数值

公称尺寸/mm		标准公差等级																	
大于	至	IT1	IT2	IT3	IT4	IT5	IT6	IT7	IT8	IT9	IT10	IT11	IT12	IT13	IT14	IT15	IT16	IT17	IT18
							/μm									/mm			
—	3	0.8	1.2	2	3	4	6	10	14	25	40	60	0.1	0.14	0.25	0.4	0.6	1	1.4
3	6	1	1.5	2.5	4	5	8	12	18	30	48	75	0.12	0.18	0.3	0.48	0.75	1.2	1.8
6	10	1	1.5	2.5	4	6	9	15	22	36	58	90	0.15	0.22	0.36	0.58	0.9	1.5	2.2
10	18	1.2	2	3	5	8	11	18	27	43	70	110	0.18	0.27	0.43	0.7	1.1	1.8	2.7
18	30	1.5	2.5	4	6	9	13	21	33	52	84	130	0.21	0.33	0.52	0.84	1.3	2.1	3.3
30	50	1.5	2.5	4	7	11	16	25	39	62	100	160	0.25	0.39	0.62	1	1.6	2.5	3.9
50	80	2	3	5	8	13	19	30	46	74	120	190	0.3	0.46	0.74	1.2	1.9	3	4.6
80	120	2.5	4	6	10	15	22	35	54	87	140	220	0.35	0.54	0.87	1.4	2.2	3.5	5.4
120	180	3.5	5	8	12	18	25	40	63	100	160	250	0.4	0.63	1	1.6	2.5	4	6.3
180	250	4.5	7	10	14	20	29	46	72	115	185	290	0.46	0.72	1.15	1.85	2.9	4.6	7.2
250	315	6	8	12	16	23	32	52	81	130	210	320	0.52	0.81	1.3	2.1	3.2	5.2	8.1
315	400	7	9	13	18	25	36	57	89	140	230	360	0.57	0.89	1.4	2.3	3.6	5.7	8.9
400	500	8	10	15	20	27	40	63	97	155	250	400	0.63	0.97	1.55	2.5	4	6.3	9.7
500	630	9	11	16	22	32	44	70	110	175	280	440	0.7	1.1	1.75	2.8	4.4	7	11
630	800	10	13	18	25	36	50	80	125	200	320	500	0.8	1.25	2	3.2	5	8	12.5
800	1000	11	15	21	28	40	56	90	140	230	360	560	0.9	1.4	2.3	3.6	5.6	9	14
1000	1250	13	18	24	33	47	66	105	165	260	420	660	1.05	1.65	2.6	4.2	6.6	10.5	16.5
1250	1600	15	21	29	39	55	78	125	195	310	500	780	1.25	1.95	3.1	5	7.8	12.5	19.5
1600	2000	18	25	35	46	65	92	150	230	370	600	920	1.5	2.3	3.7	6	9.2	15	23
2000	2500	22	30	41	55	78	110	175	280	440	700	1100	1.75	2.8	4.4	7	11	17.5	28
2500	3150	26	36	50	68	96	135	210	330	540	860	1350	2.1	3.3	5.4	8.6	13.5	21	33

注：1. 基本尺寸大于 500mm 的 IT1 至 IT5 的标准公差数值为试行的数值。

2. 基本尺寸小于或等于 1mm 时，无 IT14 至 IT18。

附录四　材料牌号及用途（见附表4-1）

附表4-1　常用的金属材料与非金属材料

名　称		牌　号	说　明	用　途
黑色金属	灰铸铁 (GB/T 9439)	HT150	HT—"灰铁"代号 150—抗拉强度(MPa)	用于制造端盖、带轮、轴承座、阀壳、管子及管子附件、机床底座、工作台等
		HT200		用于较重要铸件，如汽缸、齿轮、机器、飞机、床身、阀壳、衬筒等
	球墨铸铁 (GB/T 1438)	QT450-10 QT500-7	QT—"球铁"代号 450—抗拉强度(MPa) 10—伸长率(%)	具有较高的强度和塑性，广泛用于机械制造业中受磨损和受冲击的零件，如曲轴、汽缸套、活塞环、摩擦片、中低压阀门、千斤顶座等
	铸钢 (GB/T 11352)	ZG200-400 ZG270-500	ZG—"铸钢"代号 200—屈服强度(MPa) 400—抗拉强度(MPa)	用于各种形状的零件，如机座、变速箱座、飞轮、重负荷机座、水压机工作缸等
	碳素结构钢 (GB/T 700)	Q215-A Q235-A	Q—"屈"字代号 215—屈服点数值(MPa) A—质量等级	有较高的强度和硬度，易焊接，是一般机械上的主要材料，用于制造垫圈、铆钉、轻载齿轮、键、拉杆、螺栓、螺母、轮轴等
	优质碳素结构钢 (GB/T 699)	15	15—平均含碳量 （万分之几）	塑性、韧性、焊接性和冷冲性能均良好，但强度较低，用于制造螺钉、螺母、法兰盘及化工储器等
		35		用于强度要求较高的零件，如汽轮机叶轮、压缩机、机床主轴、花键轴等
		15Mn 65Mn	15—平均含碳量(万分之几) Mn—含锰量较高	其性能与15钢相似，但其塑性、强度比15钢高强度高，适宜作大尺寸的各种扁、圆弹簧
	低合金结构钢 (GB/T 1591)	15MnV	15—平均含碳量(万分之几) Mn—含锰量较高 V—合金元素钒	用于制作高中压石油化工容器、桥梁、船舶、起重机
		16Mn		用于制作车辆、管道、大型容器、低温压力容器、重型机械等
有色金属	普通黄铜 (GB/T 5232)	H96	H—"黄"铜的代号 96—基体元素铜的含量	用于导管、冷凝管、散热器管、散热片等
		H59		用于一般机器零件、焊接件、热冲及热轧零件等
	铸造锡青铜 (GB/T 1176)	ZCuSn10Zn2	Z—"铸"造代号 Cu—基体金属铜元素符合 Sn10—锡元素符号及名义含量(%)	在中等及较高载荷下工作的重要管件，以及阀、旋塞、泵体、齿轮、叶轮等
	铸造铝合金 (GB/T 1173)	ZAlSi5CuMg	Z—"铸"造代号 Al—基体元素铝元素符号 Si5—硅元素符号及名义含量(%)	用于水冷发动机的汽缸体、汽缸头、汽缸盖、空冷发动机头和发动机曲轴箱等
非金属	耐油橡胶板 (GB/T 5574)	3707 3807	37、38—顺序号 07—扯断强度(kPa)	硬度较高，可在温度为−30～+100℃的机油、变压器油、汽油等介质中工作，适于冲制各种形状的垫圈
	耐油橡胶板 (GB/T 5574)	4708 4808	47、48—顺序号 08—扯断强度(kPa)	较高硬度，具有耐热性能，可在温度为−30～+100℃且压力不大的条件下，在蒸汽、热空气等介质中工作，用作冲制各种垫圈和垫板
	油浸石棉盘根 (JC 68)	YS350 YS250	YS—"油石"代号 350—适用的最高温度	用于回转轴、活塞或阀门杆上做密封材料，介质为蒸汽、空气、工业用水、重质石油等
	橡胶石棉盘根 (JC 67)	XS550 XS350	XS—"橡石"代号 550—适用的最高温度	用于蒸汽机、往复泵的活塞和阀门杆上做密封材料
	聚四氟乙烯 (PTFE)			主要用于耐腐蚀、耐高温的密封元件，如填料、衬垫、涨圈、阀座，也用作输送腐蚀介质的高温管路、耐腐蚀衬里、容器的密封圈等

附录五 管道及仪表流程图（见附表 5-1～附表 5-3）

附表 5-1 管道及仪表流程图中常用设备、机器图例（摘自 HG/T 20519—2009）

设备类型	代号	图 例	设备类型	代号	图 例
塔	T	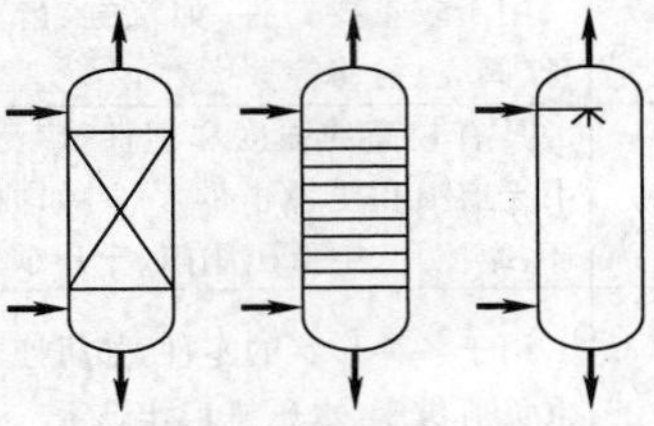 填料塔　板式塔　喷洒塔	换热器	E	换热器(简图)固定管板式列管换热器 釜式换热器　浮头式列管换热器 板式换热器　螺旋板式换热器 喷淋式冷却器　列管式(薄膜)蒸发器
反应器	R	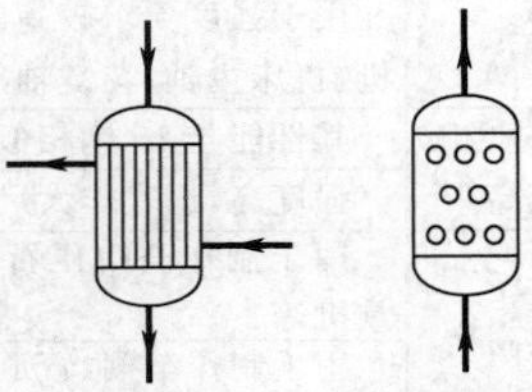 固定床反应器　列管式反应器　流化床反应器			
容器	V	锥顶罐　(地下/半地下)池、槽、坑　浮顶罐 填料除沫分离器　丝网除沫分离器　旋风分离器 干式气柜　湿式气柜　卧式容器	泵	P	离心泵　水环式真空泵　旋转泵　齿轮泵 往复泵　喷射泵　漩涡泵
			压缩机	C	 鼓风机　(卧式)　(立式) 旋转式压缩机 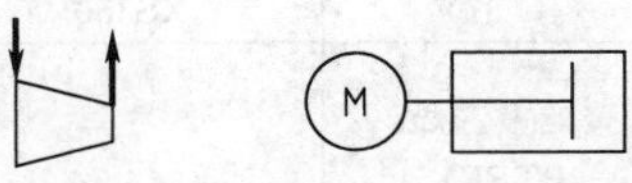 离心式压缩机　往复式压缩机

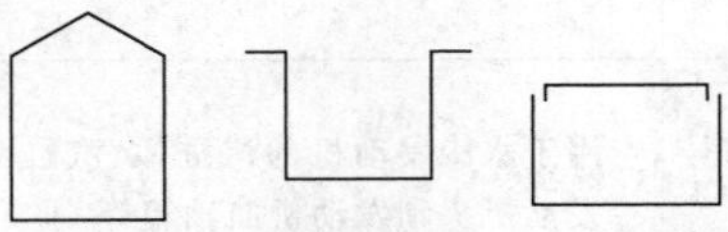

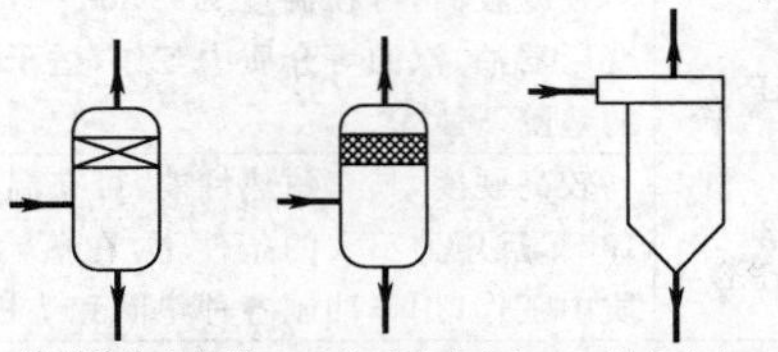

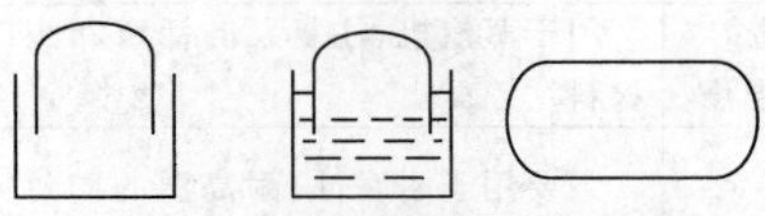

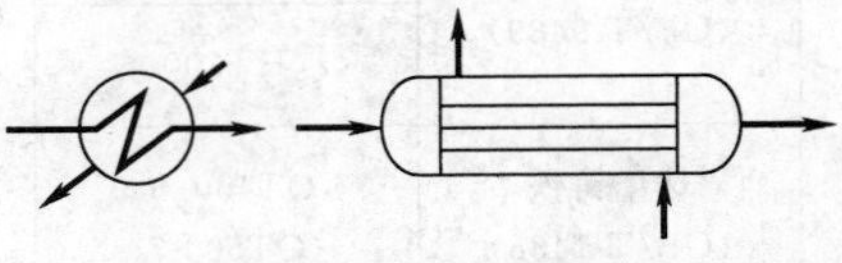

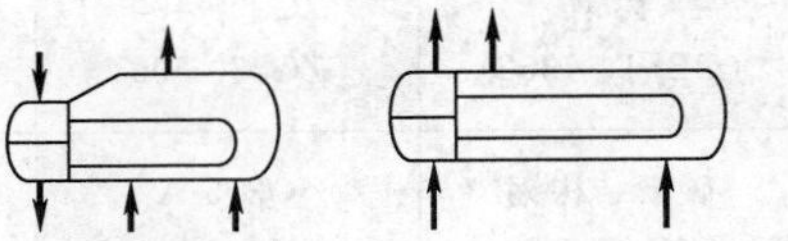

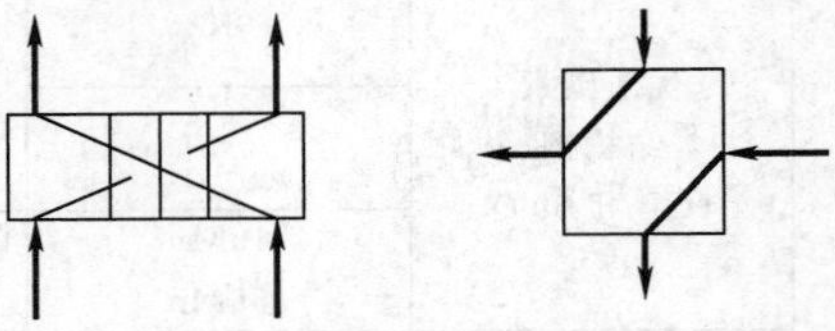

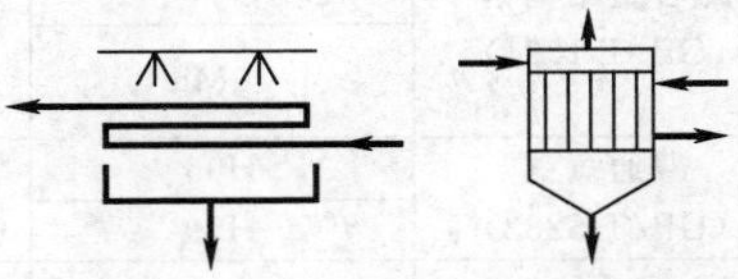

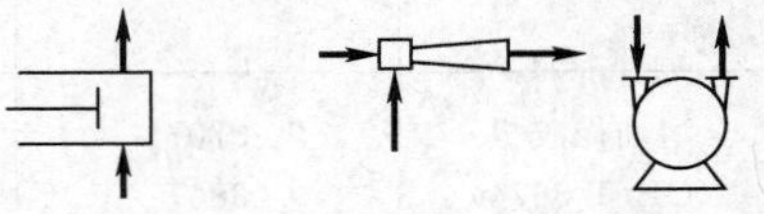

附表 5-2　**管道及仪表流程图中管道的画法**（摘自 HG/T 20519—2009）

名　　称	图　　例	备　　注
主要物料管道		粗实线
地下管道（埋地或地下管沟）		粗虚线
次要物料管道、辅助物料管道		中粗线
引线、设备、管件、阀门、仪表图形符号和仪表管线等		细实线
蒸汽伴热管道		
电伴热管线		
管道绝热层		绝热层只表示一般
管道相连		
柔性管	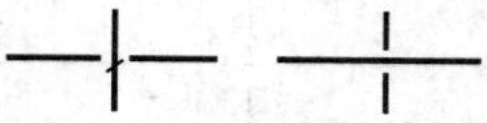	
原有管道（原有设备轮廓线）		管线宽度与其相接的新管线宽度相同
管道等级管道编号分界	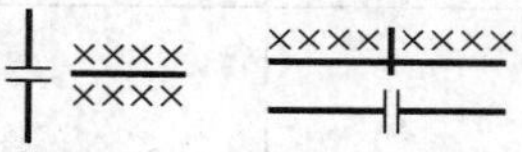 ××××　××××|××××	××××表示管道编号或管道等级代号
流向箭头		
进、出装置或主项的管道或仪表信号线的图纸接续标志，相应图纸编号填在空心箭头内	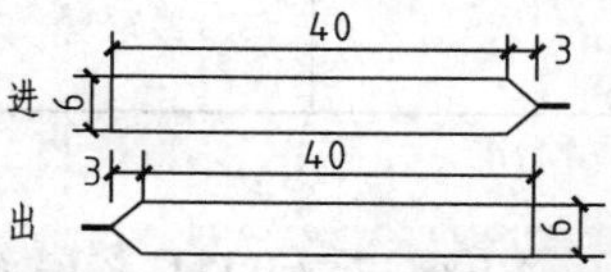 进　40　3　出　40	尺寸单位：mm　在空心箭头上方注明来或去的设备位号或管道号或仪表位号
同一装置或主项内的管道或仪表信号线的图纸接续标志，相应图纸编号填在空心箭头内	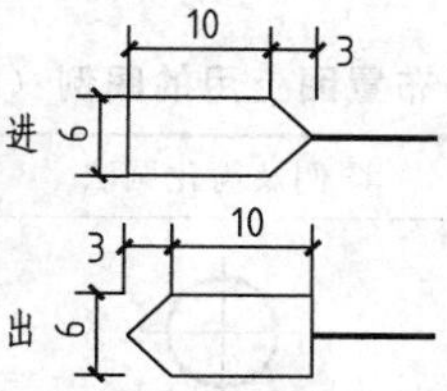 进　10　3　出　10	尺寸单位：mm　在空心箭头附近注明来或去的设备位号或管道号或仪表位号
喷射器	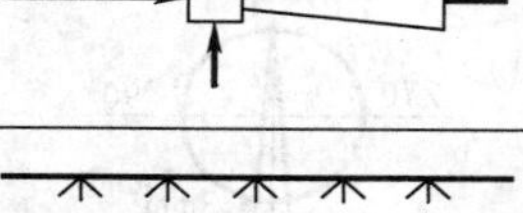	
喷淋管		
取样、特殊管（阀）件的编号框	(A)　(SV)　(SP)	A：取样；SV：特殊阀门；SP：特殊管件；圆直径 10mm

附表 5-3 常用阀门、管件的图形符号（摘自 HG 20519.32—92）

名　称	符　号	名　称	符　号	名　称	符　号
闸阀		隔膜阀		疏水阀	
截止阀		止回阀		底阀	
节流阀		管道中的消声器		呼吸阀	
球阀圆直径 4mm		碟阀		阻火器	
旋塞阀圆直径 2mm		减压阀		爆破片	
角式截止阀		三通截止阀		角式弹簧安全阀	
角式球阀		四通球阀		角式重锤安全阀	
管帽		管端法兰（盖）		管端盲板	
螺纹管帽		法兰连接		软管接头	
同心异径管		偏心异径管	底平 顶平	8 字盲板	正常关闭 正常开启

附录六　设备布置图（见附表 6-1）

附表 6-1 设备布置图上用的图例（HG 20519—2009）

名　称	图例及简化画法	备　注
坐标原点		圆直径为 10mm
方向标	PN, 0°　270°　90°　3mm　180°	圆直径为 20mm
砾石（碎石）地面		

续表

名　称	图例及简化画法	备　注
素土地面		
混凝土地面		
空门洞		剖面涂红色或填充灰色
安装孔、地坑		
电动机		
圆形地漏		
仪表盘、配电箱		
双扇门		剖面涂红色
单扇门		剖面涂红色
窗		剖面涂红色或填充灰色
栏杆	平面　　立面	
花纹钢板	局部表示网格线	
算子板	局部表示算子	
楼板及混凝土梁		剖面涂红色或填充灰色
钢梁		剖面涂红色或填充灰色
楼梯	下　上　上　下	
直梯	平面　　　　立面	

续表

名　称	图例及简化画法	备　注
地沟混凝土盖板		
柱子	混凝土柱　　钢柱	剖面涂红色或填充灰色
管廊		按柱子截面形状表示
单轨吊车	平面　　　　立面	
桥式起重机	平面　　　　立面	
悬臂起重机	平面　　　　立面	
旋臂起重机	平面　　　　立面	
铁路	平面	线宽 0.6mm
吊车轨道及安装梁	平面　　　　T.B.	
平台和平台标高	EL××××	
地沟坡度和标高	i=××××　　EL××××	

附表 6-2　建筑配件和构件图例（GB/T 50104—2010）

名称	图例	说明	名称	图例	说明
内墙体		应加注文字或涂色或图案填充表示各种材料的墙体	坑槽		
楼梯	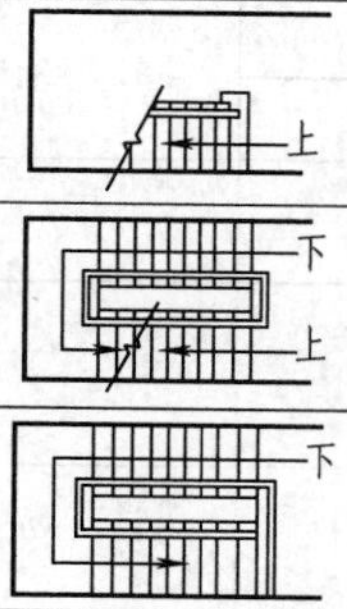	1. 上图为底层楼梯平面，中图为中间层楼梯平面，下层为顶层楼梯平面。 2. 需设置靠墙扶手或中间扶手时，应在图中表示。	单扇门 单面开启	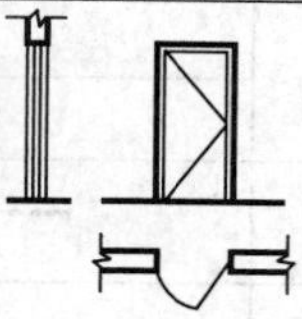	1. 门的名称代号用 M 表示 2. 平面图中，下为外，上为内；剖面图中，左为外、右为内。 3. 立面图中，开启线实线为外开，虚线为内开；开启线交角的一侧为安装合页的一侧。
			双扇门 （包括平开或单面弹簧）	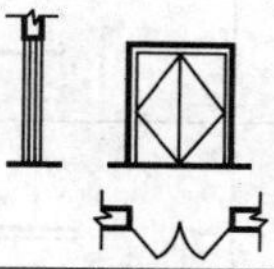	
门口坡道	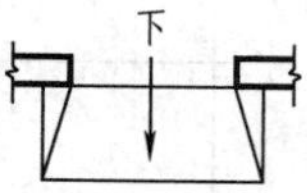	两侧找坡的门口坡道	烟道	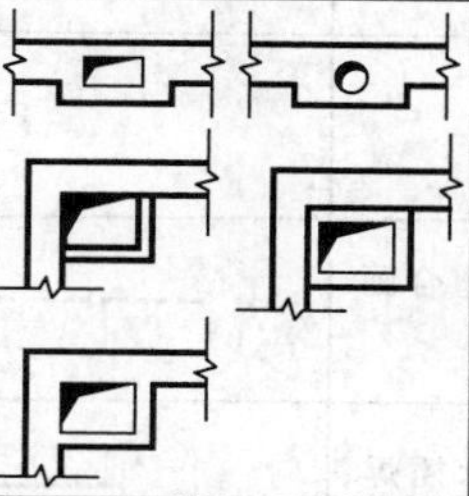	1. 阴影部分可填充灰度或涂色。 2. 烟道、风道与墙体为相同材料，其相接处墙身线应连通。
改建时保留的墙和窗	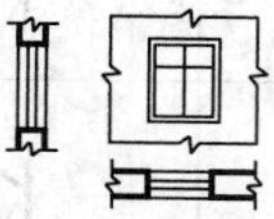	只更换窗，应加粗窗的轮廓线	风道	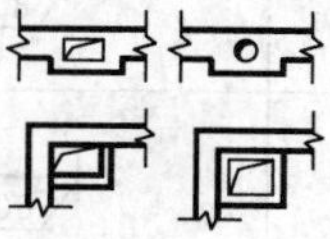	
改建时在原有墙或楼板新开的洞	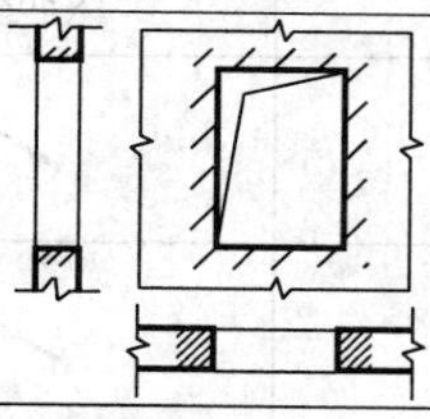		固定窗	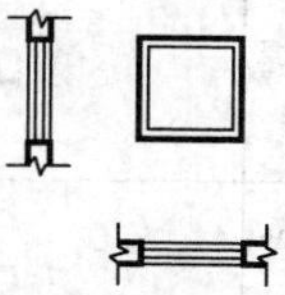	1. 窗的名称代号为 C 2. 立面图中，开启线实线为外开，虚线为内开。 3. 剖面图中，左为外、右为内，平面图中，下为外、上为内。
新建的墙和窗	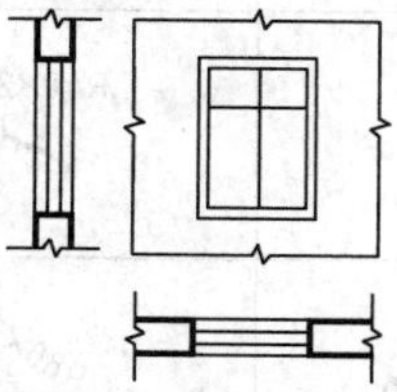		桥式起重机	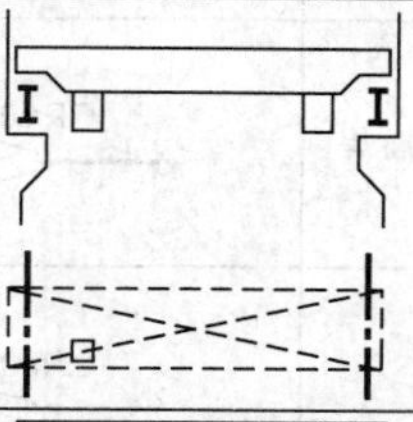	1. 上图表示立面（或剖切面），下图表示平面。 2. G_n 表示起重机起重量，以吨(t)计 3. S 表示起重机的跨度或臂长，单位米(m)
台阶	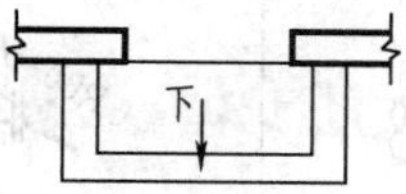		龙门式起重机	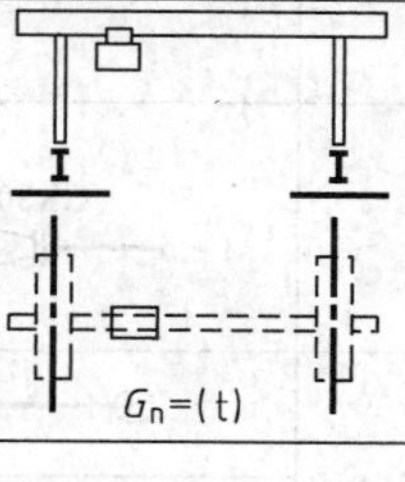 $G_n = (t)$	
空门洞	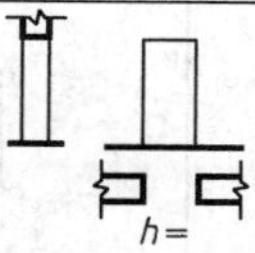 $h=$	h 为门洞高度	孔洞		阴影部分亦可填充灰度或涂色

附录七　管道布置图（见附表 7-1）

附表 7-1　管道布置图和轴测图上管子、管件、阀门及管道特殊件图例（HGB/T 20519—2009）

名　称		管道布置图		轴测图
		单线	双线	
管子				
现场焊		F.W	F.W	
伴热管（虚线）				
夹套管（举例）				
地下管道（与地上管道合画一张图时）				
异径法兰（举例）	螺纹、承插焊、滑套	80×50	80×50	80×50
	对焊	80×50	80×50	80×50
法兰盖	与螺纹、承插焊或滑套法兰相接			
	与对焊法兰相接			
同心异径管（举例）	螺纹或承插焊	C.R40×25		C.R40×25
	对焊	C.R80×50	C.R80×50	C.R80×50
	法兰式	C.R80×50	C.R80×50	C.R80×50
90°弯头	螺纹或承插焊连接			

续表

名　称		管道布置图		轴测图
		单线	双线	
90°弯头	对焊连接			
	法兰连接			
	螺纹或承插焊连接			
45°弯头	对焊连接			
	法兰连接			
U型弯头	对焊连接			
	法兰连接			

续表

名 称		管道布置图		轴测图
		单线	双线	
斜接弯头（举例）				
		(仅用于小角度斜接弯)		
三通	螺纹或承插焊连接			
	对焊连接			
	法兰连接			
四通	螺纹或承插焊连接			
	对焊连接			
	法兰连接			

续表

名　称		管道布置图		轴测图
		单线	双线	
管帽	螺纹或承插焊连接			
	对焊连接			
	法兰连接			
堵头	螺纹连接	DNXX　　DNXX		
螺纹或承插焊管接头				
螺纹或承插焊活接头				
软管接头	螺纹或承插焊连接			
	对焊连接			
快速接头	阳			
	阴			

名称	管道布置图各视图			轴测图	备注
闸阀					
截止阀					
角阀					
节流阀					

续表

名称	管道布置图各视图			轴测图	备注
"Y"型阀					
球阀					
三通球阀					
旋塞阀 (COCK 及 PLUG)					
三通旋塞阀					
三通阀					
对夹式蝶阀					
法兰式蝶阀					
柱塞阀					
止回阀					
切断式止回阀					
底阀					
隔膜阀					

续表

名称	管道布置图各视图			轴测图	备注
"Y"型隔膜阀					
放净阀					
夹紧式胶管阀					
夹套式阀					
疏水阀					
减压阀					
弹簧式安全阀					
双弹簧式安全阀					
杠杆式安全阀					杠杆长度应按实物尺寸的比例画出

名称	非法兰的端部连接				备注
	螺纹或承插焊连接		对焊连接		
	单线	双线	单线	双线	
闸阀					
截止阀					

续表

名称	传动结构			轴测图	备注
	管道布置图各视图				
电动式					1. 传动结构型式适合于各种类型的阀门 2. 传动结构应按实物的尺寸比例画出，以免与管道或其他附件相碰 3. 点画线表示可变部分
气动式					
液压或气压缸式					
正齿轮式					
伞齿轮式					

名称	管道布置图		轴测图	备注
	单线	双线		
漏斗				带盖的漏斗画法
视镜				玻璃管式视镜画法举例
波纹膨胀节				
球形补偿器				也可根据安装时的旋转角表示
填函式补偿器				

名称		管道布置图		轴测图	备注
		单线	双线		
爆破片					
限流孔板	对焊式	R0	R0	R0	
	对夹式	R0	R0	R0	
插板及垫环					
8字盲板					正常通过 正常切断

名　称	管道布置图		轴测图
	单线	双线	
阻火器			
排液环			
临时粗滤器			
Y 型粗滤器			
T 型粗滤器			

名　称	管道布置图		轴测图
	单线	双线	
软管			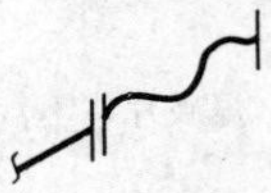
喷头	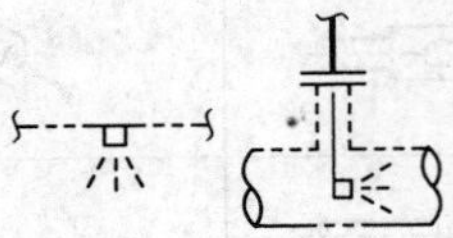	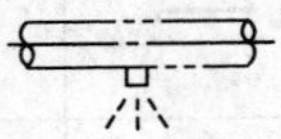	
洗眼器及淋浴		EW （平面图） 立面图按简略外形图	

注：1. C. R——同心异径管；E. R——偏心异径管；FOB——底平；FOT——顶平；

2. 其他未画视图按投影相应表示；

3. 点画线表示可变部分；

4. 轴测图图例均为举例，可按实际管道走向作相应的表示；

5. 消声器及其他未规定的特殊件可按简略外形表示。

参 考 文 献

[1] 同济大学、上海交通大学等院校《机械制图》编写组编. 何铭新，钱可强，徐祖茂主编. 机械制图. 第 6 版. 北京：高等教育出版社，2010.

[2] 华中理工大学等院校编，朱冬梅，胥北澜，何建英主编. 画法几何及机械制图. 北京：高等教育出版社，2010.

[3] 国家标准化委员会. 技术制图　图纸幅面和格式 GB/T 14689—2008 [S]. 北京：中国标准出版社，2008.

[4] 国家标准化委员会. 技术制图　明细栏 GB/T 10609.2—2009 [S]. 北京：中国标准出版社，2009.

[5] 国家标准化委员会. 技术制图　通用术语 GB/T 13361—2012 [S]. 北京：中国标准出版社，2012.

[6] 国家标准化委员会. 技术制图　投影法 GB/T 14692—2008 [S]. 北京：中国标准出版社，2008.

[7] 国家标准化委员会. 机械工程　CAD 制图规则 GB/T 14665—2012 [S]. 北京：中国标准出版社，2012.

[8] 国家标准化委员会. 产品几何技术规范（GPS）表面结构　轮廓法表面粗糙度参数及其数值 GB/T 1031—2009 [S]. 北京：中国标准出版社，2009.

[9] 国家标准化委员会. 产品几何技术规范（GPS）表面结构　轮廓法评定表面结构的规则和方法 GB/T 10610—2009 [S]. 北京：中国标准出版社，2009.

[10] 国家标准化委员会. 产品几何技术规范（GPS）表面结构　轮廓法图形参数 GB/T 18618—2009 [S]. 北京：中国标准出版社，2009.

[11] 国家标准化委员会. 产品几何技术规范（GPS）表面结构　轮廓法术语、定义及表面结构参数 GB/T 3505—2009 [S]. 北京：中国标准出版社，2009.

[12] 国家标准化委员会. 产品几何技术规范（GPS）极限与配合 GB/T 1800—2009 [S]. 北京：中国标准出版社，2009.

[13] 国家标准化委员会. 产品几何技术规范（GPS）几何公差形状、方向、位置和跳动公差标注 GB/T 1182—2008 [S]. 北京：中国标准出版社，2008.

[14] 国家标准化委员会. 产品几何技术规范（GPS）几何公差　基准和基准体系 GB/T 17851—2010 [S]. 北京：中国标准出版社，2010.

[15] 国家住房和城乡建设部. 建筑制图标准 GB/T 50104—2010 [S]. 北京：中国计划出版社，2010.